普通高等教育“十一五”国家级规划教材

科技创新与论文写作

第3版

戴起勋　袁志钟　编著
鞠焜先　孙振国　姚冠新　主审

机械工业出版社

科研思维和科技论文写作是科研工作必不可少的内容，是创新过程中的重要环节。这对于每个大学生、研究生以及科技工作者来说，都是应该具有的基本能力和必须具备的基本素质之一。本书介绍了科学研究与技术开发过程中的创新思维与方法以及科技论文写作的规范与要求。主要包括：科技研究的分类、选题，文献资料的阅读，科技研究的职业道德规范，科技研究的基本方法与创新思维，科技试验方法，科技论文的特点与结构，科技论文的写作与要求，图表的设计与其他写作技术问题，英文科技论文的写作，科技写作的其他形式等。同时，也介绍了科技成果的体现形式与评价方法。

本书为高等院校理工类本科各专业教材，也可作为硕士研究生公共选修课教材，还可作为科技工作者学习和写作时的参考书籍。

图书在版编目（CIP）数据

科技创新与论文写作/戴起勋，袁志钟编著．—3版．—北京：机械工业出版社，2014.6（2026.1重印）

普通高等教育“十一五”国家级规划教材

ISBN 978-7-111-46791-5

Ⅰ.①科…　Ⅱ.①戴…②袁…　Ⅲ.①科学思维—思维方法—高等学校—教材②科学技术—论文—写作—高等学校—教材　Ⅳ.①B804②H152.3

中国版本图书馆CIP数据核字（2014）第106083号

机械工业出版社（北京市百万庄大街22号　邮政编码100037）

策划编辑：曹俊玲　责任编辑：曹俊玲　何　洋

版式设计：霍永明　责任校对：王　欣

封面设计：马精明　责任印制：刘　媛

北京富资园科技发展有限公司印刷

2026年1月第3版第15次印刷

169mm×239mm · 15.75印张 · 265千字

标准书号：ISBN 978-7-111-46791-5

定价：35.00元

电话服务　　网络服务

客服电话：010-88361066　机　工　官　网：www.cmpbook.com

010-88379833　机　工　官　博：weibo.com/cmp1952

010-68326294　金　书　网：www.golden-book.com

　机工教育服务网：www.cmpedu.com

第 3 版前言

创新工作是创新思维的过程。创新思维和分析方法渗透在创新成果总结和科技作品的写作过程中，这是一个不断升华和凝练的过程。了解和掌握创新思维、分析方法和论著写作等基本知识应是大学生、研究生所具备的一项基本能力。几十年来的科研和教学实践证明，将创新思维、分析方法和论著写作有机地结合起来实施教学，是合理而成功的。

本书第 1 版于 2004 年出版后，被评为普通高等教育“十一五”国家级规划教材；2009 年第 2 版出版以来，更受到了广大读者的欢迎。越来越多的高校选择本书作为素质教育的教材。

由于国内的学位论文和期刊论文的写作大多需要英文题目和摘要，而且用英文写作的机会和在国外发表的论文数量日益增多，所以本书第 3 版修订的重点是更新第 8 章“科技论文中的英文写作”的内容。另外，书中出现的外国人名都补充了英文名字，以方便读者上网检索有关资料。

为了提高教学质量，编者结合教材内容精心制作了 PPT 电子课件，并在教学实践中不断收集典型实例，对其进一步充实和完善。需要本书课件的教师可登录机械工业出版社教育服务网 www. cmpedu. com 注册后下载。

本书的编写和出版是第四批国家级特色专业建设的任务之一。本次的编写和修订工作由江苏大学戴起勋教授和袁志钟副教授负责。袁志钟副教授编写和修订了第 3、4、8、9、10 章，其余各章由戴起勋教授编写和修订。

本书在编写过程中参考了许多文献资料，主要参考文献已列于书后。在此谨向所有参考文献的作者表示诚挚的谢意。本书由南京大学鞠烧先教授、江苏科技大学孙振国教授和江苏大学姚冠新教授主审；江苏大学赵玉涛教授、周志平教授对第 1、2 版教材的出版作出了贡献；邵红红教授、王雷刚教授等对本书的内容提出了一些宝贵的意见，在此一并表示衷心的感谢。

本书第 3 版虽然是编者在几十年教学积累的基础上，通过对第 1、2 版的修改、补充而成的，但仍会存在一些不足，在此恳请广大读者指正。

编著者

第2版前言

研究思路、研究方法、写作规范等是一个有机的整体。法拉第曾经说过，科学研究有三个阶段：首先是开拓，其次是完成，最后是发表。创新思维和研究方法本来就渗透在整个科技作品的写作过程中，而写作过程又是科学思维和分析方法的综合体现，是一个不断升华和凝练的过程。了解和掌握这些基本知识是对大学生、研究生最基本的要求。几年的教学实践证明，将创新思维、研究方法和论文写作有机地结合起来，是合理的、成功的。

"科技创新与论文写作"课程可设置为高等院校理工类本科生公共知识选修课，也可作为研究生的公共选修课，还有些高校的院系将该课程作为每个专业的公共知识必修课程。自从2004年由机械工业出版社出版本书以来，受到了广大读者的欢迎。许多高校选择本书作为素质教育的教材。本书经评审已被列为普通高等教育"十一五"国家级规划教材。

为了提高教学质量，我们结合教材内容精心编制了多媒体电子课件，并在教学实践中，通过报纸、书籍、杂志、报告等各种途径收集教学资料与例子，不断地充实和更新。教材和课件已在全校本科生、研究生中使用多年，取得了很好的效果。

本次修订的重点是扩充和更新内容。例如：在第1章增加了"科技研究流程"和"科学道德规范"等内容，强调了科技人员职业道德的意识和行为规范；在第2章增加了1节"科技研究方法概述"；根据新标准 GB/T 7714—2005 补充和修改了第6章有关参考文献著录规则方面的内容；补充或替换了一些例子；在附录中补充了2004—2007年的诺贝尔物理奖和化学奖获奖名录。

本书是为江苏大学品牌专业和特色专业建设所组织编写的教材。江苏大学的戴起勋教授负责构思和统稿，并编写了第1、2、4、5、6、7章，赵玉涛教授编写了第3、8、9、10章；江苏大学的周志平教授主要负责第2版的修订工作；南京大学鞠焜先教授、江苏科技大学孙振国教授和江苏大学姚冠新教授担任主审。

编著者

第1版前言

科学研究的内涵是创新，创新意识的建立往往伴随着思维方式的改变。科技论文写作是科研工作必不可少的内容，是创新过程中重要的环节。事实上，科学思维和科技写作贯穿于科学技术研究开发的整个过程，所以科技论文写作不是为写作而写作，而是对研究工作的科学总结和研究成果的提升与凝练。学会科学思维方法与科技论文写作是理工科类本科生应该具有的基本能力，对于研究生则更是必须具备的基本素质。多年来的教学实践证明了这一点，在大学生和研究生中开设该类课程是非常必要的，对大学生毕业论文和研究生学位论文的规范和水平的提高有很大帮助，对于如何阅读消化文献、制订研究计划、进行科学思维和研究结果分析等也具有积极的作用。

本书将科学思维及研究方法和科技论文写作结合在一起，介绍了科学研究的基本方法和科学思维的形式特征。本书具有以下特点：①实用性强。书中内容以实际应用为主，对写作学方面的理论涉及较少。②系统性好。内容涉及科学研究的各个环节，如科学研究类型、科研选题、文献阅读、试验方法与数据处理、论文格式与写作规范、学术报告与论文答辩、科技成果体现形式与评价方法等。该课程的教学内容适合于理工科类本科生高年级学生的公共选修课和研究生的公共选修课。对于本科生，教学的重点是基本概念和写作知识，可安排24学时；对于研究生，除此之外还要求完成一篇论文的写作，可安排40学时。

编写本书的目的是加强本科生和研究生科学思维和论文写作能力的培养，使学生对科学研究全过程有一个基本的了解。本书由江苏大学戴起勋教授和赵玉涛教授编写，纪嘉明老师参与了第5章~第7章的部分工作；由南京大学鞠熀先教授、江苏科技大学孙振国教授和江苏大学姚冠新教授主审。本书在编写过程中参考了许多文献资料，主要参考文献已列于书后，在此谨向所有参考文献的作者诚致谢意。江苏大学邵红红等老师对本书的编写提出了一些宝贵意见，江苏大学教务处对本书的编写与出版给予了支持，机械工业出版社为本书的出版付出了辛勤的劳动，在此一并表示衷心的感谢。

本书虽然是编者在多年教学体会和原有讲义、讲稿的基础上，经过系统地整理和修改补充编写而成的，但是在内容和结构层次上仍会存在不足，甚至有错误之处。在此恳请同行专家和广大读者批评指正，以便不断地改进而逐步完善。

编著者

目　录

第1章

科技研究概述

科学研究与技术发明要经过什么样的过程与步骤，并没有统一的模式，但有相似之处和相似的内在规律。一般过程为选择课题方向、制订研究计划、进行试验分析和总结。本章主要讨论科学技术研究的选题、文献资料的检索与阅读以及科技人员的哲学素养。

1.1 科技研究的定义、基本类型与特点

1.1.1 科技研究的定义

科技研究是人们探索客观世界运动、发展规律的一种认识活动，其基本任务就是探索、认识未知。自然科学包括科学理论和技术两大部分，统称为自然科学技术或科学技术。

自然科学理论研究又分为基础研究和应用基础研究。自然科学理论研究一般是指利用各种方法、手段和装备，为探索客观事物的内在本质和变化规律而进行的调查研究、实验研究、逻辑推理等一系列的科学活动。它为创造发明新产品、新技术、新工艺等技术开发提供理论依据。一般认为，自然科学理论研究属于非经济性的科学活动，其研究成果一般是科学概念、科学原理、科学发现等知识产品。

技术研究或应用研究是研究如何把科学理论研究成果应用于实际，解决社会实践中所提出来的理论和技术问题，研究如何将科技成果转化为生产力的途径和方法。技术开发是人们创造或完善改造客观世界手段的一种实践活动。它包括新产品、新技术、新工艺、新装置、新软件等技术发明，一般具有经济性的特征。

科学研究和技术开发都具有不同程度的探索性与创新性，一般简称为科技

研究。在高科技发展的今天，科学研究和技术开发之间交叉重叠，其界限不是很分明。

1.1.2 科技研究的基本类型

科学分为基础科学和技术科学。基础科学如数学、物理、化学、天文、地理、生物等；技术科学如电工、热能、电子、机械、力学、材料等。前者无具体应用对象，后者有应用对象，是技术的基础理论。

一般将科技研究分为三类：基础研究（Basic Research）、应用研究（Applied Research）和开发（Development）。

1. 基础研究

基础研究又分为纯基础研究和应用基础研究两类。纯基础研究是指没有商业目的而进行的促进科学技术发展和社会进步的原始性研究。这种研究的目的是寻找客观事物的发展规律、新原理和新规则，研究成果公开报道。应用基础研究是指有广泛的应用背景，以获取新知识、新原理与新方法为目的而进行的应用理论研究。这种研究以基础科学理论为基础，针对技术中存在的普遍性问题进行理论探索，研究成果公开报道与交流，并具有潜在的应用前景。

2. 应用研究

应用研究运用基础研究的成果，探索、开辟其应用的新途径。它直接解决生产和客观世界中的实际科学技术问题，是一项综合性很强的工作，但是到实际生产还有一段距离。应用研究的成果是新技术、新材料、新工艺、新流程、新装置等基础研究成败的关键，所以具有商品性与保密性，可申请专利。

3. 开发

开发是指应用基础研究和应用研究的成果，从事某一新产品或工程的设计、试验和试制所涉及的一系列技术工作。工业中间试验、定型设计、小批量生产等都属于开发研究。

1.1.3 科技研究的特点

基础研究、应用研究和开发三者之间相互关联、相互渗透，前一类研究的结果是后一类研究的依据和指导，后一类研究又不断为前一类研究提出新课题和提供总结提高的实践基础。三者之间的特点比较如表 1-1 所示。

表1-1 不同科技研究类型之间的特点比较

内　容	基础研究	应用研究	开　发
研究目的	扩大科学知识范围，建立理论体系	以技术为目标，探讨知识应用的可能性	把研究成果应用到工程、生产上
研究性质	探索新事物，发现新规律	发明新产品、新工艺、新材料、新设计	完成新产品、新工艺、新材料的实用化研制
研究特点	追求事物的内在联系，预言规律产生的作用	追求最佳条件件系统，实现技术创新与人工产品	产品设计、试制和工艺改进等
典型实例	电磁感应原理、核聚变原理	发电机研究发明、核能应用研究	建立发电厂，研制核潜艇
人员要求	科学家。具有深厚的理论基础与创新能力	科学家、工程师。具有创新以及分析问题、解决问题的能力	工程师、技术人员。具有相当的专业知识和丰富的实践经验
成果名称	学术论文、学术著作等	学术论文、著作、专利、研究工作报告等	设计图样、试验数据、专利、产品样品等
成果意义	对科学有深远的影响，能开拓新技术、新生产领域	对专业技术影响大，为基础研究提出新的课题方向	影响特定的生产领域，对经济和社会有直接的作用
成功率	无冒险性，成功率低	冒险性很大，成功率较高	冒险性较小，成功率最高

科学和技术既有区别，又有联系。科学：认识客观世界的规律，解决的是“为什么”。这是科学家的职责，科学家应该“讲理”。技术：控制和利用客观世界，解决的是“怎么做”。这是工程师的职责，因此，工程师首先应该“守法”。但随着现代科学技术的迅速发展，科学和技术已日益融合在一起，界限已很模糊。目前的趋势是科学的技术化、技术的科学化。

科学研究虽然有不同的性质和类型，但具有共同的特点：探索性、创造性和继承性。

探索性是科学研究的特征。科学研究的主要目的是探索未知，解决尚未解决或尚未完全解决的问题。如果对实际上已经解决了的问题再进行研究，就没有研究的价值了。但是在特殊情况（如保密等原因）下，也是需要进行研究的。由于探索本身就具有不确定性，研究过程中可能会出现一些新问题、新现象或意外，所以在研究过程中，研究计划中的某些环节或研究方法等会有所变动。对出现的新问题、新现象，经过判断，如果有科学价值，就不要轻易放过。既然是探索，就有失败和成功两种可能。失败是科学研究中的正常现象，在科学研究的历史上，不经过失败而获得重大科学成就的事例几乎是没有的。

创造性是科学研究的本质。探索性研究开发的本质就是创造。科技成果的水平高低主要是看其创造性程度的大小。科技发明是人们对客观规律认识的延续和应用，是由主观到客观、由思维到存在的飞跃。创造性就是第一次提出的，或用提出的新概念、新原理、新规律、新设计、新结构、新工艺、新方法来解决所要解决的问题，创造出对人类有用的东西。技术发明一般是以应用为目的的。科学发现是人们对客观规律的认识，是由客观到主观、由存在到思维的飞跃。它在客观上已经存在，只是在被察觉之前并没有被人们所认识。科学发现以不断扩大人类的知识范围为目的，探索客观事物的规律，具有真理性。创新是对传统观念与理论的否定、补充或完善。原创性研究及其成果是世界上首先进行开拓研究及所得到的成果。一般来说，在国际科技竞争日趋激烈的今天，原创性研究所取得成果的价值和意义更大。在学术自由的环境中，人们的学术思维越活跃，就越有利于发明与创新。

继承性是科技研究开发的前提。科技研究一般都是在前人或他人研究成果的基础上进行的，从原有的研究成果中得到启发，吸取营养，不断地解决前人或他人没有解决的问题，不断地探索新的问题。所以，科学研究的创新是在继承中实现的。

当今科学技术的研究开发主要有以下特点：

（1）知识、技术对生产过程的渗透越来越深入和广泛。科学技术知识变成直接的生产力，要求劳动者的素质也越来越高。世界各国从事脑力劳动的劳动者越来越多。在20世纪80年代末，美国和欧洲一些国家的脑力劳动者就已经超过了50%。

（2）知识、技术在产品中的密集程度越来越高。技术密集型产品日益增多，脑力劳动因素逐渐超过了体力劳动因素。最典型的是信息技术的大爆发时代。美国有大约一半的劳动者从事通信、计算机等信息技术处理工作。美国的汽车行业在20世纪80年代末就已经达到90%靠计算机控制生产的水平。

（3）知识、技术的整体性越来越强。现代科学技术的发展日新月异，许多新兴学科、边缘学科、交叉学科需要大量广博的人才。科学的发展和社会的需求促使世界上各个国家的高校都进行了人才培养和教学体系的改革。

（4）知识、技术的更新速度越来越快。18世纪，知识陈旧的周期为80～90年；到了20世纪，知识陈旧的周期为5～10年。所以，大学期间学习的知识仅仅是入门知识，只是具备了基本的知识和能力，大学毕业后在工作中的继续学习、培训是非常重要的。

1.2　科技研究的流程

1.2.1　科学研究的一般流程

人类认识客观世界是一个由简单到复杂、由低级到高级的过程，在不断探索的过程中逐步认识和了解客观世界。日本理论物理学家武谷三男将人类认识自然世界的过程分为三个阶段：现象论阶段、实体论阶段和本质论阶段。科学认识是按照这三个阶段周而复始地向前发展的。图1-1是以一般基础研究为例的科学研究流程。

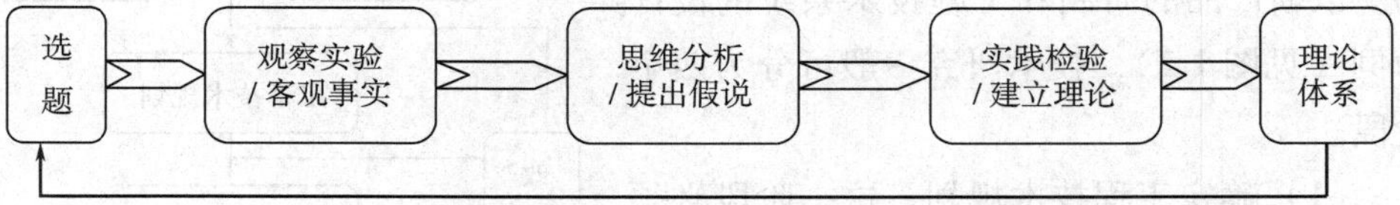

图1-1　科学研究的一般流程（基础研究）

（1）选择研究课题。这是研究的准备阶段。根据各种途径和线索，提出尚未解决的科学问题，选择并论证研究课题；有关信息文献资料的收集和消化；提出初步设想，拟订研究思路和方案。

（2）观察实验和获取科学事实。观察和实验既是重要的研究方法，又是科学研究不可缺少的探索性实践活动。在进行科学观察或科学实验的设计和实践过程中，辩证思维起着非常重要的作用。

（3）揭示研究对象的本质和内在规律。这是科学研究的目的。根据实验和观察所获取科学事实的结果，进行思维分析是科学研究的第三个阶段。对于基础研究来说，是要提出科学假说。在这个阶段，研究者根据已获取的科学事实，通过科学抽象建立概念，运用分析、综合、比较、类比、归纳等逻辑思维方法和直觉思维方法，提出科学假说，对在研究对象过程中所发现的现象及其变化规律作出假设性解释和分析。这个阶段是由感性认识到理性认识、从经验层次到理论层次的飞跃。因此，科学研究成果的创新程度如何，主要取决于这个环节。

（4）实验检验或验证。这一阶段的主要任务是将科学假说提升为理论。在提出科学假说后，研究者要根据科学假说进行演绎推理，设计并进行新的观察或实验来验证假说的符合程度，根据不同情况再进行完善、补充或修改，甚至推翻重来。科学认识的过程具有曲折性和复杂性的特征，所以，一个正确的认识往往不是经过一次研究和实践就能完成的，失败是常事。

(5) 建立理论体系。对于一些新的研究领域或方向来说，还需要不断地开拓和发展，形成一系列的原理、定律、公式，建立比较完整的理论体系。

不同学科的研究过程不一定完全相同，有时各个环节会相互交叉，因此每一个具体课题的研究流程未必都包括上述所有阶段。

1.2.2 技术研究的一般流程

技术研究与各种各样的实际目的、生产活动相联系，所以对于不同的技术开发项目来说，研究的流程也是不尽相同的。以新产品的研制和工程技术系统的设计为例（见图1-2），技术研究一般可分为四个阶段。

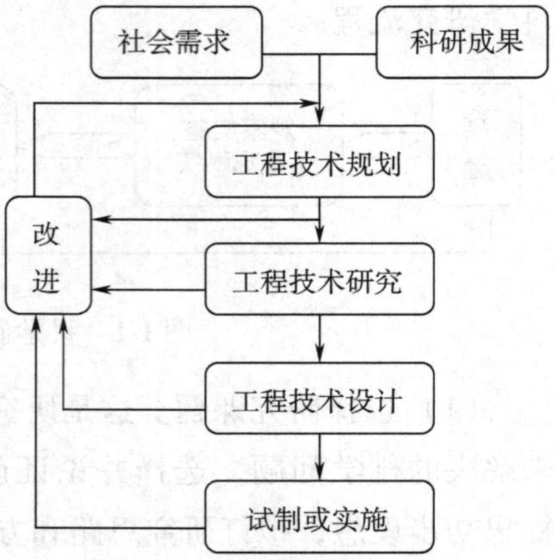

图1-2 技术研究的一般流程

(1) 确定工程技术规划。这一阶段必须进行市场调查、生产调查、资源与环境等社会调查，收集有关的文献资料信息，选择并论证确定技术开发的课题；根据开发对象的各种功能要求，初步拟订几种方案；通过技术、经济、社会、环境等方面的评价，进行可行性研究，确定最佳方案。

(2) 技术原理或技术模型的构思。利用一些科学技术原理，运用各种工程技术的研究方法，确定新产品的技术原理，构思技术模型。创新思维在这个阶段极为重要。为验证技术原理的可靠性和可行性，一般都要进行技术试验。实际上，在规划阶段就必须有技术原理的初步构想。

(3) 工程技术设计。对于重大的技术开发项目，一般要进行三个层次的设计：①基本设计。确定初步方案，画出草图。②技术设计。各部分的设计及协调。③施工设计或详图设计。确定产品、工程技术系统的具体尺寸和工艺要求，画出各类详细图样，提出各种技术文件。

(4) 产品试制或实施。根据前面的设计，建立工程技术系统，或单件、小批量加工制造新产品。对于新产品，还要进行有关的技术试验，检测各种相关的性能，提出修改方案，直到新产品完全达到技术要求。最后，还要考虑大批量生产的工艺技术问题。

同样，不同类型的技术研究，其流程也是有较大差别的，技术研究的各个环节之间也是相互渗透、相互影响的，所以在许多情况下只具有相对的意义。

1.3 科技研究选题与创新

1.3.1 科技研究选题在科技创新中的重要地位

1. 选题关系到科技创新的方向问题

科技创新就是做前人或他人未做到或未做完的工作，即不断作出新的科学发现和技术发明。科技创新要讲究研究工作的战略、战术，“乱碰”是不行的。在战略上，要预测科技发展的总趋势和未来研究结果的预测，探索新的生长点，确定创新的方向等；在战术上，主要是正确地选择具体研究工作的途径和所用的方法等。

选题是科技创新的关键，具有十分重要的战略地位。英国哲学家培根（Francis Bacon）说，如果目标本身没有摆对，就不可能把路跑对。他又说，一个能保持正确道路的瘸子，总会把走错了路的善跑者赶过去。不但如此，很显然，如果一个人跑错了路的话，跑得越快，方向迷失得就越厉害。

科技创新选题的正确与否，对于以后工作能否顺利进行、工作有无成效和成效大小等都有着决定性影响。

2. 选题对科技发展和人类社会进步的作用

提出一个有创见性的课题，就是在科技领域发展中找到一个新的生长点。这不仅反映了科技人员的水平，而且也标志着科技的进步。爱因斯坦有一句名言：“提出一个问题往往比解决一个问题更重要。”因为解决一个问题也许仅是一个数学问题或实验的技能问题，而提出新的问题、新的可能性，从新的角度去看原有问题，却需要科技人员具有创造性的想象力，历史上不乏其例。

【例1.1】 17世纪，伽利略（Galileo Galilei）进行了测定光速的实验。虽然实验没有成功，但他提出了测定光速的问题。几百年来，后人不断测定光速的精确值。光速问题的提出推动了光学理论、电磁理论、狭义相对论等的发展，对科技发展起到了巨大的推动作用。

【例1.2】 法拉第（Michael Faraday）提出转磁为电的研究课题。经过10年的研究，他发现了电磁感应定律，导致了发电机的发明，解决了生产的用电问题。由此，人类进入了电气化时代。

【例 1.3】 爱因斯坦（Albert Einstein）在1905年提出放射性物质的质能关系式：$E = mC^2$。从此，人类进入了原子能时代。

提出一个有重大价值的科研课题是比较艰难的，但能提出正确的问题就等于把问题解决了一大半。因此，诺贝尔奖不但奖励给作出重大贡献的人，还奖励给提出创见性课题，并且被科学实践证实了的人。

3. 选题是一项艰难而又复杂的工作

选题是创新的起点。选题前，科技人员需要做大量的深入细致的调查研究工作，了解学科前沿的动态和学科发展的历史，充分利用前人和他人的研究成果，在此基础上才能创新。从这个意义上讲，科研是踩着前人的肩膀前进和发展的。

面对科技发展历经千年，文献资料浩如烟海，学术观点纵横交叉的情况，科技人员能提出创新性的课题确实不易。

1.3.2 科技研究选题的基本原则

科技研究选题有五大基本原则：

1. 需要性原则

科学研究的目的是探索自然界的奥秘，造福人类。科学研究一方面要满足社会生产、经济和其他方面的需要，另一方面要满足科学自身发展的需要。前者是指应用基础研究和开发研究类型的课题，具有近期或远期的经济价值和实用价值；后者则是指基础理论性研究课题，一般不具备直接经济效益，但是具有科学的学术价值。

科学是一把双刃剑——科学成果具有正、负效应。正效应能促进社会发展；负效应则会给人类、自然界带来危害，如生态恶化、环境污染等。当然，这些新产生的问题也为人们提出了新的科学研究的方向，甚至开辟了新的学科。

2. 科学性原则

研究课题必须有科学理论依据，既要尊重客观事实、尊重科学理论，又要不迷信权威、不受传统观念束缚。科学性能保证正确的科研方向，成功的希望也比较大。

大的规划、大的工程和科研课题一样，都要尊重客观事实、尊重科学，否则一旦失败，会对人类、社会和国家造成巨大损失。

3. 创新性原则

创新性原则要求课题具有先进性、新颖性，确实是前人没有提出来的，或者是别人没有解决或没有完全解决的问题。创新性的课题所取得的成果，在理论研究中表现为新发现、新观点、新见解、新理论等，在应用开发研究中表现为新技术、新工艺、新产品、新材料等。所以，创新性原则体现了科研的价值原则。当然，科技创新是相对的，不是绝对的。一篇文章、一项研究、一个试验，要在已有的科学技术基础上，有所创造，有所发现，有所发明，有所前进，就是创新。科学技术的发展是一步一步地走出来的。

4. 可能性原则

研究课题要具备一定的主观和客观条件，这样的课题才有成功的可能和希望。所以，要对研究课题的主观和客观条件尽可能地进行周密的估计。不具备条件的研究课题是空中楼阁，只能放弃；暂时不具备条件的也只能搁置。

主观条件是指科研人员为完成课题所必须具备的科学知识和研究能力。特别是对于一些学科交叉及综合性课题，科研人员的组成结构是很重要的。

客观条件是指研究活动所必须具备的设备、仪器、工具、资金、人力、资料等。当然，不同的学科所需要的条件是不一样的。

可能性还与所选课题的大小、难易程度有关。

总之，科研人员做科研要有自知之明，量力而行，知己知彼，审时度势。

5. 经济性原则

对于应用开发类课题，科研人员要考虑经济性原则。选择的课题最好投资少、见效快，所开发的成果经济效益要显著。

以上几项原则是既相互联系，又相互区别的。国家、省、市等各级各类科技研究课题或项目的申请书也都体现了这些原则。科技研究课题申请书的主要内容如表 1-2 所示。

表 1-2　科技研究课题申请书的主要内容

申请书的主要内容	选 题 原 则
课题研究意义及同类研究的国内外现状与存在的问题	需要性原则
研究内容、目标和拟解决的关键问题	创新性原则
本课题研究的特色和创新之处	
课题研究的立论依据、研究方法、技术路线及可行性、可靠性	科学性原则
与本课题有关的研究工作基础	可能性原则
申请者的学历、主要研究工作简历、近年来研究成果和主要论著	
实现本研究已有的设备条件、尚缺少的仪器设备及解决途径	
申请项目的经费预算	

1.4 科技研究选题的基本来源

根据自己的学科知识和感兴趣的问题，在了解掌握一定的文献资料、学科前沿情况的基础上，确定自己的研究方向。方向确定后，就可以选择要进行的科研课题。

1. 社会、生产和现实生活中提出来的问题

科学技术是为人类服务的。在社会、生产和现实生活中，存在着许多需要科学技术来解决或改进的问题，有些问题是直接提出的，有些问题则需要科技工作者去发掘。例如，目前世界上热门的超导技术和超导材料的研究是基于长距离输电能耗问题所提出的；研制抗癌药物更是人们在现实生活中迫切需要解决的问题。

【例 1.4】 2001 年，美国和德国的三位科学家利兰·哈特韦尔（Leland H. Hartwell）、蒂姆·亨特（Tim Hunt）和保罗·纳斯（Paul M. Nurse）因为在癌症治疗上作出了突出的贡献，获得了诺贝尔生理/医学奖。其主要贡献是发现了细胞的分裂、生长、衰老的固有规律，其中，细胞周期的关键调节分子是控制细胞周期的“上帝之手”。这对治疗癌症是一大突破。

【例 1.5】 根据国民经济与社会发展的需要，我国科学技术部于 2011 年 7 月发布了在“十二五”期间大力培育和发展的战略性新兴产业是：节能环保、新一代信息技术、生物产业、高端装备制造、新能源、新材料、新能源汽车。

【例 1.6】 随着社会发展及人民生活水平的提高，健康的生存环境日益成为人类的追求目标，从而促进了抗菌功能材料的研究与开发。20 世纪 80 年代以来，抗菌功能材料的开发及其在家电、厨卫设施、通信、日用品、汽车、建筑、玩具等产业中的广泛应用，使抗菌功能材料进入了一个飞速发展的阶段。

2. 交叉学科领域和学科的边缘区

科学中的交叉是指科学研究中为实现对对象世界及其变化进行探测，在两种或两种以上不同的学科之间进行概念移植、理论渗透、方法借鉴等活动，最终形成独立的、跨越单一学科的科学理论体系。这种交叉活动能推动以往被专业学科所忽视领域的研究，增强各学科之间的交流，形成许多新的交叉学科。学科交叉是获得原创性科学成果的重要途径，也是产生新学科的生长点。学科交叉能实现对复杂对象的多学科协同作战。

通过对 1901—2000 年诺贝尔自然科学奖的分析，发现获奖成果中，普遍存在学科交叉的现象，合作研究取得成果的比例也越来越高，如表 1-3 所示。从科

学家个人研究的情况来看，几乎所有获奖科学家的研究领域都跨分支学科，其中有近1/3的科学家跨学科研究。大约2/3的科学家是与他人合作完成研究的。科学史上，在科研中获得重大成就的10位著名物理学家都涉及多个领域的研究，如表1-4所示。

表1-3 1901—2000年诺贝尔自然科学奖分析

时间段	诺贝尔自然科学奖		
	获奖项数	交叉学科数	比例（%）
1901—1925年	69	25	36.23
1926—1950年	74	26	35.14
1951—1975年	96	41	42.71
1976—2000年	95	45	47.37
1901—2000年	334	137	41.02

表1-4 科学史上10位著名物理学家的重大科学成就和研究领域统计

人名	称谓	曾涉及的科学技术领域	主要重大科学成就
阿基米德（Archimedes）	古代物理学家、古代数学家	力学、数学、机械学、天文学	发明浮力定理、杠杆原理等
伽利略（Galileo Galilei）	实验物理学家、天文学家、哲学家	经典力学、实验物理学、天文学、数学、哲学	开创实验物理学，发现惯性定律、合力定律、伽利略相对性原理等
牛顿（Isaac Newton）	物理学家、数学家、天文学家	力学、光学、数学、热学、天文学、哲学	发现牛顿三大运动定律、万有引力定律等
法拉第（Michael Faraday）	实验物理学家、化学家	电学、磁学、实验电磁学、光学、化学	发现电磁感应现象，磁致旋光效应等
麦克斯韦（James C. Maxwell）	物理学家、数学家	电磁学、电动力学、数学、统计学、分子物理学、天文学	建立电磁场理论，预言电磁液存在等
居里夫人（Marie Curie）	物理学家、化学家	放射性物理学、化学、物理与化学实验技术	发现镭、钋等放射性元素，放射性物质的研究
卢瑟福（Ernest Rutherford）	物理学家、化学家	放射性物理学、原子与原子核物理学、化学、生物学	放射性元素的蜕变理论，人工核嬗变等发现
爱因斯坦（Albert Einstein）	物理学家、哲学家	理论物理学、相对论理论、核物理学、哲学、天文学、音乐	建立相对论理论，发现光电效应规律等
玻尔（Niels H. D. Bohr）	物理学家	原子与原子核物理学、量子力学、铀裂变力学、金属电子论	原子结构与原子辐射，量子力学创始人之一
费米（Enrico Fermi）	物理学家	原子与原子核物理学、核裂变、核反应理论、原子能开发技术、天体学	发现热中子扩散理论，建立第一个原子核反应堆

科学交叉具体表现为三种形式：一是科学理论的移植和综合。这有时会导致一个新学科的诞生。二是科学方法的借用与转移。有时学科的跨度越大，其交叉的成果原创性就越强。三是研究对象的转移和综合。这往往会使传统的研究对象超出原先的领域与范围，成为多门学科研究的对象。当今科学技术发展的趋势是交叉和渗透，这必然产生大量崭新的综合性研究课题。科学的发展开始时是学科不断细化，大学科分解成子学科，但现在是小学科又不断地聚合成大学科。自然科学和社会科学的交融，科学和技术在许多方面的一体化，数学向各领域的不断渗透，系统论、信息论和控制论的广泛应用，计算机技术在各个学科和各个领域的应用，都是学科交叉聚合的结果。

新兴、交叉、边缘学科的建立与发展依赖于创新，特别是原始创新或源头创新。源头创新是基础科学研究的任务，也是技术科学发展的需要。技术科学的每一个分支都包含了理论基础、技术基础和技术应用三个方面，这三个方面的重大进展都离不开源头创新。

【例1.7】 20世纪初，俄国科学家齐奥尔科夫斯基（Konstanty Cioxkowski）提出了著名的齐奥尔科夫斯基公式，为火箭设计奠定了理论基础，这是源头创新。后来，德国宇航研究院的科学家们在火箭的技术基础研究中，解决了燃料性能、发热部件的冷却、燃料预热技术、发动机结构重量、发动机的持续可靠性、导弹结构与控制等技术问题，为成功发射第一枚V-2导弹奠定了基础。这些技术基础与技术应用研究都属于航空航天界的源头创新。

【例1.8】 美国分子生物学家西德尼·奥尔特曼（Sidney Altman）受薛定谔（Erwin Schrödinger）《生命是什么》一书的影响，发现了细胞中DNA的生物催化作用，推导出地球上最早、最古老的生物高分子不仅携带遗传信息功能，而且还具有催化功能的核糖核酸的革命性结论，对传统生命起源理论作出了重大贡献，由此获得了1989年的诺贝尔化学奖。

【例1.9】 普里高津（I. Ilya Prigogine）于1977年获得诺贝尔化学奖，他的贡献是揭示了自然界中有序与无序的普遍规律，撇开各研究过程的具体物质特性，以生物学、物理学、化学中所存在的耗散结构作为其理论研究的共同对象，为科学的统一提供了一种新的可能途径。

3. 原科学理论的不完备性和历史遗留问题或某些传统理论

历史上的许多科学家都是从不容置疑的科学理论中找到了问题，从而作出了贡献。

【例1.10】 爱因斯坦怀疑牛顿力学的时空观，创立了著名的狭义相对论。

【例1.11】 我国数学家侯振铤从一本《排队论》著作中找到了自己的研究课题。国际上获得“菲尔兹”奖的20多位数学家中，有不少人是由于解决了“希尔伯问题”中的某个问题或历史上遗留下来的其他难题而获得奖励的。

【例1.12】 获得2001年诺贝尔物理学奖的三位科学家就是证实了爱因斯坦70多年前提出的一个假设理论，即玻色-爱因斯坦凝聚理论。简单地说，该理论认为在非常低的温度下将某些元素原子冷却会凝聚。

4. 有价值的新现象、新问题

对尚未探明其机理、原因的客观现象进行理论解释、机理探索和内在本质的研究，有助于科学的发展和技术的进步。另外，在学术上有争议的地方也值得技术人员引起注意。

【例1.13】 流体力学中有一个“冯卡门漩涡”规律，就是西奥多·冯·卡门（Theodore von Karman）在导师的指导下做实验时发现异常现象后，进行了深入研究才得到的。

5. 理论的实际应用

已建立的新理论，不但在本门学科中推广使用，有时也可在其他学科中得到应用，关键是寻找到理论与应用的结合点。运用其他学科的理论、技术和方法来研究本学科存在的问题的方法称为移植创新法。例如，华罗庚的优选法、数论等理论在许多生产活动中得到了推广应用。在材料科学中，例子也很多：力学→材料力学→材料强度学→断裂力学；计算机技术→计算机技术在材料科学中的应用；可靠性技术→材料及零件失效的可靠性分析。在材料科学中，不同材料之间也有很多理论与技术的移植应用，如：钢的马氏体相变→非铁合金的马氏体相变和形状记忆效应→陶瓷马氏体相变和增韧→蛋白质的马氏体相变与生命现象。

6. 新兴学科等科学空白区

新兴学科、高新技术往往有很多空白区。控制论的创始人维纳（N. Wiener）说：“在科学发展上可以得到最大收获的领域是各种已建立起来的部门之间的被忽视的无人区。”在科学领域的“少人区”与“无人区”开展研究，很容易出成果。例如，前一时期材料科学中的智能材料、复合材料、电子信息材料、功能材料、纳米材料等。

【例1.14】 历史上曾经有这样一个例子：当世界上刚有铝的时候，由于铝的冶炼工艺特别复杂，成本很高，所以其价格比金子还贵。1886年，美国一所大学的两位学生在课堂上听教授说起铝的性能、用途和工艺的事情，谁能发明、解决铝的冶炼工艺的难题，谁就为人类社会作了大贡献，将成为大富翁。这两位学生刚毕业，就在家里的柴房里开始了研究工作，几经艰苦的试验，终于成功了。学生把最早的两块铝送给了老师。

【例 1.15】 纳米材料和纳米技术是新兴的学科领域。2003 年，中国科学院金属研究所卢柯博士领导的研究小组利用金属材料表面纳米化技术在解决金属材料表面氮化重大技术难题上取得了突破性进展。他们对纯铁进行表面纳米化处理，获得了几十微米厚的表面纳米晶组织，然后在 300℃保温 9 小时进行气体氮化处理，成功地实现了表面氮化，得到了 10μm 厚的氮化物层。这项成果突破了常规气体氮化的工艺，性能测试结果表明，所形成的表面氮化物层具有很高的硬度、耐磨性和耐腐蚀性。

7. 自然界的启示（仿生学）

自然界中有很多规律、现象，以及动物、生物适应自然界的各种功能对人类的科学研究很有启发，这就是仿生学。曾经有一位科学家在谈到当前国际高科技问题时说："未来科学世界属于谁？是仿生学，而不是电子、超导等。"特别是在现代，从自然界中得到启示而获得创造、发明的例子很多。

【例 1.16】 直升机启示于蜻蜓高超的飞行技术；推土机的原理来源于穿山甲的挖土技术；从鱼到潜艇，从鸟到飞机，从闪电到神话中的雷公再到现代的激光武器等。竹子、海参、贝壳等许多自然界中的动植物，现在都有人在进行研究，试图探索其特殊功能的机理，开发出有益于人类的新材料、新产品。

【例 1.17】 海洋污染已成为环境保护的重要课题。利用生物工程技术培养出能降解石油、金属离子、农药及有毒物质的多种微生物，将浮游生物的基因移植到能吞食石油的微生物中去，这种微生物在海洋水面上专门吞食石油，称为"海上拖布"。还有能降解汞、铅等有毒元素的微生物，称为"超级微生物"。"生物农药"则是专门消灭庄稼病虫害的真菌杀虫剂。

【例 1.18】 科学家从飞机在高速雨点的冲刷下而产生"雨蚀"现象中受到启发，发明了借助高速的流体对固体材料进行加工的技术，即水喷射加工技术。它是通过直径极小的孔洞，在高压下喷射出的高速水束对材料进行切断、分离或粉碎的一种新的喷射加工法。该技术已在切割与穿孔作业、工程破碎、水力采矿、挖掘隧道、大型建筑解体、海洋开发、超硬材料切割等工程领域得到了广泛应用。

【例 1.19】 香蕉皮容易使人滑倒，经过研究发现，其结构与 MoS_2 润滑剂的结构相似，因而发明了以高分子材料作润滑剂。

8. 科学和社会发展的负效应问题

科学发展为人类作出贡献的同时，也要注意到其某些副作用，即科学负效应问题。

【例1.20】　环境污染是人类目前面临的最大问题，可以说是人类最大的杀手之一。目前世界上有超过10亿辆汽车，每年向大气中排大量含铅废气，城市中大气含铅量是农村的20倍。在20世纪，随着无铅汽油的问世，世界各国也都出台了禁止使用含铅汽油的政策，当然也禁止生产含铅汽油。现在，电动汽车开始逐步取代燃油汽车。

【例1.21】　化学农药、矿物肥料对控制农作物病虫害、增加农作物产量起了重要的作用，但对人类的健康和生存环境也构成了严重的威胁。农药残留损害人体健康，而且污染空气、水源和土壤。消除这些负面影响或解决这些农业生产的问题，是摆在政府和科技工作者面前的紧迫任务。目前，开发生物农药方兴未艾，发展迅速。生物农药是指利用生物工程技术，将病虫害的“微生物天敌”筛选出来，培养并加工成农药，以对付病虫害。如今，科学家利用一种称为“绿僵菌”的真菌农药杀蝗虫，已取得很好的效果。

【例1.22】　为解决柴油的尾气污染问题及减轻日益恶化的环境压力，人们开始研究可再生的生物柴油。生物柴油是一种以可再生脂肪酸为原料的脂肪酸单脂。美国是最早研究并生产生物柴油的国家，2000年的产能为500gal；德国、法国、意大利、奥地利等国家也都具有了较大的生产规模。到2006年，全球的生物柴油产能将近1000万t。目前的问题是开发价廉的植物油脂及新型的脂肪酸单脂制备新工艺，这对降低其成本有重要的意义。

对于工业等排放物，有人曾经说过，要么人们把地球上的烟尘减少些，要么烟尘把地球上的人减少些。有人认为烧煤是最大的资源浪费和对环境的污染，并预言到2100年，烧煤所产生的能量将少于总能量的1%，所有工业部门将采用无废物、无污染的工艺。

地球上的资源是有限的，很多资源都将枯竭。因此，所有的废物都可视为再生原料，并将成为人类主要的资源。从事废物、垃圾的研究和环境保护的研究工作是世界上新兴的科研方向及产业之一。

对于科学研究者来说，选择研究方向和课题并不是一件容易的事情，选题也是一件艰苦的工作。要想做好选题工作，科技人员应具备如下基本素养：

（1）新思想与唯物辩证的思维方法结合。敢于创新是兴趣、求知欲的动力，唯物辩证的思维方式是关键，只有两者结合，才能做好选题工作。

（2）具有丰富广博的科技知识储备。广博的科技知识是选题和解决问题的基础。

（3）善于独立思考，有丰富的想象力。这是科技人员进行科研必备的心理素质。如果不动脑筋、人云亦云，即使把创新的问题摆在眼前，也常常是看不到的。

（4）掌握科技信息，要知己知彼。这里所说的科技信息是指本专业、本学科或某一领域的发展历史、研究现状和当前的动态。“知己”就是要清楚自己的研究特长以及自己的研究成果在国内、国际同行中所处的地位；“知彼”就是要了解国内外的情况、方向正确、心中有数。现有的科技信息有多也有少，多与少各有好处。信息多，提供的参考资料量大，有利于自己的思维，但研究的人可能也多；信息少，研究的人可能少，自己选择的余地会更大。

1.5 文献资料的收集与消化

1.5.1 文献检索的目的和意义

科技信息资料关系到研究工作的速度和研究有无效果的问题，是选题的基础和完成课题的重要保证。惰性气体氩的发现就是一个例子。英国的瑞利（原名 John William Strutt，尊称瑞利男爵三世 Third Baron Rayleigh）研究发现，从空气中得到的氮气和从氨水中得到的氮气密度不同。后来他在科技文献资料的帮助下，发现了空气中的氩气。拥有科技文献资料，就拥有了信息，就具有了开展科技工作的基础。

科技文献是人们从事科研和生产的记录，是人类精神财富的一部分。它汇集了世世代代、千千万万科技工作者的劳动结晶，记录着无数有用的事实、数据、结果、理论、方法、技术、科学构思和假设，同时也记载着成功的经验和失败的教训。它反映了科学发展的过程和水平。科学的发展史表明：没有科学上的继承和借鉴，就没有科学的提高；没有科学上的交流和综合，就没有科学的发展。科技的发展是不断地踩着他人的肩膀前进的。正如牛顿所说：“如果说我比别人看得更远些，那是因为我站在巨人的肩膀上。”

科学上的继承、借鉴、交流和综合，在现代的物质条件和信息功能下，主要是通过文献检索来实现的。查阅科技文献，进行调查研究，可以吸取他人的经验和教训，使科研减少重复劳动，避免或少走弯路。不调查研究，闭门造车，科研活动就很可能失败。这样的例子在历史上有很多。特别是在选题时，文献资料的查阅是必不可少的，要充分利用文献，在阅读、消化文献资料的基础上，选定研究课题，制定课题目标。文献资料的作用主要有以下几方面：

（1）保证研究课题的科学性。科学研究的任务在于揭示客观世界发展的规律，科学性是衡量科研工作的首要标准，选题也必须符合这个基本原则。检索并阅读国内外的有关文献资料，显然有助于对课题的科学性进行论证。

（2）利用文献可确保课题的创新性。科学研究的本质是创新，没有创新也就失去了研究的意义。通过查阅最新的文献资料，可以知道该领域或该方向的最新研究成果和进展，从而就可以把握即将进行的研究有无创新性。

（3）根据文献和实际情况，保证研究课题的应用性。

（4）从文献资料的情况可判断研究课题的可行性。

事实上，进行现代科学研究，从文献资料中得到启发和帮助是很重要的。科学研究中出现的许多问题，包括基础研究、应用研究和开发，往往可以通过科技文献资料的检索阅读得到启发和帮助，最后解决问题。据统计，通过检索文献，解决问题的比例高达95%～99%，所以文献的检索阅读在科研活动中起着相当重要的作用。美国《化学文摘》的封面上写着这样一句话：“打开世界化学文献宝库的钥匙。”在柏林图书馆的大门上刻着：“这里是人类知识的宝库，如果你掌握它的钥匙的话，那么全部知识都是你的。”检索是人类知识工程的钥匙，在社会的科学、技术、经济和生产的发展中，将越来越显示出它的作用和生命力，并作出其应有的贡献。

（5）文献资料提供了研究者之间相互交流的重要平台。文献资料中一般都会列出作者、所在单位及联系方式，研究者之间可以通过这些信息相互联系、探讨问题、一起申报课题等。

1.5.2　文献检索的方法和原则

文献资料主要有期刊、书籍、专利文献、科技报告、学位论文、学术会议文献等。在科研工作开始前，科技人员要先根据自己的课题方向，确定一些关键词。然后，利用检索工具查找所需要的文献资料来阅读。利用计算机检索文献资料是一种主要途径。检索方法主要有以下几种：

（1）追溯法。利用论文等文献中所附的参考文献进行追溯查找。在没有完整的检索工具的条件下，利用这种方法可以查到一批有关的资料。其缺点是原文引用的参考文献是很有限的，不可能在论文中列出全部有用的文献，而且有的文献仅仅是说明某一点情况，参考价值不一定很大。用此方法查找文献比较费时，并且漏检和误检的可能性比较大，一般在原始文献比较多时才能采用。

（2）顺查法。以课题研究的起始年代开始，由远及近，利用检索工具逐年查找，一直查到现在为止。逐年查找，检出率比较高，漏检较少，但是检索时比较费时、费力。尤其是研究年代比较早的课题，工作量很大。由于科技发展非常快，早期的许多论文已经过期，没有什么利用价值了（当然还有很多经典著作和论文一直在被人们不断地引用）。所以在一般情况下，没有必要去查找很早以前的论文和著作。

（3）倒查法。在时间上从现在到过去逐年检索查找，即倒查法。由于近期发表的文献在论述现代研究成果的同时，一般都要利用、论述和概述早期的有关文献，从而可了解该课题方向的早期研究情况。在查找过程中，重点应该查找近几年的研究文献，由近及远，适可而止。新的资料可以帮助科技人员了解课题研究前沿的情况，过去的文献资料则能帮助科技人员了解课题研究领域发展的历史。

（4）抽查法。针对本学科的发展特点，重点查找学科发展迅速、文献发表比较多的年代。采用抽查法，科技人员必须十分熟悉该学科发展的特点，否则，有可能会漏掉重要的文献资料。

（5）交替法。交替法实际上就是以上几种方法的相互交替使用。

各种检索方法各有优缺点，采用什么检索方法，要由检索条件和要求来决定。检索条件是指有无检索工具可以利用。没有检索工具时，采用追溯法比较实际。一般情况下，检索工具都是具备的，即使当地没有，也可以出差到大城市进行检索。检索的基本要求是检索时间要短，检索文献要多，参考价值要大。由于检索目的不同，要求也不完全相同，所以检索的方法也可能会不同。例如某课题检索，目的是收集该课题的系统文献，进行综合分析和研究，对文献的系统性、全面性要求比较高，既要广又要精，不能有大的遗漏，这时可采用顺查法，用检索工具检索。如果检索的目的是要解决某关键技术问题，并要求既快又准地提供可靠的文献资料，可采用倒查法，即可迅速查到最新的技术文献。

文献资料的检索与收集还应注意以下几点：

（1）平时要善于积累。在研究工作开始之前，必须查阅有关的科技文献，这称为早期研究阶段。平时要养成收集文献资料的习惯，注意早期积累。检索和收集资料最好由自己或课题组成员来进行。

（2）利用各种有利条件。利用有利条件从最简单的途径进行检索。如果已知化合物分子式，就可从分子式索引着手；已知专利号，就从专利号索引查；已知作者，可先用作者索引。具体项目如果是针对性很强的问题，可以从主题词、关键词索引来查；广泛性、系统性的问题，可从分类体系中查；要了解最新的研究动向，可以从近期文摘刊物的分类目录中选择适用的范围，进行一般性的检索。

(3) 交叉补充。除了利用检索工具开展文献检索之外，还要利用各种现期刊物补充查找所需要的资料。因为检索工具收录的文献具有一定的“时差”性，最新的文献可能没有被收录在检索的工具中。另外，检索工具收录的文献也有一定的限制，尤其是一些未公开发表的资料，有些文献可能存放在图书馆、情报等部门。

(4) 要注意收集第一手资料。要保证文献资料的准确性，所以重要的成果最好找到原始的第一手资料。另外，对于观点不一致的资料也应一起收集，有助于自己的研究分析。

(5) 应掌握研究领域的重要文献。文献资料信息的占有率是科学研究取得成功的关键因素之一。因此，对自己所研究领域的历史、现状、成果和问题等情况必须了解清楚。某领域的重要文献，一般首先体现在本学科、本研究领域的典型著作和影响力较大（影响因子较高或该研究领域内获得公认）的期刊上。期刊论文一直是研究者所要最先掌握的资料，尤其是国内外的核心刊物，研究领域中最重要、最新的成果和进展一般都会在其中有所体现。简而言之，重要的文献资料主要包括开山之作，被引用率高的文章、书籍等，这些文献是开展研究所必须收集和阅读的。

(6) 注意收集相关领域的重要文献。现代科学研究的重要特点之一是学科专业的交叉性越来越明显。相关领域的研究成果、研究思路都有可能对自己的研究有启发、有帮助。看过的文献资料越多，就越有经验，对自己的研究方案、研究思路、技术路线等问题就考虑得越成熟。

除了图书馆，目前网络上提供了众多的专业数据库，如 Elsevier、Wiley、ISI Web of Science、American Institute of Physics、American Chemical Society、Springer、CNKI、万方数据库、维普网等。可以登录其相应网站进行检索、浏览和下载（需要权限）。近些年，一些科技公司的搜索引擎，如 Scholar google、百度百科等提供了非常便捷的文献资料检索体验，其权威性也逐渐提升，使用量不断上升。

1.5.3 文献资料的阅读与消化

研究课题所涉及的文献资料数量往往很多，但其重要性和相关性是有主次和轻重之分的。因此，阅读和消化所收集到的文献资料也要注意方法。资料的阅读与整理要注意以下几点：

（1）注意阅读综述性文章。综述性文章有助于自己了解研究领域的全貌，就像站在高处，视野开阔。所以，最好先阅读与课题有关的综述性文章，然后再阅读与课题有关的文献，就能了解自己所选的研究课题所处的位置。而且，绝大多数的综述文章作者，是文章所涉及的研究领域中比较知名的研究人员、科学家，他们对该领域的归纳、总结以及研究方向的判断，具有非常高的价值。

（2）精读和粗读。根据自己研究课题的层次、性质和内容，选择和确定精读和粗读的文献资料。有些内容需要精读，有些则可粗读，尽可能扩大资料阅读的范围。

（3）分析与辨析。一定要分析地吸收他人的观点，不能教条主义，也不能迷信名人、权威。在很多情况下不同的观点，不一样的数据、结果，与试验方法和条件有很大的关系。因此，收集和引用他人的试验数据、结果时，要注意其研究方法和特定的条件。分析资料时要抓住本质，并要分析其真实性和可靠性。

（4）整理与消化。阅读时要善于整理，整理就是自己加工、吸收的过程。当然，最好是做笔记。最后，可以在整理消化的基础上写一篇或几篇文献综述。这时就有了比较系统的思路和比较清楚的认识，也有了自己一定的看法。对于学位论文来说，这时的读书笔记或写作的文献综述就是以后科研课题完成后学位论文的一部分。

文献资料的整理和提炼也是一项很重要的工作。例如，历史悠久的金属材料科学已经积累了极其丰富的实验资料，将它们进行科学的整理才能成为科学信息，对这些信息进行理论综合和再生才能成为系统科学知识，这些知识被智慧地加以应用才能成为设计和制备新合金的力量。金属材料信息将是金属材料科学发展的推动力，也是金属材料系统科学的一个重要基础。所以，要有效地进行科学研究和技术开发，并取得一定的成果，必须重视有关信息资料的收集整理、消化吸收，这项工作贯穿于整个科研开发过程中。

文献资料浩如烟海，其规模又在迅速扩展中，因此，文献资料的整理与管理变成了一项重要的工作。传统的手工管理方式效率过低了。近年来，随着Endnote、Reference Manager等文献管理软件的兴起，研究人员可以利用这些软件，轻松地管理庞大的文献数据。几乎所有的网络数据库都提供了文献资料的管理软件接口，研究人员可以非常轻松地将检索到的文献资料信息导入到软件中。在撰写文章时，这些软件提供了直接引用、排序、修改格式等功能。利用这些软件，研究人员之间的文件传递、文献数据交流也变得异常简单。

1.6 研究计划的制订

研究方案是实现研究项目的最基本的技术方案，对于研究工作是否能顺利进行、取得成果的大小甚至成败都具有决定性作用。研究方案从原则上来讲有两大类：试探性的研究方案和发展性的研究方案。

试探性的研究方案即前人未做过的技术方案，可能是学科前沿问题，也可能是跨学科或边缘学科方面的技术领域问题。虽然它有一定的理论依据，但进行的是前人未做过的研究工作，所以具有探索性和冒险性。当然，试探性研究有时会得到意想不到的收获，有时也可能会无果而终。

发展性的研究方案是建立在前人研究的基础上或引入相邻学科新成就的技术方案，一般是比较稳健的。它的研究目的是在现有的成果上进一步发展，或者解决某些遗留问题或扩大其应用范围。在实际研究中，一般都采取稳健的方案。但在稳健的方案中，也要作探索性的研究。

研究方案的制订要从粗到细。“粗”的方面是指研究方案的目的、思路、技术路线等；“细”的方面是指试验的安排，用多少、用什么样的试样，先做什么、后做什么，需要什么仪器设备，具体的工艺参数等。在分析论证的基础上，研究方案既要先进又要可行，既要防止无科学性又要不因循守旧、无创新。虽然方案有一定的科学依据，但由于方案只是未经实践的计划与设想，在实施过程中可能会遇到一些意外的情况。这时，中途可根据具体情况进行修正或作某些调整。总之，计划制订得越科学、越周密，计划和实际的差距就会越小。

研究计划初步制订后，一般情况下都应经过论证会。论证会有课题小组讨论、请专家书面评议、会议论证等几种形式。对于研究生来说，就是要作开题报告。根据专家提出的意见和建议，经过自己（课题小组成员）反复考虑，再修订研究计划和方案。

1.7 科技人员的哲学与伦理思想

1.7.1 现代科研人员需要的哲学素养

1.7.1.1 哲学与科学的关系

自从现代科学从哲学中分化出来后，科学与哲学的关系就成为人们不断谈论的热门话题。科学虽然从哲学中分化出来，但实证科学只能对事物的表面现象作经验或理性的描述，而不能达到事物的真理。哲学是凌驾于一切专门学科之上，同时又包括一切科学真理的“科学的科学”。所以，科学离不开哲学。人类实践的发展以及现代科学技术的进步和现代哲学的变革，已经使科学和哲学的联系发生了许多改变。原中国科学院院长路甬祥院士在《院士思维》一书的序言中指出：“大凡在近现代科学上能独树一帜、在理论上有重大发现、在技术上有划时代发明创造的卓越科学家和发明家，往往都十分重视在哲理思维引导下的科学思维，并在科技方法论上显示了新颖独特的风格。”科学的思维就是哲理的思维。

现代哲学与科学之间存在着多种复杂联系。这种联系主要包括以下几个方面：

1. 现代哲学与科学之间是一种总体与部分的关系

哲学通常被认为是一种世界观的理论，但这个“世界”内在地包含着人并展现为人的实践、认识和价值活动关系的属人世界。哲学应该是关于人与世界矛盾关系的理论学说，是关于世界的观念和关于人的观念的统一，所以它既是世界观和方法论，又是人生观和价值观。科学则有所不同。现代科学的发展虽然已经渗透到社会生活的各个方面，但就其担负的责任而言，它在本质上主要在于揭示客体对象（包括自然、社会和思维）自身的本质、规律、结构和功能等，而不是全面地说明人与世界的矛盾关系。在人类把握世界的各种方式中，科学只是其中的一种，还有艺术、道德、法律、宗教等其他方式。因此，科学只是人与世界矛盾关系中的一个方面、一种理想、一个具体的组成部分。

2. 现代哲学与科学之间是一种普遍与特殊的关系

关于科学与哲学的关系，爱因斯坦曾经指出：如果把哲学理解为在最普遍和最广泛形式中对知识的追求，那么显然，哲学就可以被认为是全部科学之母。哲学与科学最明显的关系就是共性和个性、抽象与具体的关系。懂得牛顿定律，不等于能造火箭去宇宙旅行。有创建性的科学家必然也重视哲学问题。哲学往往走在科学的前面，指出各种科学的联系和提出各种新科学产生的可能。

3. 现代哲学与科学之间是一种相互依赖、相互补充的关系

现代科学技术的一个显著特点是学科之间既高度分化又高度综合。科学技术化与技术科学化、科技社会化与社会科技化，已经成为现代社会及其科技发展的基本趋势。这不仅意味着边缘学科、交叉学科的不断涌现，还意味着科学与技术、自然科学与社会科学、认知科学与人文学科的相互渗透、相互结合，也意味着科学与哲学的相互依赖、相互补充。其原因在于：科学能说明客体对象自身“是什么”和“为什么”的问题，却未必能解决“对象应当如何”和“人应当追求什么”的问题。哲学作为一种总体性、综合性、普遍性的理论学说，虽然是现实与理想、事实与价值的统一，但其现实性、规律性和事实性从根本上说来自于科学。所以，只有实现科学与哲学的相互补充与结合，才能真正实现科学人文化和人文科学化，从而全面完整地反映和表达人本身及其人的生活与人的世界。科学与哲学的相互依赖和相互补充，体现了科学精神与人文精神的结合和统一。

人类社会的文明历史，可以说就是科学与哲学相互促进的发展史。早期物理学的一些知识和思想就与自然哲学纠缠在一起，并在自然哲学著作中能找到物理方面的知识。在中世纪之后，科学开始从哲学中分离出来。牛顿在1687年发表的《自然哲学的数学原理》就是物理学从哲学中分出来的“宣言书”。这意味着由一种比较模糊的关系转向一种两者都有明确内涵的、相互联系、相互促进的紧密关系。以此为起点，哲学与各门自然科学都得到了飞速发展。科学与哲学具有本质上的共同点和内在的一致性。

从研究方法上看，自然科学最基本的方法论原则有两条：一是实验的原则；二是思维的原则。不管是什么样的科学家，只要进行科学研究，就离不开这两条方法论原则。特别是在科学思维时，会自觉或不自觉地在辩证思维和形而上学等思维之间作出抉择。不管使用什么样的思维原则和方法，最终还是在哲学的范畴。

1.7.1.2 科技人员哲学素养的重要性

纵观科学发展史，可以发现学科前沿往往是自然科学哲学问题萌发的温床。

【例1.23】 德国化学家肖莱马（Carl Schorlemmer）既是马克思（Karl Marx）和恩格斯（Friedrich Engels）的挚友，又是他们的参谋和顾问。他以唯物辩证法为指导，研究了有机化合物的结构、性质及其相互之间的关系，确定

了其中最基本、最简单的脂肪烃为衍生出一切有机化合物的“细胞”，并解释了有机化合物中的异构现象和同系现象，阐明了化学结构和性质之间的关系。他用唯物辩证法研究了化学史，得出“化学的发展是按辩证法的规律进行的”结论。

【例 1.24】 日本著名的物理学家坂田昌一（Sakata Shyoichi）是在科学研究中自觉应用辩证法取得重大成果的又一个典型。他认为，恩格斯的《自然辩证法》和列宁的《唯物主义和经验批判主义》“在我内心深处产生了强烈的冲动，想在我的真正的研究工作中，实际运用自然辩证法作为当代科学的方法论”，并且“确实鼓励了我，使我敢于同把基本粒子当作物质原始的观点相抗衡，集中力量从物质的层次的观点来研究复合模型”。1962 年，他预言存在的两种介子后来都被实验证明了。

【例 1.25】 德国化学家、现代物理化学的奠基人、1909 年诺贝尔奖获得者奥斯特瓦尔德（Friedrich Wilhelm Ostwald）之所以能在化学方面取得一定成就，原因之一就是他在许多场合下，把能量理解为物质的运动。但是，他不能从自发的唯物主义上升为辩证唯物主义，最后走向了唯心主义。奥斯特瓦尔德把能量当作世界的本源，用能量概念代替物质的概念，主张以唯能论代替原子论。在物理学的研究已经深入到原子内部结构时，他仍然坚持否认原子的实在性，所以他的科学成就被大大地限制了，后来也没有再作出大的科学贡献。

【例 1.26】 相对论的创立。作为现代物理学革命之一的相对论，并非仅仅是爱因斯坦一个人的贡献，有相当一部分物理学家，如马赫（Ernst Mach）、庞加莱（Jules Henri Poincaré）先于他已经走到了相对论的门口，但最后的荣誉却归功于了爱因斯坦。马赫是奥地利物理学家和唯心主义哲学家的代表人物。1883 年，他在《力学的发展》一书中，从“一切事物都是相互联系、相互依赖的”这一前提出发，反对牛顿力学的时空观。但由于他在哲学上所持的唯心主义立场，惊呼“原子非物质化了”“物质消失了”，因而未能在物理学革命中作出大的贡献。法国著名数学家和物理学家庞加莱，在研究用交换信号确定异地同时性的实验中，对同时性的定义与爱因斯坦的相当接近。但由于他仍然相信“以太”，特别是在自然观和方法论上受唯心主义影响比较大，所以没能对牛顿的绝对时空观产生怀疑，从而与相对论失之交臂。爱因斯坦之所以能在科学上作出划时代的贡献，很大程度上归功于他在哲学上的批判精神。他认为“相信有一个离开知觉主体而独立存在的外在世界，是一切自然科学的基础”，同时还认为“自然科学家在理论变革时期，必须亲自去作哲学推理”。他 13 岁就读了康德

（Immanuel Kant）的《纯粹理性批判》，在大学阶段，读了马赫的《力学的发展》。这些都对爱因斯坦产生了深刻的影响。他曾经感触地说："物理学的当前困难，要求物理学家更加关心哲学。"唯物论、批判精神和创新意识，是爱因斯坦思想的鲜明特征，同时也是他能够取得成功的重要原因之一。

诺贝尔奖获得者雷恩（Jean-Marie Lehn）于2001年在上海交通大学给大学生作报告，曾经有三个忠告：领悟思维方式比学知识更重要；学自然科学，要先学好哲学；要想事业成功，首先要有兴趣。雷恩说，了解知识固然重要，但更重要的是要学习科学家的科学精神和独特的思维方式。学哲学，能训练自己把"树木"整合起来，组成一片"森林"。拥有了哲学思维，就为这种整合带来了方便。学好哲学，潜移默化中就具备了辨别是非、辨别真假的能力。这种能力在科学研究中十分重要，同时也会明白，在科学研究中不能光看结果，还要探索它后面的背景、因果关系。对科学的兴趣是创新的最根本动力。有了兴趣，就有不断探索物质真相的愿望；有了兴趣，即使经历失败，也会继续坚持下去。

1.7.1.3 科技人员需要的哲学素质

20世纪的原子能技术、计算机技术、半导体技术、空间技术、激光技术的突破，拉开了当代技术革命的序幕。关于当代科技发展的总态势，美国学者普赖斯（Derek John de Solla Price）用"大科学"来概括，基本上有如下鲜明的特点：大科学是大规模社会建制化的科学，是科学技术高度社会化的产物；大科学是科学技术一体化的科学，是科学的技术化和技术的科学化相结合的产物；大科学是系统化、整体化的科学，是科学整体化和技术群体化发展的必然结果。与大科学时代相适应，科技工作者必须树立大科学观。

（1）要建立大科学的系统观和战略观。每个时代都有成为该时代特征的主导思维方式，这种思维方式常常是和当时的科学发展状况密切相关的。例如，与古代自然科学时代相适应的思维方式是朴素的"整体论"；与近代小科学时代相适应的思维方式是传统的"分析论"；而与现代大科学时代相适应的思维方式则是科学的"系统论"。现代的系统观就是要用系统的观点和思维方式来看待现代的科学和技术问题，把它看作是一个有层次结构、在社会环境系统中需要不断进化的很复杂的自组织系统。"科学技术是第一生产力"，科学技术是现代社会最重要的战略资源，科技的发展和研究必须要有比较长远的战略目光。应从全局出发，根据科技发展的趋势，战略性地选择研究目标和突破口，考虑现代经济和社会的实际需要与可能条件。

（2）要建立大科学的价值观和经济观。价值反映了客体对主体需要的满足程度。科技作为第一生产力，作为人类认识自然和改造自然的工具和手段，其作用显然是满足人类的需要，有利于人类社会的发展。科学技术的发展及其在社会发展过程中的作用，既受到其内在规律的支配，又受到许多外部环境的影响，更与使用科技成果的人有什么目的、满足什么需求以及怎样应用有关。在科学技术加速发展的过程中，也存在着科学的异化问题。应该说，这与科学技术本身无关，而与人类偏执于追求狭隘的利益有关。科学技术的成果对人类社会往往具有正、反两方面的作用，也就是所谓的“双刃剑”。尽管如此，一方面，科技的研究要尽可能地减小副作用，要密切关注科技成果应用中的两重性；另一方面，人类也要正确应用科技成果，反对盲目的乐观主义和消极的悲观主义论调，充分发挥科技成果的积极作用，最大限度地限制和克服其消极影响。

（3）应建立科学技术、社会、经济、环境协调发展的系统观念。由于现代科学技术的社会化程度和社会、经济对科技的依赖程度以及科技发展对人类生存环境的影响都达到了前所未有的高度，科技工作者必须考虑怎样处理好各个系统之间的协调，特别是如何促进社会大系统与科技小系统的良性互动和发展，以及科技的发展与环境、资源之间的关系。保护和改善人类生存的环境，合理开发和科学利用资源的问题是刻不容缓的大问题。

总之，大科学时代迫切要求科技工作者树立科学的自然观，掌握先进的科学思维方法，关心科技活动和成果的社会后果，协调好科技与社会、经济、环境的深层次的系统与互动关系。只有这样，才能得到社会各方面的支持，保证科技活动的顺利进行和最终得到成功，才能使科技活动和成果最大限度地造福于人类社会。

1.7.2 科技人员的道德心理基础和行为准则

因为科学技术在现代社会发展中起了决定性的作用，所以世界各国都很重视科学技术的研究与开发。邓小平指出，科学技术是生产力，而且是第一生产力。这一论断揭示了科学技术在现代社会生产力发展中的地位和作用。科学技术研究需要科学精神和科学道德，这是科技工作者在科研过程中所体现出来的探索真理、贡献人类社会的精神境界和道德情怀。

科技人员的心理基础主要有：事业心和进取心，不断克服困难的精神状态，开拓精神和冒险精神，对现有知识与传统观念的不满足，急于试验自己判断力的迫切心。最基本的是热爱科学和难以满足的好奇心，丰富的想象力和聪明的资质，内在的干劲和勤奋的工作态度，以及坚韧不拔的精神。

好奇心具体表现为：探索自己所注意到的，但尚无令人满意解释的事物、现象或相互关系的认识。好奇心通常具有一种愿望，要去寻求并无明显联系的大量资料背后的那些原理。爱因斯坦说过："我只有强烈的好奇心，我没有特别的天赋。"好奇心激发想象力，想象力引导人们作出新努力，得到新成果，从而又引发人们研究的兴趣和热情。"最有成就的科学家都具有狂热者的热情"，这些又都与科技人员的事业心、坚韧不拔、勤奋刻苦联系在一起。这些心态和性格就是科技人员的特点。

【例 1.27】 蛇药的发明。陈广淦年轻时听说，狗得病能不治而愈。为此，他产生了好奇心，于是捉了一条毒蛇咬了一下家里养的狗，过一会狗的头就肿大起来了。这时，狗沿着山里的小路跑，陈广淦在后面跟着，发现狗停下来吃了一些草，三天后就好了。陈广淦把这种草采集来送到中药研究部门进行分析，根据分析和研究的结果，发明了三种蛇药。

【例 1.28】 伽利略发现等时性原理。悬挂在绳子上的物体经常来回摆动，这是一种常见的现象。伽利略在教堂里注意观察悬挂在绳子上的灯："真奇怪，怎么每次摆动的时间都是一样的？"他去推了一下灯，却进一步发现，开始时灯摆动的幅度大，后来逐渐变小，但摆动的幅度不论大小，所需的时间却都相同。为肯定起见，他又反复做了实验，最后发现了自然的节奏原理——"等时性原理"。

现代科学家中，许多人都把运用科学造福于人类作为自己科研活动的主要目的，涌现出了以爱因斯坦、居里夫人为代表的一大批杰出科学家，他们都有崇高的科技伦理思想和行为准则。归纳起来，科技人员的行为准则主要有以下几方面：

（1）崇尚科学，献身真理。科研人员要有掌握科学技术的强烈愿望和追求真理的献身精神。巴甫洛夫（Ivan Petrovich Pavlov）说，科学需要一个人贡献毕生的精力，科学要求每个人有极紧张的工作和伟大的热情。居里夫人认为，"学者的第一美德"就是对科学深挚的爱，对真理热切的追求。有了这一美德，就有了从事科学研究的自觉性、主动性和创造性。由于镭的发现与应用，居里夫人科学功勋卓著，成了闻名世界的科学家。可是，终身研究镭元素的居里夫人，由于长期与放射性物质打交道，患了恶性贫血症，最终被夺走了生命。

科学家还要敢于和善于同愚昧与谬误作斗争，有时为坚持和传播真理，甚至往往会遭到迫害。由于伽利略坚持哥白尼（Nicholaus Copernicus）的学说，被罗马宗教法庭判为终身监禁。许多科学家的人生是悲怆的，足以见证科学的发展经历了怎样的曲折坎坷。而正是科学的真善美本性所具有的魅力，吸引着众多的人为之奋斗。

科学家的道德心理集中表现为他们的幸福感，而幸福感的特征主要在于精神幸福，这就是科学新发现带来的满足。对一个普遍规律突然领悟的狂喜，对自己的成果得到社会承认的快慰，这是科学家的人生乐趣之一。

（2）放弃错误，不怕失败。自然科学是在人们不断地对自然界进行探索、开拓中发展起来的，科学研究的过程充满艰难险阻。马克思说："在科学上没有平坦的大道，只有不畏劳苦沿着陡峭山路攀登的人，才有希望达到光辉的顶点。"歌德（John Wolfgang von Goethe）说过："人在追求真理时是会不断犯错误的。"坚持真理的过程，也就是不断地犯错误、发现错误和改正错误的过程。法拉第说："在那些通过科学研究工作者头脑的思想和理论当中，有多少被他自己严格的批判、非难的考察而默默地、隐蔽地被扼杀了。就是最有成就的科学家，他们得以实现的建议、希望以及初步结论，也只不到1/10。"人们若要有所追求，就不能不犯错误，"畏惧错误就是毁灭进步"。在科学发展史上，把严重错误揭露出来，其价值不亚于创造性的发现与发明。

英国物理学家和数学家开尔文（Lord Kelvin）说："我坚持奋斗55年，致力于科学的发展。用一个词可以道出我最艰辛的工作特点，这个词就是'失败'。"在科研中，失败多于成功。只有不怕失败，才能取得成功。忍住失败的痛苦而不气馁，是科学家的必修课。从失败走向成功是科学家发现的一条规律。

（3）严谨治学，勇于创新。自然界的客观规律是不以人的意志为转移的，科学探索和技术发明，其本身就要求严谨性、准确性和科学性，所以必须尊重客观事实，实事求是。创新是科学技术发展的生命，发展史就是一部不断发现、不断创新、不断前进的历史。强烈的创新精神是事业取得成功的基本要素。严谨治学、勇于创新既是科学创造和科技进步的需要，也是科技工作者成长的要求。爱因斯坦说，道德上的纯洁是实事求是地反映客观现实的保证。科学的本质总是要求科学家要正直无私、求真务实；要勇于探索真理，不要被权威和偏见蒙住自己的眼睛；要善于有根有据地论证，批判地继承和发展已被证明的东西；不要故步自封，而要不断创新。这些美德是认识真理和捍卫真理所必需的。

【例1.29】 伽利略不畏权威，发现自由落体定律。亚里士多德（Aristotle）的观点"物体下落的速度同它的重量成正比"一直延续了近2000年，无人置疑。但伽利略不迷信权威，顶住了各种压力和嘲笑，于1590年在比萨斜塔做了著名的自由落体实验，证明了传统理论是错误的。

（4）诚实谦虚，团结合作。诚实和谦虚是科学家的重要品格。有一位科学家说，从长远看，一个诚实的科学家是不会吃亏的。他不仅没有谎报成果，而且充分报道了不符合自己观点的事实。巴甫洛夫在临终前告诫年轻的科技人员：“要谦虚，切勿狂妄自大、目空一切。”由于狂妄，会拒绝有益的善意帮助，丧失客观冷静的头脑。

科技活动具有社会性和集体性，特别是在现代科技迅猛发展的今天。美国女社会学家哈里特·朱克曼（Harriet Zuckerman）对获得诺贝尔奖的情况进行了统计，1972年前的286位诺贝尔奖获得者之中，有185位是因为与别人合作研究而取得了成果。在诺贝尔奖设立之后的头25年里，因协作研究而获奖的人，占总数的41%；在第二个25年里，这一比例上升为65%；而目前则占到79%以上。

同事之间既要处理好相互关系，也要进行相互合作：提倡和维持科学工作中的公平竞争；学术团体内的运行规则要有利于促进青年科研人员的深造和培养；反对同事和合作人员之间的相互抨击和怀疑；对同事严谨治学和大公无私的品质要给予高度评价。

（5）自由讨论，学术民主。客观事物本身是复杂的，人的认识有一个过程。从不同角度、用不同方法、在不同水平上认识同一事物，可能会得出不同的结论，因此要“百家争鸣，百花齐放”。不同学术观点和不同学派的争论是推动科学技术不断进步的重要动力。

每个人都有自己的知识和思路，所以能从不同的角度观察问题，设想新的方法和思路，提出有益的建议。而且，有些新设想只有在集中了几个人的知识后才能产生。讨论是克服错误、避免失败、启迪思维的有效方法。讨论可以使人摆脱条件限制的思考，突破固定的陈旧思路。讨论的方式可以是正式的或非正式的。正式的有学术沙龙、学术报告现场问答、课题组内研讨等，非正式的如餐桌漫谈、平时闲聊、书信交流等。讨论的对象有同事之间、师生之间、课题组成员之间、同行之间等。参加学术会议是科学家非正式会面，并讨论共同关心的问题的最佳方式之一。为使讨论达到良好的效果，首先要形成互相帮助和互相信任的气氛；其次要善于接受他人的意见；最后是和谐愉快，不因权威的意见而有所拘束。

【例1.30】　英国剑桥大学的分子生物实验室诞生了12个诺贝尔奖，成为世界科学史上少有的著名研究机构。其突出的原创性科学成果是以优良的科研环境和管理体制鼓励杰出科学家发挥聪明才智，通过脚踏实地的努力实现的。

该实验室建于1947年，目前有66个课题组、200多名研究人员。该实验室形成了良好的科学研究环境和激发人才智力的管理体制，对人才采用精英评价制，根据对科学的洞察力和深刻的理解力选拔人才，支持研究。它不在意发表论文的数量，也不在乎在什么刊物上发表，而是看重扎扎实实、有长期深远或重大意义的研究，忌好大喜功。例如，佩鲁兹（Max Ferdinand Perutz）对血红蛋白结构的研究于1939年开始，直到1959年才获得重要成果。在实验室工作的科学家不分年资，互相鼓励支持，不贪他人之功，形成了良好的风气，促进了卓越成就的不断取得。实验室广纳各方人才，重用真才实学者，且重视科学家的研究能力和工作，而不在乎他们的性格和研究风格。这些成功的体制和模式值得借鉴。

（6）科技成果，服务人类。使个人行为符合社会利益，既是伦理道德的首要原则，也是科学家的责任和义务。科学与伦理是涉及事实与价值的两个不同领域。对于科学，爱因斯坦将其定义为“寻求我们感觉经验之间规律性关系的有条理的思想”。就科学规律的内容来说，科学没有善与恶之分。爱因斯坦同时也指出，伦理“涉及的是目标和价值，并且一般也涉及人类思想和行动的感情基础”。“一切人类的价值的基础是道德”。从科学技术的本质上来说，真与善应该是统一的。因此，科学技术研究的实践必须受到伦理的约束，即科学研究的成果必须有利于人类。目前，科技研究必须考虑对环境、能源和资源等人类生存条件的影响。

20世纪70年代以来，世界各国对科学、技术、经济、社会、环境和资源间的相互影响、相互制约的关系已逐渐形成共识。寻求一种可持续发展的模式成为各国共同的追求，也成为科学家个人和科学共同体公认的道德准则。当代人的发展不对后代人的生存构成危害，这是最起码的要求。要实现人类社会的可持续发展，就要不断地提高人的思想境界和道德水平。可持续发展关系到人类的自我完善和协调发展，在现代高技术发展的社会，科技成果的价值及利用必须是为人类服务的。

1.7.3 科技研究的职业道德规范

科学道德是人们从事科学技术活动时所遵循的道德规范和行为准则，是指导科学技术工作者在科学技术活动中正确处理人与人、个人与社会、个人与国家之间关系的行为规范，也是衡量科学技术工作者道德品质的重要标准。

1.7.3.1　加强科学道德建设的重要性和迫切性

随着科教兴国战略的实施和我国社会主义现代化建设事业的推进，教育的改革和科技的发展进入了一个新的阶段，国家投入逐步增加，科教队伍不断壮大，学术气氛空前活跃。科学研究受到了应有的重视，得到了快速的发展，一个学术繁荣、科技创新的局面正在形成。同时，在科学研究领域中也总是不可避免地存在着不规范的行为。目前，由于各种因素的影响，科学研究中表现各异的科学道德失范现象较为突出，且日益严重。为了名利，不少科技工作者频频突破科学道德的底线。因此，学术规范和科学道德建设问题已成为全国科技界普遍关注的话题，受到了全社会的关注。

教育界和科技界对于如何重构科学道德体系作出了种种努力。国家自然科学基金委员会于1998年12月10日建立了监督委员会，中国科学院学部于1997年10月成立了学部科学道德建设委员会，2001年学部主席团积极支持广大院士自觉制定《中国科学院院士科学道德自律准则》，使其成为中国最高学术权威机构第一份自我约束的文件。与此同时，有关部门对一些违背科学道德与学风的问题给予了高度重视，对违规行为采取严肃的态度，绝不姑息迁就。2002年教育部发布了《关于加强学术道德建设的若干意见》（教人〔2002〕4号）文件，2003年科学技术部、教育部、中国科学院、中国工程院等五部委颁布了《关于改进科学技术评价工作的决定》（国科发基字〔2003〕142号）文件，就有关科学道德和学术规范等问题作出了决定，向全国科技工作者和有关管理部门发出了号召。

2004年上半年，中国科学院完成了《我国科学道德与学风问题基本分析和建议》的咨询报告，抨击了中国学术界存在的抄袭剽窃、弄虚作假、盗名欺世、屈从权力、学术霸道、权学交易、心态浮躁、科研欺诈八宗科学道德失范现象。科学越轨事件，涉及项目申请和职称评定、研究实施、论文署名、成果发表、荣誉获取和分配、项目评审、科技评奖和同行评议、科研活动成果宣传等各个方面。

社会的浮躁风气在一定程度上也影响了学术界的治学风气。如果说一般的抄袭、拼凑和做“伪注”不过是单向的学术道德败坏行为，那么学术交易使学术同普通物品无异，可以自由买卖，买者和卖者之间形成了一种双向的互动，这无疑将进一步加剧学术腐败。

事实上，科学道德与学风问题是一个十分复杂的问题。导致不良科学道德与学风问题的主观原因是一些人对名利的不当追求，既与体制相关，又与科研人员自身的因素有关。一些科教机构为调动科研人员的积极性，片面追求显示度，不恰当地制定一些分配制度，将项目、论文等与物质待遇密切挂钩，这也产生了一定的副作用。

“官本位”现象导致了科技界“对权力的崇拜与屈从”。由此，一些人在资源与信誉分配、科学评价、学术争论等方面屈从于权力意志，损害良好学风；政府管理部门直接参与资源分配，因缺乏有效的监控而招致权力滥用与腐败；管理部门利用职权追求政绩，使科技界浮躁风气滋生蔓延；“官本位”激励机制，使专业人员难以集中精力于专业能力的提高，而科研单位则把向管理部门输送干部作为获取资源的手段与途径。

杨永旸对当前我国科学道德失范现象进行了分析，认为科研体制、社会历史文化、科技人员自身等因素是主要成因。德国马克斯·普朗克协会从科学研究企业化、资源和资金的分配、科研队伍扩大与职位竞争、现代社会中科研工作的地位等方面分析了科学道德失范的原因。关于科学道德失范现象产生的原因，这里不再讨论。

科学道德失范现象严重影响了科技工作者之间的相互信任，破坏了科学研究的纯洁性，并在一定程度上影响了我国的科研水平和科技竞争力，影响了科技研究工作又好又快地可持续发展。因此，广大科技工作者应树立正确的名利观，保持洁净的心境和高尚的情操，提倡奉献精神、协作精神以及不怕艰苦和勇于创新的精神，这才是科学家的本色。中国科学技术协会在《科技工作者科学道德规范》中号召科技工作者应坚持科学真理、尊重科学规律、崇尚严谨求实的学风，勇于探索创新，恪守职业道德，维护科学诚信，以国家富强、民族振兴、服务人民、构建和谐社会为己任。

1.7.3.2 学术道德规范和学术不端行为的界定

科学道德是指科学的行为主体的道德意识，它约束科学家之间、科学共同体内部以及科学共同体与公众和社会之间的相互关系。科学道德可分为两个方面：科学家的职业道德和介入了科学的社会其他人士的科学道德意识。要促使科学不断取得成功且能真正地造福于人类，就必须在进一步完善科学内部规范的同时，建立相应于科学外部运作过程的规范与制度，将正当的人类价值系统以正当的方式注入科学技术整体运作的过程中。这里主要谈科技人员的职业道德规范。

中国科学技术协会根据国家有关法律法规制定了《科技工作者科学道德规范》（以下简称《规范》），并于2007年1月16日经中国科协七届三次常委会议审议通过。《规范》共四章二十八条。第一章总则；第二章学术道德规范；第三章学术不端行为；第四章学术不端行为的监督。《规范》针对当前学术界科学道德规范和学术不端行为，提出了具体的标准。关于学术道德规范，主要有以下内容：

（1）进行学术研究应检索相关文献或了解相关研究成果，在发表论文或以其他形式报告科研成果中引用他人论点时必须尊重知识产权，如实标出。

（2）尊重研究对象（包括人类和非人类研究对象）。在涉及人体的研究中，必须保护受试人合法权益和个人隐私并保障知情同意权。

（3）在课题申报、项目设计、数据资料的采集与分析、公布科研成果、确认科研工作参与人员的贡献等方面，遵守诚实客观原则。对已发表研究成果中出现的错误和失误，应以适当的方式予以公开和承认。

（4）诚实严谨地与他人合作，耐心诚恳地对待学术批评和质疑。

（5）公开研究成果、统计数据等，必须实事求是、完整准确。

（6）搜集、发表数据要确保有效性和准确性，保证实验记录和数据的完整、真实和安全，以备考查。

（7）对研究成果作出实质性贡献的专业人员拥有著作权。仅对研究项目进行过一般性管理或辅助的工作者，不享有著作权。

（8）合作完成成果，应按照对研究成果的贡献大小的顺序署名（有署名惯例或约定的除外）。署名人应对本人作出贡献的部分负责，发表前应由本人审阅并署名。

（9）科研新成果在学术期刊或学术会议上发表前（有合同限制的除外），不应先向媒体或公众发布。

（10）不得利用科研活动谋取不正当利益。正确对待科研活动中存在的直接、间接或潜在的利益关系。

（11）科技工作者有义务负责任地普及科学技术知识，传播科学思想、科学方法。反对捏造与事实不符的科技事件及对科技事件进行新闻炒作。

（12）抵制一切违反科学道德的研究活动。如发现该工作存在弊端或危害，应自觉暂缓或调整甚至终止，并向该研究的主管部门通告。

《规范》强调：在研究生和青年研究人员的培养中，应传授科学道德准则和行为规范。选拔学术带头人和有关科技人才，应将科学道德与学风作为重要依据之一。

关于学术不端行为，《规范》中列出了以下八条：

（1）学术不端行为是指在科学研究和学术活动中的各种造假、抄袭、剽窃和其他违背科学共同体惯例的行为。

（2）故意作出错误的陈述，捏造数据或结果，破坏原始数据的完整性，篡改实验记录和图片，在项目申请、成果申报、求职和提职申请中作虚假的陈述，提供虚假获奖证书、论文发表证明、文献引用证明等。

（3）侵犯或损害他人著作权，故意省略参考他人出版物，抄袭他人作品，篡改他人作品的内容；未经授权，利用被自己审阅的手稿或资助申请中的信息，将他人未公开的作品或研究计划发表或透露给他人或为己所用；把成就归功于对研究没有贡献的人，将对研究工作作出实质性贡献的人排除在作者名单之外，僭越或无理要求著者或合著者身份。

（4）成果发表时一稿多投。

（5）采用不正当手段干扰和妨碍他人研究活动，包括故意毁坏或扣压他人研究活动中必需的仪器设备、文献资料，以及其他与科研有关的财物；故意拖延对他人项目或成果的审查、评价时间，或提出无法证明的论断；对竞争项目或结果的审查设置障碍。

（6）参与或与他人合谋隐匿学术劣迹，包括参与他人的学术造假，与他人合谋隐藏其不端行为，监察失职，以及对投诉人打击报复。

（7）参加与自己专业无关的评审及审稿工作；在各类项目评审、机构评估、出版物或研究报告审阅、奖项评定时，出于直接、间接或潜在的利益冲突而作出违背客观、准确、公正的评价；绕过评审组织机构与评议对象直接接触，收取评审对象的馈赠。

（8）以学术团体、专家的名义参与商业广告宣传。

学术研究领域的道德缺损现象表现形式多样，如抄袭论著、剽窃他人成果、伪造实验数据、篡改科学事实和实验结果、以不正当手段谋取各种科研利益等，这些都是比较严重的违犯科学道德规范的行为。邹承鲁等许多院士指出，现在违犯科学道德规范的现象比以前更为严重。剽窃和造假等现象在国内外时有发生。例如，贝尔实验室的舍恩（Jan Hendrik Schon）捏造或篡改数据，仅两年多时间里就在《Science》《Nature》等国际著名刊物上发表论文十余篇。韩国首尔大学教授黄禹锡的造假事件，在国际上是科研领域的一场“地震”。东京大学教授多比良和诚的论文造假事件和挪威知名癌症专家约恩·苏伯论文造假事件也逐渐浮出水面。美国麻省理工学院生物系 35 岁副教授帕里耶斯（Luk Van Parijs）伪造研究数据，在科学、自然遗传学等刊物发表 10 多篇论文，于 2005 年 10

月被学院开除。在国内，比较典型和重大的剽窃和造假事件也不断被揭露。

1.7.3.3 科技人员职业道德的其他问题

伪造科学成果是对科学体系核心价值的蓄意破坏，而研究人员的失误和犯错也会导致科研成果的不真实、偏离甚至背离客观规律，产生科学失范的不良后果。这是职业道德另一层面上的内涵，在《科技工作者科学道德规范》中也已涉及，这里再进一步具体强调。严谨治学是科技工作者的基本素质或基本要求，因此，每一个科技人员在研究过程中都要认真负责、恪尽职守、实事求是、客观科学。

（1）认真对待研究过程各环节。科研人员由于疏忽失职而造成研究结果不真实的各种行为可视为科研工作的不规范行为。例如，经不当操作而获得的实验结果，没有按规定进行重复实验验证，读错测量数据以及计算中出现失误等。由于仓促公布尚未得到充分验证的成果并将其付诸实践，会造成重大的损失。这种危险在技术科学、药理研究和核研究中都是存在的。

对研究方法和成果的处理应严格和科学。这要求不仅对待实验系统和分析方法等研究手段要认真诚实，而且对研究过程进行的文件整理也要尽可能详细缜密。

（2）科学合理地处理研究结果。随意处理试验结果也是科研不规范的表现，即歪曲事实。歪曲事实是指科研工作者虽然没有捏造数据，但是将其不期望的部分数据与试验结果删去或者不公开，以“美化”试验结果。但在一些情况下，歪曲事实和试验结果的科学处理之间的界限并不总是那么清楚明了。有时，删除某些试验结果可以视为合法合理的数据处理。因此，科技人员要谨慎处理试验结果和数据。

当然，尽管人们遵守诚实科研试验的原则，但在科研工作中犯错误也是不可避免的，这也是科研工作中正常的组成部分。一定程度的错误或失败正是知识取得进步的必然铺垫。

（3）分析论证力求客观科学。科技工作者的性格因素中往往有人性中自欺欺人的倾向。例如，一些研究者总是对与其主观认识不相符的证据视而不见。从无意识的主观意识到有意识地对结果进行“润色”或隐瞒不利证据之间，有时只差一小步。因此，不要仓促发表成果，而应有足够的时间进行细致而重复性的工作，对研究结果以怀疑的态度进行检验后再加以肯定，这是研究行为的准则。这就要求对试验过程、研究方法、参考材料以及检验进行批判性的反省和讨论，包括对研究发现的解释进行检验和反复论证。

（4）同事之间的合作、交流和尊重。科技研究中，反对同事和合作人员之间的相互抨击和怀疑，更不能在合作与交流中怀有不正当的个人目的。交流有助于对纳入讨论的观点的正确性进行检验。交流与合作是科研过程中人际关系的组成部分，是以更基本的相互尊重为基础的。没有尊重，合作是不会成功的，因为合作依赖于对其他成员的信任；由于交流的前提是同事之间的信任，所以缺少尊重，就不会有真正意义上的交流。在研究团体范围内，同事之间的尊重为成功的合作和建设性的交流创造了条件，在这样的研究环境和氛围中才能激发思维、创新知识、提炼成果。

冯坚在《科学研究的道德与规范》一书中，将科学研究中不规范和不道德的现象分成不讲道德、不守规范和违反法律三个层次。确实如此，职业道德体现在科技人员的工作、生活、社会活动等方方面面，在许多看似小事的问题上也折射出一个人的职业道德。这里引用邹承鲁等许多院士对涉及职业道德一些小事情的忠告。

【例 1.31】 邹承鲁等多位院士在《再论科学道德问题》一文中指出，“科学研究贵在创新，一篇在严肃的科学期刊上发表的研究论文，必须在某些方面有所创新，否则就没有发表的价值。同时所有的科学研究又都是建立在前人工作的基础之上，在此基础上发展的，因此又必须对前人的工作给以充分的评价。在论文中必须充分地肯定与本人结果直接有关的前人的工作，然后再恰如其分地介绍自己工作中的创新之处。对前人直接有关工作的遗漏，也许是作者未能全面掌握文献，但遗漏重要文献已经是很不应该的了，如果是有意不提，或虽然提到，却在贬低前人工作的同时故意抬高自己，则是严重的不道德行为。”“虽然科学研究都是在前人基础上进一步有所发展的，但如果是从交谈或从其他途径得到原作者还没有发表的原始设想、试验方案或试验方法，在此基础上进行的任何研究都必须事先征得原作者同意，而且应在文中提及，否则也同样属于变相的剽窃。”“一般说来，所有工作都建立在已经发表的工作上，但每一个作者既有自己熟悉的领域，也可以由于自己工作的发展，或由于其他原因，进入任何一个新的领域。但如果这一领域和本单位同事，或自己熟识的科学家的领域相同，最好能采取事先讨论共同合作的方式，至少也应该事先商妥，然后再开始工作。”

第 2 章

科技研究的基本方法

科学技术的发展和研究方法的发展是相互促进的。研究方法是人们在从事学术研究或技术开发过程中不断总结和提炼出来的。科学技术研究工作离不开研究方法的使用。正确地使用研究方法，可以达到事半功倍的效果。

自然科学技术的研究方法很多，不同的角度又有不同的分类方法，名称也很多，而且不同的分类方法和名称之间又相互有重叠交叉。对于自然科学技术，主要包括归纳与演绎法、分析与综合法、类比与移植法、数学与模型法、系统与优化法、假说与理论法和原型启发与仿生法等基本研究方法。本章结合理工类学科的特点，仅简单介绍一些有关的研究方法。

2.1　科技研究方法概述

在西方国家，“方法（Method）”一词源于希腊语，意思是研究和认识的途径、理论和学说。不同的角度可以有不同的定义。方法应该是认识世界、改造世界的途径、策略手段、工具及操作程序。

研究方法是指在研究中发现新现象、新事物，或提出新理论、新观点，揭示事物内在规律的工具和手段（叶继元，2005）。

自然科学研究方法是自然界发展规律和自然科学认识规律的应用。科学方法是科学研究者为尽量地实现科学研究的目的所遵循的理论、规则、途径、程序和所采取的手段、技巧、思维方式的总和（林德宏，2004）。

同样，对于研究方法的分类也是很难统一的。图 2-1 是自然科学研究方法分类的一种（邬焜等，2000）。

（1）科学技术研究方法的层次性。自然界是有层次的，所以研究自然界的方法也有不同的层次。第一层次是哲学方法。这是认识世界的最一般的方法，

- 基本方法：科学观察；科学实验
- 科学思维方法
  - 逻辑思维方法：比较法 、分类与类比法 、归纳与演绎、分析与综合
  - 数学方法
  - 非逻辑思维方法： 形象思维、直觉与灵感、创造性思维
- 科学假说与科学理论
- 现代综合方法
  - 系统方法
  - 信息控制方法
  - 自组织方法
- 技术方法
  - 一般技术方法：选题法、情报资料搜集方法、方案设计法、方法评估法等
  - 特殊技术方法：各专业具体研究方法
  - 技术诀窍方法

图 2-1 自然科学研究方法的分类

也是科学研究中最抽象、最具有普遍性的方法，如实事求是、从实际出发等。第二层次是自然科学技术的一般研究方法。一般研究方法是从各门学科中抽取出来的科学技术研究方法，反映了研究方法的某些共性、特点和规律，基本上适用于各门学科，在自然科学技术研究中具有很强的普适性，如观察方法、实验方法、数学方法、归纳方法、系统方法等。第三层次是自然科学个别学科或领域的特殊研究方法或具体操作方法。例如，物理学中研究原子核结构的核磁共振法。这里讲的科学技术研究方法是指第二层次的方法。

（2）科学技术研究方法具有稳定性和相对性。自然科学有许多种研究方法，每种方法都有在一定条件下的功能，所以任何一种方法的作用都是有限的，没有万能的方法。并且由于科学认识具有随机性、多样性和不确定性，所以没有能保证必定成功的方法。科学方法又具有变异性或动态性，在科学实践过程中可不断创新和发展。

（3）科学技术研究方法的合理性。科学史的无数事实表明，科学技术研究的规则和方法是有效的。科学家用观察、实验的方法，总可以获得自然界的一些信息。用逻辑方法对经验事实进行分析，总可以得出一定的结论。已知的科学理论是对自然界发展规律的反映，应用这些科学理论来探索未知事物，就是一种研究方法。

2.2 归纳法与演绎法

推理是根据一个或一些判断得到另一个判断的思维形式。推理可以从不同

的角度进行分类，根据前提与结论之间的联系特征，分为演绎法和归纳法两大类。演绎是从一般到特殊，其大前提多是一般性原理或公理，演绎法是前提与结论之间有必然性联系的推理；而归纳是从特殊到一般，归纳法是前提与结论之间有或然性联系的推理。

2.2.1　归纳法

2.2.1.1　归纳法的主要类型与特点

归纳法与其他逻辑方法的主要区别，不仅在于它的推理方向是从个别到一般的过程，而且还在于它的结论是未经证实的，具有或然性。这是由归纳法的客观基础所决定的。因为任何个别事实都包含某种一般性，这就是归纳结果有一定的可靠依据。但是，又因为任何个别都不能完全地包括在一般之中，所以归纳的结论就不能不带有比较大的或然性。

根据归纳法的前提是否完全，归纳法又分为完全归纳法和不完全归纳法。完全归纳法是指根据这类事物中的每一个事物都具有某种属性，从而推理出这类事物都有此属性的一般结论的推理方法。例如，S_1，S_2，…，S_n 是 S 类事物的全部对象，它们都有属性 P，则用完全归纳法可表示为

$$\begin{array}{c} S_1 \text{——} P \\ S_2 \text{——} P \\ \vdots \\ S_n \text{——} P \\ \hline S \text{——} P \end{array}$$

完全归纳法的结论一般是可靠的，但是只有当某类对象所包括的个体数目不多时才能用得上。在实际科学研究中，涉及的个体数量大都非常多，所以完全归纳法的应用范围是很有限的。

不完全归纳法中最典型的一种方法是简单枚举法。它通过简单枚举某类事物中的一部分对象都具有某种属性，而又没有观察到相反的事例，由此推及全体，概括出该类事物的所有对象都具有此种属性。这种方法可表示为

$$\begin{array}{c} S_1 \text{——} P \\ S_2 \text{——} P \\ \vdots \\ \hline S \text{——} P \end{array}$$

简单枚举法的优点是应用起来比较方便。它可以根据少数已知的知识推理

出一般的结论，所以在科学研究中被广泛采用，并且常常可以获得重要的研究成果。例如能量守恒和转化定律，就是从一部分已经被研究的对象出发，采用简单枚举法概括出来的一般原理。实际上，许多学科中的原理、定律和公式都是运用简单枚举法得到的。其缺点是归纳不完全，难免会存在以偏概全的错误，因而不能保证其结论完全正确，带有比较大的或然性。随着科学技术的不断发展，一旦发现反例后，原来的一般结论也就被否定了。

【例 2.1】 从 1894 年发现了第一个惰性气体元素氩以来，人们根据一些化学实验的结果，用简单枚举法概括出“凡是惰性气体都不与其他元素发生化学反应”的一般结论。但是，1962 年，英国的巴特莱特（Neil Bartlett）用惰性元素氙与氟化铂反应，产生出第一个惰性元素化合物。后来，陆续制备出许多惰性元素化合物。这样，原来的结论自然也就被否定了。

【例 2.2】 在合金相理论中，人们广泛地应用简单枚举法来总结合金相的形成规律。休姆·罗瑟里（Hume Rothery）总结了铜族金属为基的固溶度规律，电子化合物规律，拉弗斯（Laves）所总结的 Laves 相（AB_2）中原子半径比值的规律等。

为了弥补简单枚举法的不足，人们发展了科学归纳法。科学归纳法也是不完全归纳法的一种，但它引进了因果关系作为逻辑推理的重要依据，所以通常又称为求因法。它主要有以下五种形式：

（1）求同法。如果在所研究的对象 a（需要探索原因）出现的两个以上的场合中，除了先行条件 A 外没有一个其他的是共同情况，则由此判断 A 和 a 两个或两类事物及现象之间有因果关系，即 A 是 a 的原因。所以，求同法就是从不同的场合中寻求相同的因素。

（2）求异法。被考察的某种现象在其出现和不出现的场合下，其他条件都相同，唯独有一个条件不同，则这个条件就是某种现象产生的原因，或从两种场合的差异中找出事物的因果关系。

【例 2.3】 含碳（$w_C > 0.1\%$）的铬镍奥氏体不锈钢在 650℃ 下敏化处理 2 小时，发现有晶界腐蚀；而无碳（$w_C < 0.01\%$）的铬镍奥氏体不锈钢经过相同的热处理，则无晶界腐蚀。于是推论，碳是引起晶界腐蚀的原因。

（3）同异并用法。在分析研究实验结果及科研资料的过程中，把求同法和求异法两种推理形式结合起来寻求研究对象的因果关系。

（4）剩余法。在一组复杂的自然事物或现象中，被已有因果关系的现象排除后来研究其他现象产生的原因。剩余法实质上是求异法的一个变种。

【例2.4】　居里夫人观察到沥青铀矿的放射线要比矿中已知铀量的放射线强许多倍，因此，纯铀不能说明这种复合的现象。居里夫人经过分析推测，认为除了铀以外，剩余的放射线强度肯定是由于其他物质元素引起的。后来经过艰苦的试验和提炼，她终于发现了新元素镭。

(5) 共变法。由于某一现象的变化，随之产生了另一种现象的变化，从而推断和揭示两个现象之间的因果关系。

2.2.1.2　归纳法的作用与局限性

归纳是从个别到一般的推理方法。而客观事物的个性中都包含共性，通过个性可以认识共性，个别与一般存在着普遍的联系是归纳法的客观依据。科学研究是一个逐步认识的发展过程，也需要经历从个别到一般的发展过程，即从积累大量数据和资料到概括出一般原理的过程。正如达尔文所说："科学就是整理事实，以便从中得出普遍的规律或结论。"

归纳法具有很强的创造性，主要用于科学发现。它是从已知推理未知的方法，因为是以已知的科学事实作为前提的，所以能概括、解释新的科学事实，形成新的科学原理，或提出新的科学假设和理论。

归纳法对于从范围比较窄的一般原理上升到更为普遍的科学原理方面也具有一定的作用。培根认为，科学知识就像是一系列命题的金字塔，从命题金字塔的底层逐步归纳上升到顶部，其顶部就是最一般的原理。

归纳法是有局限性的。首先，归纳法是一种或然性的推理方法；其次，科学认识的发展是一个复杂的过程，需要多种方法的配合，而归纳法只是在其中一个方面发挥作用。

2.2.2　演绎法

2.2.2.1　演绎法的主要形式和特点

演绎法是从已知的一般原理、定理、法则、公理或科学概念出发，推论出某些事物或现象具有某种属性或规律的新结论的一种科学研究方法。演绎法是从一般原理推理出个别结论的方法。其主要形式是三段论，即由大前提、小前提和结论组成。大前提是已知的一般原理；小前提是已知的个别事实与大前提中的全体事实的关系；结论是由大、小前提通过逻辑推理关系获得的关于个别事实的认识。在数学、物理等学科中，广泛使用的公理化方法，也属于演绎推理法。

对于演绎推理来说，前提的真实性和形式的正确性是相对独立的。为了必然地得到真实的结论，一个演绎推理必须前提真实而且形式正确。

2.2.2.2 演绎法的作用与局限性

演绎法在科学研究中的主要作用在于用严密的逻辑推理方式，为科学知识的合理性提供逻辑证明的工具。科学的定理、定律和命题等是否合理，一般都要用普遍的科学原理、原则和公理等来证明。公理化体系就是以演绎推理为工具构筑起来的理论体系。演绎法对于人们进行各项工作有重要的指导作用，如工程设计的计划、方案等在实施之前，都要通过逻辑证明和数学计算证明，对其合理性作出校核和鉴定，对实际效果作出预测。

演绎法也是解释和预见科学事实、提出科学假说的重要方法。发现了新的科学事实后，运用演绎法对其进行合理的解释，常常为科学预言和假说的提出指明正确的途径。门捷列夫（Dmitri Mendeleev）以化学元素周期律为大前提进行演绎推理，纠正了十多种元素的原子量误差。

演绎推理在检验假说中也有很重要的作用。特别是有许多假说难以直接在实验中得到检验，经常需要应用演绎法从假说中作出推论，预言还没有被发现的事物和现象，再用实验来检验这些预言。爱因斯坦的广义相对论就是经过这样的过程才得到了逐步发展。广义相对论的理论数学推导太复杂，爱因斯坦从中演绎推理出一些预言，如光线经过巨大星体时将在引力场作用下发生偏折。后来英国的两支考察队在进行日全食观察时，证实了星光偏折值与广义相对论的计算结果基本相符。通过观察实验检验了这些预言，也就使演绎推理得到的假说得到了实际的验证。

演绎法也有其局限性。首先，演绎法是创造性比较小的研究方法，其主要作用在于逻辑证明，而不在于科学发现。演绎推理的结论原则上都包含在其前提之中，所以不可能超出前提的范围，不可能对科学知识作出新的概括。其次，演绎推理的结论的可靠性受到前提的制约，所以并不是绝对可靠的。

2.2.2.3 归纳与演绎之间的关系

归纳与演绎之间存在一个对立统一的辩证关系，两者相互联系、相互依赖、相互补充、相互渗透。归纳是演绎的基础，演绎中包含归纳，演绎离不开归纳，没有归纳就没有演绎。演绎又为归纳提供一般原理的指导，所以归纳也离不开演绎，归纳中也包含了演绎。归纳和演绎在一定条件下会互相转化。由归纳得出的一般结论，可作为演绎推理的大前提；由演绎的一般原理为指导，对大量科学实验结果或数据进行归纳，得出一般性结论。

【例 2.5】 门捷列夫继承已有的成果，加上自己从实验中获得的数据，进行归纳，于1869年确定了化学元素的性质与原子量之间关系的一般科学看法。他再以此为指导，分析研究了当时已经知道的65种化学元素的性质同相对原子质量之间的关系，经过认真归纳，概括出了化学元素的周期律。然后，门捷列夫又以这一普遍规律为指导，进行演绎推理，预言了当时尚未发现的新元素Al、B、Si、Ga、Sc等。后来，科学家在科学研究中又发现了镓（Ga）、钪（Sc）、锗（Ge），正是门捷列夫预言的几种元素中的三种。

归纳与演绎科学研究方法领域有三位著名的科学家代表。近代归纳法的创始人是英国的弗兰西斯·培根。他充分重视科学的重要性，“知识就是力量”就是他的名言。他提倡重视实验观察、科学的方法论，偏重于归纳法。他的贡献是在科学方法上取得了革命性的进展。但是，培根轻视演绎推理和数学方法。

笛卡儿（Rene Descartes）是法国哲学家、数学家、物理学家，是唯理论的代表。他反对信仰高于一切的宗教观点，提出了用知识代替信仰，用理性代替非理性，用逻辑证据代替权威崇拜的观点，还提出了以数学为基础的唯理论的演绎法。

伽利略主张用观察、实验和数学相结合的方法来研究自然世界，这在方法论的发展历史上具有十分重大的意义。最典型的例子是伽利略发现了落体定律和物体运动的惯性原理，这是他将力学实验和数学方法相结合的成果。人们称他为近代实验科学之父和近代科学方法的奠基人。这种方法不仅促进了力学的发展，也促进了数学的发展。他的方法为牛顿所继承，创立了经典力学；被其他数学家所接受，开创了微积分。

在实际工作中，许多情况都是将归纳法和演绎法联合使用。

2.3 分析法与综合法

2.3.1 分析法的作用与特点

分析与综合相结合在思维活动中意义重大。它可以让人抓住事物的主要矛盾和矛盾的主要方面，把握具体事物运动的客观规律性，使学术研究更加符合实际。

分析就是把研究对象分解成几个组成部分，然后分别加以研究，从而认识事物的基础或本质的一种科学研究方法。分析方法是以客观事物的整体与部分的关系为客观基础的。事物的各种属性、部分或关系从不同方面表现了事物的整体性。客观事物中的整体和部分之间的关系使分析方法成为可能和必要。分析从根本上说是一个从现象到本质层层深入的过程。

分析方法在思维方式上的特点，在于它是从事物的整体深入到其各个组成部分，通过深入地认识事物的各个组成部分来认识事物的内在本质或整体规律。分析方法基本上有三个环节：①把整体加以“解剖”，从整体中按照一定特性分离出各个部分；②深入分析各个部分的特殊本质，这是分析方法的重要环节；③进一步分析各个部分的相互联系、相互作用的情况，了解它们各自在整体中的地位、作用，了解各个部分之间的相互作用和规律。

分析方法的以上特点，使它在科学认识发展中具有重要意义。它使科学认识逐步深入，是由现象认识进入到本质认识的重要条件。分析方法几乎贯穿于科学研究的全过程，并且渗透到所有的研究方法中。

分析方法也有其局限性。对事物进行必要的分割和各部分的孤立研究，虽然能把人们的认识引向深入，但也可能将人们的眼光限制在片面、狭窄的领域里。所以，认识事物，不仅要认识事物的部分，更要认识事物的整体，这就要运用综合的方法。

2.3.2　综合法的作用与特点

综合是在已经认识到本质的基础上，将对象各方面的本质有机地联合成一个整体，即把对事物各个部分的认识有机结合，形成对事物整体认识和思维的方法。综合法与分析法相比，两者的认识过程方向是完全相反的。所以，综合法就是把研究对象的各个部分联系起来加以研究，从而在整体上把握事物的本质和规律的一种科学研究方法。分析和综合思维方法是统一思维过程的两个侧面，它们在思维过程中各自发挥其独特的思维功能。

长期以来，人们往往强调将问题分解为部分的能力，但忽视将部分重新组合为整体的能力。大多数人擅长于分析而不擅长综合或系统思想。20 世纪 50 年代以来，系统思想和系统方法日益受到人们的重视。例如，1990 年，美国康奈尔大学（Cornell University）、斯坦福大学（Stanford University）等 8 所大学联合进行工程专业教学计划改革，由国家科学基金会提供1 530万美元资金，并且有近 20 家公司参与。改革的核心思想就是“综合”。

综合法在思维方式上的特点是：它把事物的各个部分联结为整体时，力求通过全面掌握事物的各个部分、各个方面的特点以及它们之间的内在联系，然后加以概括和上升，从事物的各部分及其属性、关系的真实联结和本来面目，复现事物的整体，综合为多样性的统一体。

【例 2.6】　DNA 分子结构双螺旋模型。1953 年，沃森（James Dewey Watson）和克里克（Francis Compton Crick）提出的DNA分子结构双螺旋模型，就是对DNA分子各个部分认识的一次综合。他们一方面综合了当时生物学家所揭示的DNA作为生物的主要遗传物质的信息传递功能，另一方面又综合了生物化学家分析DNA各种成分的大量资料，特别是综合了DNA晶体X射线的衍射图样和实验数据，把DNA的整体结构完整地再现出来。通过这一综合，人们不仅认识了DNA的各个部分，而且还从整体上掌握了它的结构和功能。由此，人们从分子水平上阐明生物遗传和变异的机制就在于DNA分子的自我复制。

综合法的基点是在分析事物细节的基础上，揭示出事物的本质和规律。科学假说、科学定律和公式的提出，以至科学理论体系的建立，都需要综合人们对事物各方面的认识，综合许多人的研究成果。综合是通向科学发现的重要途径。例如，牛顿的万有引力定律和力学三大定律并不单是他一个人研究的成果，而是他对前人许多研究成果加以分析创造性综合的结果。牛顿的成果是科学综合的结果，是由综合而发现的突出典型。

综合也是技术发明创造的重要途径。美国宇宙飞船总设计师曾经说过，今天的世界，没有什么新东西不是通过综合而制成的。有人分析，日本的技术是靠三分欧洲技术和七分美国技术创造性地综合形成的。

事实上，现代科学的发展呈现出整体化的趋势，学科高度分化又高度综合，所以，只有运用综合法才能更好地开拓新领域，建立新学科。现在许多综合性学科、边缘学科、交叉学科、新学科的出现，都是与综合法的运用密切相关的。

综合法总是与分析法并用的，没有分析也就没有综合。没有分析的综合，其结论只能是空洞的、无科学根据的，难以有真正的科学发现和发明创造。分析的结果也就是综合的出发点。所以，分析和综合是互为前提、互相补充、互相渗透、互相转化的。科学认识的发展总是沿着“分析—综合—新的分析—新的综合……”的轨迹不断前进，并构成了一个互为条件的思维过程。分析是综合的基础，综合是分析的完成。分析和综合是一个辩证的统一体，二者的有机结合构成了一种相辅相成、科学完整的逻辑思维方法。

2.4　类比法与移植法

2.4.1　类比法的作用与局限性

类比法是指通过两个或两类事物或现象进行比较，根据相似点或相同点推论出它们的其他属性或规律也可能有相似点或相同点的结论。这是以比较为基础，既包含从特殊到特殊，又包含从一般到一般的逻辑思维方法。类比法的基本通式为：

A 类对象具有 a、b、c、d 属性或事物或规律。

B 类对象具有 a'、b'、c'属性或事物或规律。

其中，a'、b'、c'分别与 a、b、c 相同或相似。

所以可得出结论：B 类对象有可能具有 d'属性或事物或规律，并且 d'与 d 相同或相似。

类比法根据不同特点有几种类型：数学相似类比法、因果类比法、综合类比法、对称类比法、剩余类比法等。

因果类比法是根据两个对象的各自属性之间都可能具有同一种因果关系而进行推理的。该方法的结论有比较好的可靠性，但这种特殊对象的因果关系不一定适合另一个特殊对象，所以它仍然是一种或然性的推理。

对称类比法是根据对象的属性之间具有对称性而进行的推理。其结论往往比因果类比的可靠性程度要高，当然它也属于或然性的推理。

数学相似类比法是根据对象的属性之间具有某种确定的函数变化关系来进行推理的。它可以定量地描述属性之间的关系，可靠性程度比较高。

综合类比法是根据对象属性的多种关系的综合相似而进行的推理。综合类比法由于根据属性的多种关系来研究的，所以其结论基本上是可靠的。但实际上也不可能把所有的关系都综合进去，因此有时也会带有或然性。

【例 2.7】 光具有微粒性和波动性，其方程式为

$$E = h\nu, \lambda = h/P$$

式中，E 是能量；h 是普朗克常数；ν 是频率；P 是动量；λ 是波长。

实物粒子具有微粒性和波动性。通过数学相似类比法得出结论：实物粒子也可能符合方程式$E = h\nu$，$\lambda = h/P$。

【例 2.8】 泡沫金属材料的发明。面包的多孔疏松是在烤制过程中，自身释放的气体形成了小气泡所致。根据这一因果关系，使用因果类比法，在金属中增加一些添加剂，改变金属的某些成分和制造工艺，就发明了泡沫金属材料。

【例 2.9】 水利大工程的模型模拟实验，运用了综合类比法。在建设一项水利工程之前，一般都要进行模拟实验，以便在模型中取得实验数据，并将其结果外推到工程原型中去。在模型和原型之间，除了几何尺寸成比例之外，还必须保持相似准数的一致。相似准数主要是流体各属性之间的关系，如反映惯

性力与密度、流速、尺寸之间关系的牛顿数，反映重力与流速、尺寸之间关系的弗劳德数，反映压强与密度、流速之间关系的欧拉数等。

类比法在科技创新中的作用主要有：

（1）类比为模拟试验提供逻辑基础，模拟试验是类比预料的具体运用。

（2）类比法不受专业、学科界限的束缚，类比可提出科学预言和假说。

（3）在技术上，应用类比法常常可做出重大发明。

（4）促进不同领域科技创新方法的移植和渗透。

类比法也有其局限性，由类比法所推出的结论具有或然性。所以，应用类比法进行科学研究得到的结果，有时是正确的，有时是错误的。为克服其局限性，在使用类比法时应该注意以下几点：

（1）需要多方面了解和掌握研究对象的知识。黑格尔说，类推可能很肤浅，也可能很深刻。例如，地球是一个星球，有人居住；月亮也是一个星球，所以月亮上也可能有人居住。这里就忽略了空气和水是人在地球上生存的基本条件。

（2）要以唯物辩证哲学为指导来研究问题。指导人们从事物的联系、运动、变化、发展角度去全面地看问题，力求充分掌握事物的相似性，同时注意研究其差异性。这样，类比所得结论的可靠性就高一些。

（3）要有分析，将归纳法与演绎法相结合。就逻辑推理的可靠性来说，归纳高于类比，演绎又高于归纳。

2.4.2　移植法的特点与作用

诺贝尔（Alfred Bernhard Nobel）说过，各学科彼此之间是有内在联系的，为了解决某个科学领域的问题，应该借助于其他有关的科学知识。

所谓移植法，是指将某学科的原理、方法或技术等应用于研究和解决同一学科内的分支科学或其他学科和技术领域的理论、技术或方法。移植法又称为转域创造法，它是通过横向、纵向联想和类比等方法进行的。所以，移植法和类比法、联想法有密切的联系。移植法的特点是：

（1）移植法具有显著的创新性。移植不是机械照搬，这中间需要运用类比法、科学概念、综合法、系统方法及科学想象力等多种创造性方法。

（2）移植法具有综合性。只有对该学科的研究成果和其他学科的情况有比较深的领悟，才能科学地运用移植法。

移植法也可以分成几种类型：①技术移植创新法，即技术移植可以发明新技术、新产品；②原理移植创新法，适用于科学原理相同的情况；③方法移植创新法，即将某学科内的某种方法应用到另一学科中去；④综合移植创新法，即将多学科的多种研究成果综合地移植到另一学科，这种方法有较大难度，中间要经过理论思维、综合分析和重新组合等过程。其他还有结构移植创新法、纵（横）向移植法等类型。

【例 2.10】 螺旋桨技术的推广。螺旋桨技术最初是为省力船而发明的推进桨轮，18 世纪在潜艇“海龟”号上安装了两台螺旋桨。经过一个多世纪，人们把这项技术移植到飞机上，成为航空推进器，发明了螺旋桨飞机；后来，又将其移植到高速快艇上；还通过将其改型移植到吹风领域，又发明了电风扇。这是技术移植创新法。

【例 2.11】 外科医学用的消毒剂。法国微生物家巴斯德（Louis Pasteur）在实验中发现，酒变酸和肉汤变质是由细菌造成的。英国著名外科医生利斯特（Joseph Lister）看到他的实验报告后联想到：细菌能使肉汤变质，那么手术后病人的伤口化脓溃烂也可能是因细菌引起的。于是，利斯特就把巴斯德发现的这一理论移植应用到医学领域，结果发明了外科手术用的消毒剂。这是原理移植法。

【例 2.12】 气针的发明与移植推广。医用皮下注射器是利用活塞加压的方法，使液体通过中空的针头把药物推入体内的。将这种方法移植到给足球、篮球等球类打气，结果研究出与气筒配合使用的气针，解决了球类的充气问题。而气针和气筒的结构与注射器和针头的结构是类似的。这是方法移植创新法。

【例 2.13】 拉链的发明与推广也是方法移植创新法。拉链是瑞典裔美国籍发明家吉德昂·逊德巴克（Gideon Sundback）发明的，并申请了专利。拉链独特的开、合功能，被广泛应用于衣、裤、箱、鞋、帽、包、袋等日常生活的各个方面。目前，美国医生以创新的方法将拉链技术应用于手术中。例如，胰腺病人开刀后，过一段时间还要对腹腔进行处理。病人忍受不了长好的伤口又要经历再次开刀、缝合的痛苦，故医生想到在患者的腹部安装一种拉链，以便随时打开检查腹腔。这就是皮肤拉链缝合技术。

当某项重大技术被研发后，常常呈中心辐射状向其他领域扩散，产生一系列连锁反应，从而产生很大的经济效益和社会效益。这通常被称为伞形辐射法。伞形辐射法就是移植创新法。这样的例子很多，如稀土在材料领域中的辐射移植应用，如图 2-2 所示。

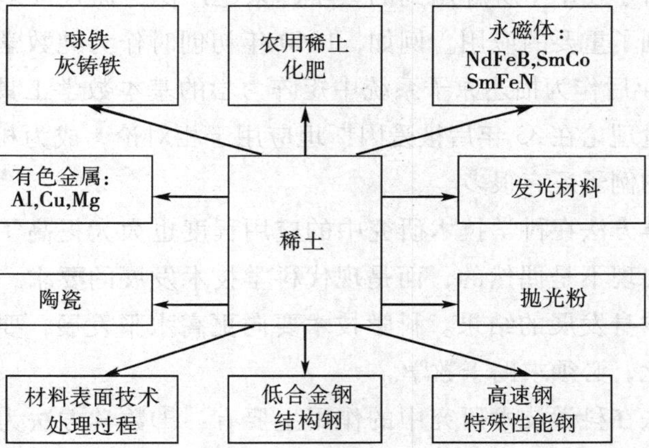

图 2-2　稀土在材料领域中的辐射移植应用

2.5 数学方法与模型化方法

2.5.1 数学方法及其应用

数学方法是揭示研究对象的本质特征和变化规律的一种方法，是解决科学技术问题常用的，也是最重要的方法。具体来说，数学方法是运用数学所提供的概念、理论和方法对研究对象的数量、结构等方面进行定量的分析、描述和推导及计算，以便从量的概念上来对研究的问题作出分析和判断，认识事物变化的本质规律。马克思说，一种科学只有在成功地运用数学时，才能达到真正完善的地步。爱因斯坦说，科学家必须在庞杂的经验事实中抓住某些可用精确公式表示的普遍特征，由此探索自然界的普遍真理。由于数学对客观世界规律性认识的贡献和作用，它被人们誉为“科学的皇后”。

原则上，一切科学技术都可以用数学来解决有关问题。整个力学和物理是最早数学化的学科。随着量子力学的理论与方法引入化学领域，数学方法在化学中的作用越来越明显。古老的经验学科——化学也正在逐步转变为理论严密的系统的精确科学。现代的生物学已经大量运用数学方法来研究生理现象、神经活动、生态系统及遗传规律等重要的问题，并且产生了数学生物学和生物数学这样的交叉学科。材料科学也是如此，现在兴起了材料计算学及计算设计材料的热潮，材料科学也正在逐步由经验学科向精确学科发展。

如今，科学技术中所应用到的数学越来越广泛，而且许多极其抽象的数学理论也都得到了重要的应用。例如，1860 年初创时作为纯数学理论一部分的矩阵理论，65 年后作为描述原子系统中矩阵力学的基本数学工具得到了应用。开始创立的张量理论在 35 年后被爱因斯坦应用于相对论，成为相对论的基本数学工具。这样的例子还有很多。

现在数学方法在科学技术研究中的应用程度也大大提高了。科学技术的数学化趋势的出现不是偶然的，而是现代科学技术发展的要求，也是科学技术的发展及数学本身发展的结果。科学技术要向更高水平发展，要走向定量化、精确化和系统化，必须求助于数学。

数学方法在科学技术研究中的作用主要有：①数学方法为科学研究提供了简洁精确的形式化语言，用它来描述问题、表达科学内容；②数学方法为科学研究提供了数量分析和计算的手段与技巧，从而实现了精确把握事物的本质特点和变化规律的目的；③数学方法为科学研究提供了可靠的逻辑推理和证明的工具，通过它能对事物作出科学预见，进而把握感性经验以外的客观世界。在材料科学中，研究微观粒子运动规律的量子力学，就是在获得了非欧几何、希尔伯特空间等数学工具后才发展起来的一门学科。现代兴起的材料计算学中的第一性原理计算就是建立在量子力学和量子化学等基础上的。

【例 2.14】 关于谷神星可能存在的科学预言，是由数学方法得出的。19 世纪初，意大利天文学家皮亚齐（Giuseppe Piazzi）用望远镜发现了一颗小行星，命名为谷神星。可这颗小行星一接近太阳，就消失了。于是引起了人们的怀疑和指责。消息传到德国数学家高斯（Carl Friedrich Gauss）那里，他很感兴趣。他用自己的行星轨道计算法和最小二乘法进行推理计算，并得到结果。在高斯的计算结果公布后，天文学家用望远镜在所指的方向观察，果然发现了该行星。后人为唤起人们重视数学方法在科学研究中的重要作用，称谷神星是用“铅笔尖”发现的一颗新行星。后来，用同样的计算方法又先后发现了几颗行星。

2.5.2 模型化方法

在自然科学研究中，一些关于研究对象的总体模型往往决定了作为总体科学研究的基本概念、基本方向、基本方法和基本原理。在科学研究发展的历史中，在某一个时期和某一个研究领域，往往有一个模型作为科学研究的核心。这个领域的所有研究活动都以这个模型为基础来开展工作，并不断补充、修改和完善该模型，如牛顿的万有引力模型、达尔文的生物进化模型等。从某种意义上说，科学理论的发展和进步常常是对模型的修正和更替。

【例2.15】 在卢瑟福以前，人们就积累了大量的有关原子光谱的实验数据，并且对线状光谱作了很多精确的唯象分析，但是没有形成量子理论。卢瑟福经过实验研究提出了原子结构的有核模型。后来，玻尔根据卢瑟福的原子结构模型和已有的数据及唯象理论，创立了量子理论，并圆满地解释了原子光谱的现象。

模型往往可以超越现有的条件，揭示出研究对象在理想化条件下可能出现的情况，从而给科学研究指明方向。理想模型舍去了许多次要的具体材料，突出了事物或过程的主要特征，便于发挥逻辑思维的作用，使研究结果能够超越现有的条件，形成科学的预见。

【例2.16】 在固体物理的理论研究中，“没有缺陷”的“理想晶体”是其假设基础，有关问题的计算也是以这个模型进行的。计算表明：材料的理论强度要比实际的强度大1 000倍。由此说明了金属材料的实际强度之所以减弱，就是因为实际材料的晶体中有许多缺陷。所以，如果想办法减少材料晶体中的缺陷，就有可能大大提高金属的强度。这就启发人们最大限度地减少材料的缺陷，终于研制成功了金属晶须。

有时候当一个科学领域没有建立完善的理论之前，模型可以作为一个过渡阶段，或者作为对各种观察、实验事实作出科学解释的一个不完善理论的应用。它对推动科学的发展也可起到一定的作用。

模型化（Modeling）是用适当的文字、图表和数学方程来表述系统的结构与行为的一种科学方法。系统模型化是系统分析过程中的一个重要环节。其中，数学模型方法就是通过建立和研究客观对象的数学模型来描述和揭示事物本质特征与变化规律的一种方法。它是解决科学技术问题最常用和最重要的一种研究方法。作为数学模型，一般须具备以下条件：

（1）既要反映现实原型的本质特征和关系，又要加以合理的简化。

（2）要能够对所研究的问题进行理论分析、逻辑推导，并能得出确定的解。

（3）求得的解要能回到具体的研究对象中去，解决实际问题。

像其他事物分类一样，根据不同的目的、内容，从不同的角度，模型化的分类也不同。按建立模型的方法不同，模型分类有理论模型和经验模型；按变量性质分类，有确定性和随机性模型；按函数关系分类，有线性和非线性模型；还有其他方法的分类。这里简单介绍理论模型和经验模型。

理论模型是从分析事物变化过程的机理出发，利用科学的基本理论建立的数学模型关系式。其特点是：关系式比较复杂，但是有明确的物理意义；利用基础理论研究成果，不必有真实过程的实验；从理论上对指导技术和生产有比较大的意义；理论分析和推导的难度比较大；推导过程必须进行简化，因而与实际过程有比较大的差异，影响最后结果的准确性。

经验模型是以实验数据和结果为基础建立的模型。其特点是：对实验数据进行数理统计分析，得到各参变量之间的关系；其关系式有时撇开了过程的本质，所以其性质是唯象的或半唯象的，常用黑箱法或灰箱法来建立关系式；不必进行大量的理论分析，得到模型也比较简便；所建立的模型只是在实测数据或结果的范围内，一般不能外推或外推幅度不大。

模拟也称为仿真（Simulation），是模型化的继续。有了模型后，还必须采用一定的模拟方法，对此初步模型进行测试、计算或试验。通过模拟，可以获得问题的解答或改进模型。模拟基本上可以分为三类：①几何模拟。用放大或缩小的方法制备与系统原型相同的模型。②数字模拟。对于建立的数学模型，可以用计算机等进行计算模拟。③物理模拟。采用类比或相似等方法进行模拟试验。

2.6 系统方法

2.6.1 系统方法的基本原则

系统是由若干相互联系、相互作用的要素组成的具有特定功能的有机整体。系统方法就是从系统整体的观点出发，从系统与要素之间、要素与要素之间以及系统与环境之间的相互联系、相互作用中考察对象，以达到最优化地处理问题的科学方法。系统的特性和原则主要包括：

（1）整体性。整体是由部分组成的，是有机的结合，其本质是整体与部分的统一。整体的功能不等于它的各个组成部分功能的总和。系统具有其各个组成部分所没有的新功能，但是系统的功能又是由其内部要素相互联系、相互作用的方式所决定的。

（2）最优化。最优化就是从多种可能的途径中，选择出最优的系统方案，使系统处于最优状态，达到最优效果。实际上，最优化就是自然界物质系统发展的一种必然趋势。以生物系统来说，在长期的生物进化过程中，各种生物都形成了最能适应周围环境的精巧完善的系统结构和最优的整体功能。

【例2.17】 螳螂在1/20s内就能确定昆虫飞过的速度、距离和方向，准确而迅速地把昆虫抓住，这是现代化火炮跟踪系统所望尘莫及的；海豚的速度每小时可达到100多公里，超过了现代潜艇的航速；响尾蛇的热定位器能在相当远的距离测到0.001℃的温度变化，这也是人造导弹红外跟踪系统难以达到的。

这些自然系统的优化功能为人类进行系统方法研究提供了客观的依据，并给予人类很大的启发。实现系统整体功能最优化的关键是选择最佳的系统结构。现在已经发展了许多最优化理论和方法，如线性规划、非线性规划、动态规划、控制论、决策论等数学理论。最优化设计和控制技术也在各个领域得到了广泛的应用。

（3）模型化。模型化是指由于系统比较复杂，难以直接进行分析和实验，所以一般都要设计出系统模型来代替真实系统，通过对系统模型的研究来掌握真实系统的本质和规律。模型化是实现系统方法定量化的必然途径，也是进行系统试验的必然途径，同时，也是运用计算机进行系统仿真的基本要求或条件。

整体性、最优化和模型化分别从不同方面表现了系统方法的本质特征。整体性是系统方法的根据和出发点；最优化是系统方法的基本目的；模型化则是实现最优化的手段和必要途径，也是系统方法的重要组成部分。

【例2.18】 导弹毁伤力的系统优化设计。前苏联领导人赫鲁晓夫（Nikita Sergeyevich Khrushchev）曾经鼓吹亿吨级核弹，美国科学家对此却持否定意见。他们用系统科学方法对大量核试验结果进行分析、综合，从总体上找到了最佳方案，并用数学式表示为

$$K = Y^{2/3} / C^2$$

式中，K是毁伤值；Y是TNT当量；C表示命中精度。

经综合发现，当Y增加8倍时，毁伤值增加4倍；当C减小8倍时，K增加64倍。由此可见，提高毁伤力，重点是提高命中精度C。因而，后来美国研制出了分导导弹和精确的制导武器。

系统方法中还有其他一些原则或特性的名称，如关联性、动态性、有序性、综合性等，都是从以上三大原则或特性中细分出来的，在此不再介绍。

系统是一个复杂的事物，它的内涵、外延和环境都在变化，因而应该用变化的观点来看待系统。以学科为例，学科的界限从来是模糊的，学科的领域也是变化的，特别是在现代科学发展非常迅猛的时期。现在不仅出现了许多边缘学科、新兴学科、交叉学科，也出现了许多新的学科，如纳米科学、化学物理、

表面科学、仿生学、断裂科学等，有的老学科名称虽然没有变化，但是其内涵已经有了很大的变化。

2.6.2 系统方法的基本步骤

运用系统方法进行科学技术研究的全过程大致可分成以下基本步骤：

（1）确定问题。通过调查研究，尽量全面地收集有关文献、资料、数据和结论，系统地了解所要解决的问题的历史、现状和发展趋势，为研究提供可靠的依据。

（2）确定目标。根据确定的问题和研究的任务，提出系统研究所要达到的目标，包括各种技术指标、经济效益等。系统越大、越复杂，所要达到的目标也就越多，而且各个目标之间还相互影响、相互制约。

（3）系统分析。全面收集达到以上目的所能采取的各种方案，如技术方案、试验方案等，并且明确提出实施每一种方案时所采用的手段和可行性分析，通过比较和鉴别，选择其中最优的系统方案，从而形成系统的整体概念。

（4）建立模型。借助于文字、图表和数学等工具提出模型，推导、建立数学关系，科学地描述系统。

（5）模拟分析。对提出的模型进行理论分析和模拟试验，利用计算机和论证试验，按照最优化原则作出决策。

（6）提出方案。最优化系统方案往往不止一个，而是有多个，要权衡利弊得失，从多个最优化方案中选出一个或几个试验的系统方案。方案中要包括进度、实施方案等内容。

（7）付诸实施。在实施计划过程中，还可以进一步对系统进行评价和检验。

材料科学与工程领域系统分析方法的特征如图 2-3 所示。图中以材料作为特定系统进行对比。因此，对于材料研究和开发的问题可以用系统分析的方法来进行研究。

系统分析方法的作用主要有以下几方面：

（1）系统分析可以进行创造性思维和发明，是一种有效的研究工具。它可发现被遗忘的因素，也可帮助发现新问题；利用图表可以清晰地说明问题，阐述系统内各组元之间的关系。对于整个系统，可以全面地分析，避免只见树木不见森林的错误。

（2）系统方法是技术开发的重要途径。现在的科学研究大部分是先确定目标，然后再根据系统分析，确定需要开发的科学技术。

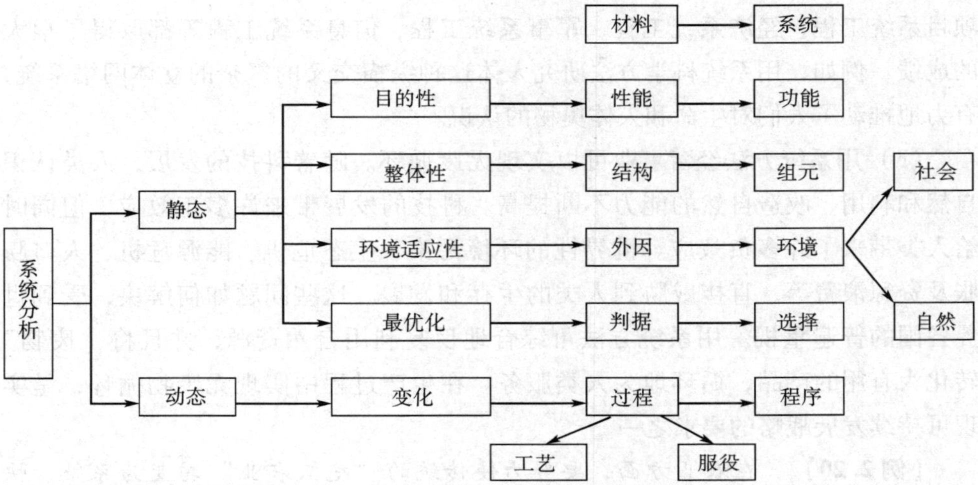

图2-3　材料科学与工程领域系统分析方法的特征

(3) 系统方法可以增进人们认识自然的程度。人类认识自然的速度和形式是呈螺旋式上升的。自然界本身就是一个很复杂的系统。

系统分析方法是一种多样性的综合分析方法，涉及多种技术，概括起来主要是两个基础：工程逻辑和应用数学。

2.6.3　系统方法在科技研究创新中的作用

系统方法为科学技术的发展提供了崭新的思想和方法。它在科学技术创新中的作用主要表现在以下三个方面：

(1) 系统方法具有重大创造性的功能。系统方法容易促进重大科学发现和技术发明的实现。这是由系统方法显著的特点所决定的，即各要素所不具备的整体功能。

【例2.19】　阿波罗登月计划的成功实施。总负责人韦伯（James Edwin Webb）博士在完成计划后表示："阿波罗计划中没有一项新发明的自然科学理论和技术，全部工作都是现有技术的运用，关键在于综合。"飞船的每个部分都是原有的科学技术知识的物化，都有其特殊的性能。但是，就其单项技术来说，它的每一个零件都不具有上天的功能。专家们运用系统科学方法对它们进行科学的综合，使之成为一个有机整体，从而具有了宇宙飞行和登月的功能。

(2) 系统方法是研究各种复杂系统的有效手段。从20世纪60年代以来，人们用定量化方法研究解决了大型复杂的问题，建立了系统工程理论。随之，项目系统工程、经济系统工程、军事系统工程、信息系统工程等都取得了很大的成绩。例如，用系统科学方法研究人体这种纵横交叉的复杂的立体网络系统，有力地推动了人们对生命和人体奥秘的认识。

（3）用系统方法经营事业可以实现无废循环。随着科技的发展，人类认识自然和利用、改造自然的能力不断提高。科技的发展带来许多正效应，但同时给人类带来了许多负效应。世界性的环境污染、生态危机、能源危机、人口膨胀及资源浪费等，直接威胁到人类的生存和发展。这些问题如何解决，受到世界各国的普遍重视。用系统方法可综合地反复利用自然资源，并且将“废物”转化为有用的产品，循环地为人类服务。在生产过程中实现无废物循环，是实现可持续发展战略的要求之一。

【例 2.20】 在农业方面，要努力使传统的“吃饭农业”转变为系统、快速、高效的市场农业。在雨水充足的农村，可从养殖蚯蚓开始，用蚯蚓喂鸡、鸭等家禽；用家禽的粪便作为精饲料来喂猪；再用猪粪生产沼气；用沼气渣喂蚯蚓和植桑；植桑又可以养蚕……在这个理想的循环过程中，所有农业资源（含废物）都变成了产品，基本上没有废物产生。

2.7 科学假说与科学理论

2.7.1 科学假说的特点和作用

历史上许多著名的科学假说都凝聚了科学家们创造性思维的精华。我国著名的化学科学家唐敖庆说：“在自然科学研究中，首先要重视新思想，其次是新方法，再次是新成果。”所以在科学研究上，不能因循守旧，不能迷信书本和权威。创新是科学研究的本质，也是社会进步的真正动力。

在科学研究的过程中，在通过观察和实验获得事实数据材料的基础上，进行理性思维的加工和概括，对所研究的对象提出带假定性的解释和说明，即为科学假说。科学假说和科学理论是自然科学研究发展的重要形式，它们不仅是科学研究活动的一般成果，而且是科学研究过程的重要环节和基本方法。

科学假说就是根据已知的科学原理和科学事实，对未知的自然现象及规律性所作出的一种科学假定性说明。其一般有以下两个特点：

（1）假说以一定的科学事实和已知的科学知识为依据，具有科学性。科学假说在材料科学与工程学科的科学研究中应用非常普遍。一般情况下，在一定实验基础上对所研究的问题进行理论上的解释都属于科学假说。

（2）假说带有一定的想象、推测的成分，所以具有或然性。提出的假说受到有限的少量事实的局限，而且总是在不完全、不充分的经验事实基础上进行分析和推论的，显然具有不确定性和或然性。在材料科学中，每个研究者开始时对相同的现象往往有不同的解释，这也是经常发生的。

科学假说的基本特点决定了它在科学认识过程中具有两方面的作用：

（1）科学假说在科学观察和实验中具有先导作用。在科研课题确定后，总是要根据已经掌握的科学资料和经验事实对研究对象作比较全面的分析，提出假定性的初步设想，预先构思和设计。在观察和实验获得实验结果后，必须进行整理、加工和分析概括，尽可能地对研究对象的本质和规律达到理论认识的高度。所以，假说在科学研究的实验研究过程中起到了先导作用。

（2）科学假说在科学理论的形成和发展过程中起着桥梁的作用。在科学研究过程中，当科学假说为实验所证实时，原来的假说就发展成为理论。有时可能会出现几种假说同时并存、相互竞争的局面，当其中一种假说逐渐在竞争中取得优势地位时，就会把科学研究引向新的发展道路。所以，假说是自然科学知识实现从科学事实发展为科学理论，从经验层次上升为理论层次的桥梁和中介。

恩格斯曾经说过，只要自然科学在思维着，它的发展形式就是假说。形成和提出假说也有一个方法问题。从假说的基本特点来看，提出科学假说须遵循如下四条方法论的原则：

（1）解释原则。提出的假说不能和研究对象范围内经过检验的事实相冲突。如果有一个事实与假说相矛盾，那么这个假说原则上就应该修改或放弃。

（2）对应原则。提出新的假说一般来说总是同原有理论相冲突的，但是假说不能同原有理论中经过检验的真理成分相矛盾。新假说要包含或解释原有理论无法解释的事实，也可以把原有理论作为新假说的一个特例包含在其中。这并不是说新假说与原有理论在基本概念上没有质的差别。例如，相对论力学和量子力学在开始时都是科学的假说，它们解释了经典力学所不能解释的高速和微观领域的物理现象。但经典力学在低速、宏观领域内与实验事实相符，所以经典力学是相对论和量子力学在低速、宏观领域量上的极限或特例，而它们之间在基本概念上有质的不同。

（3）简单性原则。好的假说尽可能具有逻辑上的简单性。简单性的基本要求是，假说应该以尽可能少的初始假定或公理，尽可能好地符合客观对象。

（4）可检验性原则。这是保证假说的科学性的一个基本条件。提出的假说在观察和实验或经验上必须是可以进行检验的，从而能够判别其是否具有科学性。不可检验的假说一般是不可取的。

2.7.2 科学理论的基本特征与结构要素

科学理论是从科学实践中抽象出来，又为科学实践所证实，反映客观事物的本质和规律的概括性的知识体系。科学理论具有如下基本特征：

（1）内容上的客观真理性。科学理论应该体现客观世界现实现象的本质和规律，这是显然的。它所依据的事实材料应该是真实可靠的、经过反复实践检验的；能解释现有的事实或现象；它的结论也是要符合客观规律的。这是科学理论最根本的特征，也是与假说、预言等未经证实的观点的根本区别。

（2）结构上的逻辑完备性。科学理论是以严密的逻辑形式来表达和陈述的，其逻辑结构应该能够概括地复现所论述对象的总体。理论中的规律是一个个推导出来的，有前后一贯的内在联系，一般具有演绎的逻辑推理结构和逻辑上的无矛盾性及理论体系的完备性。

（3）功能上的科学预见性。科学理论体系也是一个科学预测体系，能够对未知的事实作出符合逻辑的预言。所以，科学理论能指导人们的科学实践，正确地进行实验设计，进一步开发新的技术，开拓新的科学探索。

科学理论在内容、结构和功能上的三个特征是一个完整的科学理论体系所不可缺少的组成部分，三者也是不可分割地联系在一起的。这三个特征都不是绝对的、凝固的，而是相对的、动态的、发展的。因为，随着实践和认识的发展，原科学理论的真理性、完备性和预见性都会暴露出新的矛盾、新的问题，这就要求进一步发展科学理论。当然，在构造、形成科学理论的过程中，会运用归纳、模型、数学等各种思维和研究方法，使科学理论形成完整的知识体系和严密的逻辑结构。

科学理论的逻辑结构由三个逻辑要素组成：基本概念、基本原理或定律和科学推论。

（1）基本概念。它是构成科学理论出发点的起始概念。最重要的科学概念构成了科学理论的基石，它往往成为新理论建立起来的标志，甚至是理论的代名词。例如，拉瓦锡（A. L. Lavoisier）的燃烧氧化说中的“氧化”，取代了“燃素”的概念；牛顿力学理论中“引力”的基本概念，揭示了物体相互作用的本质；量子力学中的“量子”、相对论中的“相对性”、大陆板块构造学说中的“板块”等都属于科学理论中的基本概念。

（2）基本原理。它是指科学理论所反映的最普遍、最本质的基本定律，是理论的原始前提，在逻辑结构中表现为判断推理的思维形式。例如，牛顿力学理论中的三个基本定律和万有引力定律，爱因斯坦狭义相对论的相对性原理等。

（3）科学推论。它是指科学理论中由基本概念和原理演绎推导出来的概念、判断和推论等，具有理论解释和科学预见的功能。例如，牛顿力学对流体、连续体、潮汐等问题提出的具体定律和解释性的结论。

从科学理论的方法结构来看，它也由三个要素组成：抽象模型工具、概念语言工具和数学工具。抽象模型工具表达科学理论的核心部分，揭示和表征客体本质的近似图像。模型不仅以专业术语形式的概念语言来描述和表达，而且还以数学形式来表达。概念语言工具是建立专门术语和语言的总和。概念语言工具是在建立理论体系的过程中，联系思想模型和经验材料之间的思维工具与形式。新的科学往往会引入一些新术语、新词汇。数学工具是成熟的科学理论所不可缺少的形式。当一门科学不仅用数学方法来处理实验数据，而且还用于探索新的规律时，才算是达到了数学化。数学化大大提高了科学理论的精确性、有效性和预见性。以上这三个工具和其他方法是彼此贯穿、相互联系的。建立科学理论的过程一般是按“模型—概念—数学法”的顺序而进行的。

2.8　原型启发法与仿生法

原型启发法主要是对自然现象进行观察、探索而受到启发所进行的科学研究和创造发明。启发是从其他事物、现象中得到启示后，找出了解决某一问题的途径。起启发作用的事物称为原型，如自然现象、日常生活、日常用品等都可以成为原型。仿生法实际上是指原型启发法中的原型为自然界的动植物或自然现象。

原型启发法的过程如图 2-4 所示。

图 2-4　原型启发法的过程

在创造发明史上，原型启发的事例有很多。例如，飞鸟启发人发明了飞机，现在人们又在研究机翼能像鸟的翅膀一样拍打的飞机；现代的潜艇源于海洋中的鱼；传说中，鲁班是从有齿的丝茅草割破了手这一现象中受到启发而发明了锯子。中国是世界上具有四大发明的文明古国，我们的祖先早就开始重视观察和探索自然现象，并力图模仿自然界的生物进行发明创造。古代小说《封神演义》中的许多神话故事现在都已经成为现实。自然界在不断地演变和进化，“物竞天择，适者生存”。大自然是人们进行科学研究和发明创造的最好的老师，也是一个科学知识的宝库。

现在，人们更加重视观察和探索自然界有生命及无生命的种种现象，兴起了仿生和仿生材料的研究热潮，也取得了不少成果。这里仅举几个例子。

【例 2.21】 细菌和微生物冶金。300 多年前，西班牙人发现铜矿井下水中有氧化亚铁硫杆菌，这种菌可以将铜以沉淀的形式回收。于是，在 1951 年人类终于成功地培养出氧化亚铁硫杆菌，用以回收铜矿废水中的微量铜，或者处理铜的质量分数小于1%的贫矿。现在的微生物冶金已经进入工业性生产，如落叶松能聚铌，玉米能聚金，甜菜和烟草能集锂，海洋中的软体动物能聚铜，龙虾能集钴等。美国利用这种方法生产的铜占铜总产量的10%以上；日本人工培植海鞘来提取钒。微生物技术也是治理环境污染的一种非常好的方法。

【例 2.22】 蜂窝状结构材料的开发。蜜蜂的蜂窝是正六角形的结构，这种结构界面小、容积大，最为合理。材料设计师受到蜂窝结构的启发，发明了蜂窝状结构复合材料，并且已经用作航空新材料。

【例 2.23】 生物医用材料。肺、关节、血管、牙齿、心脏等人体中的器官都可以用高分子材料、金属材料或陶瓷材料来人工模拟制造。

【例 2.24】 核潜艇破冰。世界上许多军事发明都是科学家在探索动物的奥秘中得到启发而产生的。核潜艇若想在冰下发射导弹，就必须破冰上浮。鲸每隔几十分钟必须破冰吸气，鲸的背像一把利剑，能破裂厚厚的冰层。潜艇专家从这些现象中得到启发，于是在潜艇顶部提高材料强度并将外形作仿鲸背处理，果然取得了破冰的“鲸背效应”。

【例 2.25】 2007 年新华网报道，美研究人员最近研发出一种新型多用途覆膜技术。这种技术模仿具有黏性的蚌类，能给从导管到隐形眼镜等几乎任何物件覆膜。美国西北大学多年来一直在研究蚌类和壁虎体内物质的黏性。他们将一种叫多巴胺的化学物质放入盛满水的烧杯中溶解，将水的 pH 值调整到约 8.5，再往水中放入一个物体，数小时后，这一物体上就覆盖了一层聚多巴胺薄膜。这种聚合物能黏合在聚四氟乙烯（特富龙）、纤维素和丙烯酸树脂等25种不同物质上，用途很广泛。利用这种技术可以给医用设备覆盖抗菌膜，还能给船体、石油钻塔和其他水下设备覆盖上一层防污层。这种薄膜甚至还能用于电子产品，因为它除了具有黏性外还能导电。该薄膜与某些重金属之间也具有亲合性，因此，可以利用它来清除受污染水体中的汞、铅和铬等。

第 3 章

科技研究的创新思维

科学研究的本质就是创新，社会的发展也源于创新。创新是人类最本质的特性之一。

1912 年，奥地利经济学家熊彼得（Joseph Alois Schum Peter）在其成名作《经济发展理论》一书中，首次提出创新理论的概念。经过半个多世纪的酝酿和提升，创新的概念逐渐为人们所接受，并且超越了经济学领域，成为学术界共有的“范式”，如科学创新、技术创新、体制创新等。创新是指发现和创造新事物、新理论、新方法。科学理论的创新是作为创新主体的科学家靠创新认知能力和创新实践能力，在新的科学事实基础上对旧有理论的超越和突破。科学家在理论创新的过程中，往往借助哲学，并试图从中找到新的理论生长点和突破口。理论创新的动机在于解决科学问题。发现科学理论中存在的问题，往往是理论创新的起点。在这方面，哲学思维的作用是不可忽视的。普里高津就是在对时间的单向性思考中，发现了物理学中存在的问题并创立了材料科学中的耗散结构理论。事实上，量子力学的建立、集合论的问世等都与哲学思想的突破有关。

创新思维是从思维结果的内容上来划分思维类型而得到的。在创造性工作中，人们所进行的思维活动就是创新思维。目前关于创新思维的理论还不很成熟。创新思维是一种综合性思维，在发现中综合，在综合中发现。这要求具有综合能力的智慧和科学辩证分析的能力。在实际创新活动中，各种科学的思维方式和科学的研究方法是交织在一起的。

3.1 创新思维的本质特征

创新思维是科学发现和技术发明的根本动力与不朽灵魂。科学创新是一个不懈努力探索的过程。创新思维具有极为复杂的形式和非常丰富的内容，有着多种多样的实现途径。创新思维不是单一的思维方式，而是运用多种思维方法的综合思维，是逻辑思维和非逻辑思维的统一。很多科学思维的形式，如形象思维、逻辑思维、灵感思维、发散思维等，都属于创新思维的不同的表现形式。其内容包括感知能力，观察、选择、分析、综合、推理能力，直觉、想象、抽象、概括能力等。在创新思维过程中，又常常运用类比、综合、演绎、归纳等多种科学原理和方法。所以，创新思维的主要特征是辩证的统一和分析的综合。

创新是求异与求同的辩证统一，是发散思维与集中思维的统一。创新思维的表现形式是对已有的不满足、怀疑、批判和超出，是对未有的发现、发明和提出。所以，创新首先要有求异思维，但并不是说创新思维就是求异思维。所有创新都是辩证地否定原有事物，是同中有异、异中有同。例如，爱因斯坦的相对论并非完全否定牛顿的经典力学，只是它们各有自己的应用领域。发散和集中的思维方法是创新思维的两个方面，任何创新成果的成功都是各种方法综合运用的结果，仅仅说发散思维体现了创新思维是不对的。创新思维是由发散思维和集中思维所组成的。发散思维以思维对象为中心向四面八方扩散，一切与对象有关的问题均要考虑到。集中思维是当扩散思维到一定程度后转入收敛，经过分析，使思维集中到对象的一点上。扩散思维和聚合思维是相辅相成的，所以创新思维也是发散思维与集中思维的统一。相似性本身也是异与同的统一，相似性方法是现代科学研究常用的方法之一。联想、类比、模拟、移植等都是相似性原理的创新思维方法。

爱因斯坦曾说过：“想象力比知识更重要，因为知识是有限的，而想象力概括着世界上的一切，推动着进步，并且是知识化的源泉。”严格地说，想象力是科学研究中的实在因素。直觉、想象力是创新思维的重要组成部分，但不是唯一，也不是创新思维的全部。没有丰富的想象力，也可能不会有新意。但科学的创新必须是符合客观规律的，是以逻辑思维为基础的。因此，直觉和理性思维能力应该是统一的。爱因斯坦也说过：“没有思辨精神，就没有创造科学的能力。”逻辑思维是科学创新不可缺少的工具，几乎所有的创新成果都是形式思维和逻辑思维两者的完美统一。

辩证逻辑思维是创新过程与创新成果的核心。特别是在现代科学技术的水平下，更是如此。通过归纳、演绎方法发现新规律是创新过程中常用的一种思维方式或科研方法，归纳和演绎也是创新思维的基本形式之一。遗传学的奠基人、奥地利生物学家孟德尔（Gregor Johann Mendel）在历时11年的豌豆杂交实验的过程中，就是通过归纳杂交豌豆的子一代和子二代的相同表现概括出遗传的分离定律和遗传的组合定律的。

创新思维要破除原有的一些认识。在开始的时候，创新思维往往是令人难以接受、难以理解的，认为“不合逻辑”。而现代的知识经济将改变人们难以想象的“不合逻辑”的事物。科学研究中的很多问题都是不确定的，如果认定只有一个答案，那么就会失去很多创造力、想象力。“遵守规则”是一种美德，但在现代科学研究中，不能形成僵化的思维，“不敢越雷池半步”肯定是不能创新的。创新不能迷信权威、迷信书本，过分强调专业对口，就会陷入画地为牢的困境。许多事实证明，走出原有的狭窄领域才更有可能成功。例如，充气轮胎的发明者约翰·博伊德·邓洛普（John Boyd Dunlop）曾经是一个兽医，柯达彩色胶卷的发明者乔治·伊斯曼（George Eastman）原来是银行的普通职员。历史上很多真理的发现者最初大多被认为是“疯子”“傻瓜”。要牢记意大利诗人但丁（Dante Alighieri）的名言：“走自己的路，让别人去说吧。”“温故而知新”在某种意义上是对的，但是在现代科学技术发展日新月异的今天，仅持此习惯和观念是不够的，也是不行的。事实上，承认科学无禁区、认识无止境，是创新的思想前提。

400 多年前，英国哲学家培根有句名言“知识就是力量”，但在现代社会中，知识并不完全等于财富，关键是要利用知识来创新。事实上，许多被认为有知识的人，却一生都没有创新的成果。而创新成果的取得首先是要有创新思维和创新能力。

综合性和辩证性是创新思维的本质特征。创新思维是形象思维和逻辑思维的辩证统一，是发散思维和集中思维的互补，是潜意识和显意识的结合。批判意识是创新的灵魂。

归纳起来，创新思维的基本特性有：思维方式的求异性；思维状态的主动性；思维结构的灵活性；思维运行的综合性；思维过程的突发性；思维表达的新颖性；思维结果的效用性。求异与主动是创新思维的基础，灵活综合与突破是创新思维的基本方法，新颖与效用是创新思维的目的。

任何思维活动都有其特定的表现形式。为研究方便，人类复杂的思维可以分为：形象思维、抽象思维、辩证思维、灵感思维、直觉思维、扩散思维、聚合思维等。与其他事物的分类一样，不同的角度有不同的名称，不同名称的思维形式往往也是交叉与重叠的。这些科学的思维方式，可统称为创造性思维或创新思维。科学思维贯穿于科研活动的全过程，也贯穿于科技人员的一生。论文写作就是科学思维活动的集中体现。下面简单介绍几种科学创新思维的方式。

3.2　创新思维的体现形式

3.2.1　抽象思维与形象思维

抽象思维又称为逻辑思维，是指运用概念、判断、推理反映现实的过程。它撇开事物的具体形象，抽取事物的本质属性。抽象思维具有科学价值，能以理服人。

形象思维又称为艺术思维。思维自始至终贯穿于思维对象的具体形象，其基本手段是联想、想象、幻想等。例如，文学家、艺术家在不歪曲事物本质与规律的前提下，可以自由地发挥想象，按照自己的意图改变或虚构生活素材，创造出各种生动的形象，来显示现实生活的本质。形象思维具有美学价值，给人以美的享受，能以情感人。

丰富的想象力、敏锐的直觉和逻辑思维能力都是进行创新研究活动所不能缺少的，是创新思维的重要组成部分。创新思维是敏锐的直觉和极强的逻辑思维（形式逻辑和辩证逻辑）能力的统一。创新成果往往是它们协同作用的结果。

现代神经生理学研究表明：人的大脑分为左、右两个半球，左、右半球在思维功能上是不相同的。一般来说，左半球在语言思维、逻辑思维以及计算思维能力上比较突出，所以又被称为“理性脑”；右半球则在形象思维、直观思维以及对宏观形象辨识等方面比较出色，被称为“感性脑”。日本学者恩田彰等在《创造性心理学——创造的理论和方法》一书中对大脑左、右半球的机能差别作了比较，如表 3-1 所示。

表 3-1　大脑左、右半球的机能差别比较

左　半　球	右　半　球
语言的	非语言的、形象的
分析的	综合的
逻辑的	直观的
线性的、历时的处理信息	非线性的、共时的处理信息
形成概念的	图形的感觉
数学运算的	几何学的
闭合的思考	开放的思考
因果的	非因果的
理性的认识	感性的认识
数理的联想	类推的联想

目前的智力开发过分注重逻辑思维，而对对创造性思维具有重要作用的右半球的形象思维有所忽略。要想充分开发一个人的创造性思维，决不能忽视右半球的想象力和直观思维等重要的科学思维力量，应该强调大脑左、右半球不同思维方式的彼此协同合作。

3.2.2 直觉与灵感

直觉是人的主观意识对客观事物的本质及其关系的直接反映和理解。直觉的发生表现为无准备的大脑对世界的直接反映，即直觉是外界进入大脑的客体信息与大脑中存储的与之对应的相似的主体信息块“共鸣”的产物。从生理上说，直觉是客体通过对大脑中潜意识的刺激，使人们对客体产生深刻的领悟而形成的，因此，直觉使人直接反映事物的本质。直觉的突出特点是，它能超越一般认识程序，一下子抓住事物或问题的根本和要害，获得关于对象本质的直接认识。直觉是根据已有知识进行快速的搜索，它是思维过程中的逻辑跳跃，表现为直接对事物本质的接近。所以，直觉使人有可能将经过长期的认识、实践活动所积累起来的奇特的创造性，在一瞬间就能直接洞察和领悟客体事物及本质，并且能获得创造性的成果，使问题得到解决。

直觉的迸发不是神灵的启示，而是有一定的现实条件作为基础的。直觉实际上是一种再认识，一个人只有对非常熟悉的东西才会产生直觉。值得注意的是，直觉思维的结果不可能都正确，所以有必要对直觉进行审视和选择。纽约大学的心理学教授杰罗姆·布鲁纳（Jerome Seymour Bruner）指出：“直觉可以把你带入真理的殿堂，但如果你只停留在直觉上，也可使你陷入死角。”现代脑科学证明，逻辑推理主要是大脑左半球的功能，而直觉等非逻辑思维主要是右半球的功能，但是二者又有密切的相互作用。直觉之所以能使人领悟到没有被直接反映出来的性质和联系，就是因为它从左半球有关的记忆中获得了必要的信息，重新组织而形成了新的暂时性的反映结果。其方式往往是“突然沟通”，所以它的形成过程是预先没有被意识到的，“直觉”的名称也由此而来。这在神经生理学上也是有科学依据的：大脑神经中，最快的神经脉冲从一个细胞到另一个细胞的速度大约是402km/h。人的大脑是奇妙的，其运作的过程和机理人们还没能完全弄清楚。

灵感与直觉相似，又称为顿悟。灵感是一种高度复杂的人类思维活动，是人们在从事文学创作和科学研究活动中，因思想高度集中而突然表现出来的一种精神现象，是创造者进行创造性思维过程中的高潮阶段，质变飞跃阶段，会

“突然发现”“突然找到”“突然闪现”某种新思想、新念头、新主意、新办法等。灵感的特征是新东西、非预期性的、突然发生的、突然消失的、非逻辑性的、可靠性小。爱迪生说过：“天才，就是百分之九十九的汗水，加上百分之一的灵感。”爱因斯坦也说过：“我相信直觉和灵感。”科学研究活动中确实存在灵感的现象，当然，这些灵感也是在汗水的基础上才能产生的。

著名学者王国维在《人间词话》中曾经用三首宋词的名句来描述治学和科研过程要经过的三种境界，十分生动形象地反映了科学研究创造性思维的整个过程：

“昨夜西风凋碧树。独上高楼，望尽天涯路。”这是初学阶段，登高远望，心旷神怡，大开眼界，奋起求知。

“衣带渐宽终不悔，为伊消得人憔悴。”这是在刻苦钻研，耗尽了大量的精力。

“众里寻他千百度，蓦然回首，那人却在，灯火阑珊处。”经过千百度的探索研究，才产生了灵感，并且作出了成就。

在许多情况下，冥思苦想，好长时间都找不到的问题所在，却像闪电一样出现了。灵感的产生非常迅速，突如其来，稍纵即逝，有点“来无影，去无踪”的味道。当然，没有基础，即使整天苦思也没有用。只有研究人员有足够的知识储备和融会贯通的研究方法，又经过了长期的思索、研究，才有可能在某种因素的触发下产生灵感的火花。“踏破铁鞋无觅处，得来全不费工夫”和“山重水复疑无路，柳暗花明又一村”是非常有哲理性的名句，同样说明了没有坚强的毅力和执著的追求，没有锲而不舍的精神和艰苦复杂的劳动，是难以取得成功的。

灵感实际上是头脑下意识的显现。下意识又称为潜意识。历史上许多科学家身上随时都带着笔和本子，为的是一旦出现灵感，就能及时地把它记录下来。但灵感只能为科研提供启示、设想、思路等。

【例3.1】 著名音乐家施特劳斯（Johann Strauss Ⅱ）有一次站在多瑙河边，望着碧波掠岸、浪花盛开的优美环境，感情洋溢，不知不觉地同音乐联系起来，突然来了灵感，产生了妙不可言的音乐旋律，他急忙取出笔想记录下来，却发现没有带纸。于是他毫不犹豫地脱下衬衣，在衣袖上及时记录下了这个旋律，这就是举世闻名的不朽之作《蓝色多瑙河》的旋律基础。

【例3.2】 阿基米德（Archimedes）浮力定律的产生。关于浮力定律的发现，有这样一个故事：古希腊皇帝请工匠做了一顶黄金的皇冠，他对皇冠是否是纯金的产生了怀疑，于是请来了科学家阿基米德作验证，阿基米德久思不得。一天，他在洗澡时，看到装满水的浴盆由于自己的进入而溢出了水，突然产生了灵感。他欣喜若狂，来不及穿衣服就往家里跑，边跑边喊“我知道了”。阿基米德浮力定律就这样诞生了。

【例 3.3】 20 世纪 70 年代中期，美国麻省理工学院的一位名叫德雷克斯勒（Kim Eric Drexler）的大学生，受到生物学家在研究如何控制构成 DNA 链的启发，提出了要用原子制造机器，并且进行复制。这被当时主流科学家视为一派胡言的设想，却在 1989 年被一个惊人的消息所鼓舞：国际商业机器公司（IBM）的科学家利用扫描隧道显微镜和类似小镊子的工具移动了氙原子，最后拼成“IBM”这个著名商标，而日本科学家则用硅原子堆积成一个“金字塔”，首次实现了原子三维空间的立体搬迁。可见这个大学生的创造性思维不简单，非常有胆识。

科学历史上不乏其人，达尔文、笛卡儿、高斯等许多科学家都有产生灵感的经历。有人统计，在睡梦中受到启发的科学家占科学家总数的 60% ~70%。

从灵感的心理机制上来说，它是受到一定目的控制的意识活动和相对不受目的控制的无意识或潜意识活动相互作用的产物。所谓受一定目的控制的意识活动，如阿基米德洗澡发现了浮力定律，而别人洗澡却没有发现，这是因为阿基米德受王冠质量问题这一目的控制意识所致。如果没有对问题的专注或思考，就不会有灵感产生。同时，阿基米德洗澡又是一种不受目的控制的无意识活动——他去洗澡并不是为了解决王冠质量问题的。

从灵感的生理基础上来说，它是大脑左、右半球融会贯通的过程，是生理的作用使两半球的机能——抽象思维和形象思维相互协调共同起作用的过程。这也是大脑网状结构的机能所致。

如何才能产生灵感呢？譬如，对某个考虑的问题上久攻不下，卡壳了，此时前人的方法几乎都反复考虑了，只有跨出新的一步才有可能解决问题。这时就需要研究人员充分调动大脑中存储的知识、信息，发挥自己的聪明才智去思考，把各种相关知识提取出来，去和既定目标相联系，从各种不同的角度向关键问题发动进攻。只要将各种可能的方法都考虑到了，那么攻克堡垒的时刻也就为期不远了。灵感思维并非是不可控制的“天启”和“神赐”，只要掌握了它的规律，就能有意识地或者说积极主动地利用它。当在某一关键问题上经过长期思考仍不能解决时，可以暂时把问题放一下，或干脆去做不费脑力的轻松活动，如散步、淋浴、听音乐、打球、娱乐或与人交谈等活动。可能就在这些活动中，潜意识与显意识的作用突然沟通，灵感出现了，问题也就迎刃而解了。

直觉和灵感思维在科学认识和科学研究过程中，日益彰显其重要的作用。直觉和灵感思维的产生有着深刻的自组织机理。但是不管怎样，直觉和灵感思维不是靠碰运气，而是科学研究者勤奋学习、长期知识积累、艰苦探索的结果。当然，直觉在创新过程中的作用是巨大的。但是，并非所有的创新都是由直觉产生的，也不是所有的直觉都能引起真正的创新。

3.2.3 发散思维与集中思维

突破常规是创造性思维的本质所在，发散思维和集中思维是创造性思维最基本的形式。吉尔福德（J. P. Guilford）说："正是在发散思维中，我们看到了创造性思维最明显的标志。"发散思维是针对一个有待解决的问题，沿着各种不同的方向去思考，从多方面提出解决方案，通过联想、想象、灵感和直觉等思维形式，寻求各种各样的解决办法，以求得最佳方法的思维形式。由于发散思维不受传统的方式、方法和思路的约束，因此常常能产生一些奇思妙想，又被称为"开放式思维"。发散思维又有横向思维、多向思维、辐射思维、立体思维等形式。

多向思维就是善于从不同的角度考虑问题。多向思维包括发散机制和转向机制等。发散是指在处理一个问题前尽量提出多种设想、多种方法，扩大选择余地。转向是指思维在一个方向受阻后，立即转向其他方向，往往经过多次转向，直到成功。爱迪生（Thomas Alva Edison）一生共有超过 2 000 项重要发明。当他发明白炽灯泡时，有人对爱迪生说："你已经失败 1 000 多次了。"但爱迪生回答："我已经成功地证明了 1 000 多种材料不能做灯丝。"

辐射思维就像光辐射一样，由点到面，想到与此有关的所有相关点。辐射思维是根据最新科学原理寻求物化途径和开发新技术原理及新发明成果各阶段必不可少的思维方法。每当发现一个新发明、新原理，人们就可以辐射思维，去开发它的用途，设计新装置，进而获得一项又一项的新成果。例如，当人们发现了激光原理后，就从激光原理这一点，联想到利用该原理进行各种各样有关激光的发明创造，如利用激光发明了全息照相，利用激光发明了激光切割、激光焊接、激光打孔、激光打印、激光医疗手术以及各种军事上的激光武器等，现在还在不断地开发激光的新用途。

【例 3.4】 新华社 2007 年报道，凭借"高效空调热水器"这一成功发明，上海市向明中学高一学生陈菲荣获"世界杰出青年发明金奖"，成为 2007 年全球获此殊荣的三位青年中的一位。这也是中国学生首次在这一奖项上折桂。她发明的“高效空调热水器”可以在空调制冷的同时，利用空调散发的余热烧开水、烧饭等，一方面可达到空调热气的“零排放”，另一方面还可节约大量热能。由于空调散热会对环境产生负面影响，陈菲出于好奇心，一直在设想空调的余热是否可以被最大限度地利用。她从查阅资料和研究空调设计原理入手，最后取得了成功。

英国剑桥大学的爱德华·博诺（Edward de Bono）在许多著作中首先引入横向思维的概念，并且将其作为纵向思维的对立方式加以概括和总结。纵向思维是一种自然的心理活动方式和传统的思维方法。纵向思维习惯于一步一步地推理，思想的每一个环节都是沿着最大可能性的路线前进的，在大多数情况下也是最有效的方法。横向思维是一种完全不同的思维方式，其中每一步正确性的几率都很低，但它能使人们摆脱旧有的思维模式和思维习惯，有助于寻找尽可能多的解决问题的途径和思路。博诺曾用挖井来说明横向思维和纵向思维的差异：纵向思维是要把同一口井继续挖深，而横向思维则要试试其他的位置，因为确实存在着不少井的选址不正确的问题。应该说，横向思维和纵向思维是不矛盾的。

横向思维可分为横向移入、横向移出和横向转换三种形式。横向移入是借助于引入其他事物的原理、方法来解决问题的思维。例如，瓦特由水壶中水蒸气顶得壶盖直响这一现象而发明了蒸汽机。横向移出就是将现有的成果推广应用到其他领域的思维。例如，江苏省一位小学生把小哨子装到水壶盖上，水开哨子就响，所以现在很多水壶都有这样的装置；德国某造纸厂把一批因少加一种原料而无法书写的纸当作吸水纸出售，不仅没有损失，反而增加了利润。横向转换是指不按最初设想和常规方法来解决问题，而是转化为它的侧面问题来解决的思考方法。最典型的一个例子是历史上的“曹冲称象”。

【例 3.5】 一对夫妻在乡村公路旁开了一家药店。通常情况下，要在旁边打出“××药店开业”或“××药店×折优惠”的广告宣传。可是这对夫妇却从顾客的角度进行了思考，在路旁竖起了“本店免费供应冷水——××药店”的牌子，结果引起了许多人的好奇心，乘车过往的人都不由得停车去看看。这对夫妇不计得失地把冷水送给来店的人，客人不好意思拿到冷水就走，总要在这家药店转转，买点什么才离开。这样，药店的生意很快就红火起来了。

【例 3.6】 美国西部大开发时，当许多人竞相在矿区投资金矿采掘时，却有一个人独具慧眼，从采矿者的需要考虑问题，在采矿者的驻地办起了餐厅和各种娱乐场所，结果大获成功。同样，当美国硅谷众多高技术创始型企业掀起一轮又一轮的创业高潮时，硅谷很快就出现了为这些创业精英服务的各种生产联合企业、风险投资企业以及各种代理服务机构。这一方面为高技术企业的快速成长提供了良好的生态条件；另一方面也使这些参与服务的企业和机构能够分享高技术创新成果的巨大收益，从而也取得了很大的成功和发展。

【例3.7】　第二次世界大战结束后不久，战胜国决定成立一个处理世界事务的联合国。可是，在繁华都市购买可以建立联合国总部的土地需要很大一笔资金，而刚起步的联合国是难以办到的。洛克菲勒家族听说了这件事情后，立刻出资870万美元在纽约买下了一块地皮，在人们的吃惊中无条件地捐赠给联合国。联合国大楼建起来后，周围的地价立即飙升起来，洛克菲勒家族在买下捐赠给联合国的那块地皮时，也买下了与这块地皮毗连的全部地皮。没有人能够计算出洛克菲勒家族在后来赚得了多少个870万美元。这是一个非常有胆识的谋略。

【例3.8】　创新者经常把创新想得太高深、太复杂，其实创新有时是很简单的。多年前，一家酒店的电梯不够用，打算增加一部。酒店请来了建筑工程师研究如何增设新电梯。专家们一致认为，最好的办法是在每层楼打个洞，直接安装新电梯。方案定下来后，两位专家坐在酒店大厅里商量工程计划。他们的话被正在扫地的清洁工听到了。清洁工对他们说："每层楼都打个洞，肯定会尘土飞扬，弄得乱七八糟，动工时最好把酒店关闭。"工程师看了清洁工一眼说："酒店关闭不营业是不行的。"清洁工不经意地说："我要是你们，就会把电梯装在楼的外面。"工程师们不约而同地为这一想法叫绝。于是，就有了近代建筑史上的伟大变革——把电梯装在楼外。

立体思维就是考虑问题时突破点、线、面的限制，从上到下、四面八方地去思考问题，即在三维空间中考虑解决问题的办法。国外心理学家曾经做过这样一个实验，叫人用六根火柴搭出四个等边三角形。结果，许多人搭不出来。经过提示，还是有一些人想不出来，因为他们的思路总是局限在平面上。

集中思维与发散思维是一对互逆的思维方式。集中思维是在已有的众多信息中找出最佳解决问题的方法，它又称为聚合思维，就像聚焦镜把太阳光聚合在一起一样。吉尔福德认为，集中思维属于逻辑思维推理的领域。实际上，集中思维与发散思维是不可分离的。没有集中思维，就没有办法确定由发散思维所得到的许多方案，究竟哪一个方案最科学合理、有最好的效果。进行集中思维的前提是有一个明确的目标或集中点，也就是解决什么问题。

集中思维的特点是唯一性、逻辑性和比较性。唯一性是指尽管解决问题有许多种方法，但最终总是要根据目标从各种各样的方案中选取解决问题的最佳方法。它是唯一确定的，不能模棱两可，一旦选择不当，就可能会造成较大的损失。严密的逻辑性是集中思维的核心，需要进行科学分析。它不仅要进行定性分析，还要作定量分析，同时也要善于分析各种方案可能会引起的后果以及应采取的对策。在集中思维的过程中，对现有的各种方案进行比较才能确定优劣和利弊。比较时不仅要考虑单项因素，更要综合分析和考虑总体效果。大量事实证明，很多创造性成果都是发散思维和集中思维的对立统一，往往是发散—集中—再发散—再集中……直到完成的过程。

3.2.4 求异思维

求异思维也是相对于常规思维来说的，其思维活动不受任何框架、模式的约束，突破了传统观念和习惯势力的禁锢，以新思路、新方法解决问题。

逆向思维是从问题的反方向来考虑问题，异向思维是从问题的其他方向来考虑问题，它们有时会取得意想不到的成功。《三国演义》中诸葛亮的“草船借箭”是从“造箭”到“借箭”，吹尘器到吸尘器的发明，正常的计时到“倒计时”的产生等，都是很有意思的例子。司马光砸缸救小孩的故事也是非常典型的逆向思维，“人离水能活”，但是“水离人，人也能活”。许多企业家也喜欢用逆向思维来取得突破。著名的日本丰田公司总经理丰田章一郎（Toyoda Akiichiro）说：“我这个人如果说取得一点成功的话，是因为什么问题我都喜欢倒过来思考。”丰田公司推出的“三及时原则”（时间及时、品种及时、数量及时）中规定：“后道工序在需要的时刻可向前道工序索要所需数量的所需零件。”很明显，这是一些反常规的规定，但它却强化了企业的科学管理。事实上，数学中的“反证法”就是逆向思维的方法。

【例3.9】 入地火箭的创意。火箭是向天上打的，能否向地下打？前苏联工程师米海依尔（Mikhail Tsiferov）于1948年研制成的钻井火箭，能穿透土壤、冰层、冻土、岩石，在岩石中每分钟钻进5m，重量只有普通钻机的1/10不到，耗能少，效率提高很多倍，引起了钻井、打桩手段的革命。

逆向思维又可分为原理逆反、功能反转、结构反转和状态反转等几种类型。

【例3.10】 对热力学体系的热动力机人们都很熟悉，如蒸汽机、内燃机等，但是对反热力学体系的冷动力机就了解得很少了。其实，动物的肌肉就是典型的冷动力机，肌肉纤维和肌肉基质在神经系统的指挥下伸长或收缩。又如羟基的生物聚合物材料，它的高分子链可随着环境的酸度而伸长或缩短。如果能仿造动物制造出冷动力机，将是对传统理论的突破。

【例3.11】　人们都知道金属材料是晶体材料。但是，如果在一定条件下将晶体转变为非晶体，组织结构的本质改变会使性能发生变化，甚至带来某些特殊的性能。这样的思维促成了一类新材料的诞生。现在，非晶体材料的发展很快，已有许多应用。

【例3.12】　为了兴建动物园，工作人员讨论怎样才能捉住老虎。会上，一位拓扑学家发言说，采用拓扑变换，可以把笼子内部变成外部，把外部变成内部，不管哪里有老虎，都可以用这种办法捉到。这看起来很荒谬，但决策人从中受到了启发，建立了天然动物园。在这种动物园中，老虎等野兽在自然环境下生活，而参观者却被关进了“笼子”——在密封的汽车中游览，正好实现了把“笼子的内部变成外部”。目前，世界上这样的动物园已经有许多。因为体现了环保精神，让动物能有尊严地生存，受到游客和国际绿色组织的欢迎。

【例3.13】　反向电视机的诞生。日本索尼公司的总工程师井深大（Ibuka Masaru）有一天去理发，在镜子里看到的电视图像是反的，感到眼睛不舒服，心里也很别扭。他突然想到，如果设计一种反向画面的电视机，那么就可以在镜子里看到正的画面。于是，他回到公司组织设计出了反向画面的索尼电视机，生意还非常好。许多医院添置这种电视机，让卧床的病人从镜子里看电视，能安心养病；理发店和美容院也大量订购，以吸引顾客；体育机构和训练中心大量购买反向电视机，让运动员以左（右）手对付习惯用右（左）手的对手；不少人为了避免电视机的有害辐射，特地从镜子里看反向电视。这种逆向思维开拓了一种电视机的新市场。

3.2.5　模型化思维

随着模型在现代科学认识中的广泛使用，“模型化”思维已成为现代科学认识中一种很有价值的认识手段和思维方式。模型是科学认识主体基于抽象和想象而对某实体系统的一种简化的映像。具体来说，按照一定的研究目的要求，发挥创造性思维构建一个简化而又能集中反映客体本质关系的模型，并通过对模型的研究获得关于原型客体的认识。模型是认识主体和客体之间的一种特殊中介。但是，模型一旦建立后，就成了实验研究和理论研究的对象，这也是模型化思维在科学认识中的优越之处。模型本身既是科学研究的阶段性成果，也是进一步研究原型客体的起点，在科学认识的发展中起到桥梁的作用。在不断地研究和认识过程中，模型有可能会不断地被改进甚至被抛弃，而逐步构建更加符合客体原型的模型。模型也有许多类型，如物理模型、数学模型、概念模型等。所以，模型有多种表达形式，既可以用自然语言来表达，也可以用图像、符号及数学语言来表达。

【例 3.14】 20 世纪以来，基本粒子物理学中相继出现的各种基本粒子模型，如费米-杨振宁模型、坂田模型、名古屋模型、夸克模型、层子模型等，说明了人类在不同历史时期对基本粒子结构与性质的认识成果和认识水平。

模型必须满足三个条件：模型与原型之间具有相似关系；模型在科学认识中是被研究客体的代替者，即代表性条件；模型能够提供关于原型的信息，即外推条件。这样，把逻辑应用于模型概念上所得到的见解就可以成为理论。当然，人类对自然现象的认识有一个过程。有时对同一事物，不同的研究者可能会建立两个或更多的模型，这些模型有时并不矛盾，可能反映的都是事物的某个方面。

所谓模型化，就是运用构建和研究模型的方法去把握事物，这已经为科学研究所普遍采用。作为一种现代科学认识手段和思维方式，模型化具有抽象化和具体化两方面的内涵。一方面，在模型化思维中，研究者抓住原型的本质特征，在思维中对原型进行抽象，把复杂的客体加以简化和纯化，从而构建一个能反映客体本质联系的模型，为建立有关的理论提供基础；另一方面，经过抽象化的理论、概念、假说等要发挥其对自然的认识功能，如解释、预见功能，从科学意义上更好地解释理论和自然现象。现代科学研究高度重视模型化，往往在科研程序中是最为需要的。现代科学研究的领域已经从宏观进入微观领域和宇观领域，从研究现存的事物到研究事物的演化，这使现代科学研究的客体的非直观性因素大大增多。所以，不仅需要有高度的抽象能力进行理论上的分析，还要充分运用形象思维把高度抽象的理论具体化为模型，运用符号、图形、数学语言等手段来反映事物的本质。

【例 3.15】 著名化学家、杂化轨道理论和共振论的创始人鲍林（Linus Carl Pauling）在化学研究中善于利用杂化轨道这类具有图像的思想模型，非常有效地解决了一般分子乃至生命物质复杂的化学结构问题，获得了 1954 年的诺贝尔化学奖。

【例 3.16】 科学模型是形象逻辑思维的产物。谢佑卿教授将能带理论同固体分子经验电子理论进行比较，提出了“特征晶格参量”的概念，经过多年的研究和验证，又建立了“合金相的特征晶体模型”。在这个创新过程中，谢佑卿教授应用了理想溶液和实际溶液的比较形象逻辑思维、正向形象逻辑思维和逆向形象逻辑思维。随后，运用数理逻辑思维建立了“纯金属单原子理论”（OA理论）和“合金的特征晶体理论”（CC理论）。他的体会是形象逻辑思维往往产生于长思过程中的灵感或顿悟，数理逻辑思维以形象逻辑思维为基础，形象逻辑思维则由数理逻辑思维来深化，这两种思维方式的综合应用能使创建的理论有高级的完美表达。

模型化思维具有综合性思维方法的显著特征，是一种综合性的思维方法。模型化思维的特点主要体现在：①模型化思维突破了传统经验思维的局限性和单纯理论思维的抽象思辨性，模型化把经验思维与理论思维有机地结合在一起共同发挥作用。构建一个有科学价值的模型，需要研究者详尽地掌握经验事实材料，并且进行有关的实验，利用归纳与演绎、类比与综合等一些思维方法，对经验事实和实验结果进行理论上的分析与综合。②模型的构建需要研究者充分发挥想象力、直觉、灵感等各种思维方式，所以模型化思维的应用是一种创造性的思维活动，离不开科学想象。模型是客观实际中并不存在的，模型与想象的关系集中体现在模型的设计和构思上。丰富而奔放的想象在模型化思维过程中起着重要的作用。物理学的麦克斯韦磁场的旋涡流线管模型，生物学的DNA双螺旋结构分子模型，李四光的山字型、多字型地质构造模型等，都是创造性地运用了想象建立模型而取得重要科学发现的典型例子。③模型化还需要综合运用各种逻辑思维的方法。模型化思维的逻辑学特征就在于假说、理论和模型之间以及模型与原型之间尽可能地建立完善的逻辑联系。

3.3 机遇与创新

3.3.1 科技创新中机遇的特点

科技创新研究中的机遇是指人们在有计划地进行科学研究的过程中，由于某种偶然的机会发现或遇到的出乎意料的自然现象。偶然中包含着必然性，精心观察偶然现象和意外事物，发现与众不同的疑点，抓住机遇，深入探索，就可能产生科学技术上的重大发现或发明。善于抓住机遇的能力又称为敏捷思维。

【例3.17】 胰脏功能和糖尿病关系的发现。冯默林（Baron Joseph Von Mering）和闵可夫斯基（Oscar Minkowski）为研究胰脏的消化功能，在1889年作试验，把狗的胰脏切除了。结果他们意外地发现，这条狗在切除胰脏后，其尿液招来了许多苍蝇。他们抓住了这个奇怪的现象进行研究，发现了胰脏功能和糖尿病的关系。

【例 3.18】 不锈钢的发明。19 世纪下半叶，钢已成为应用十分广泛的一种金属，但钢有一个很难解决的问题——抗腐蚀性能很差，不少科学家都在寻找不受腐蚀的合金钢。1913 年，英国冶金学家布雷尔利（Harry Brearley）研究一种做枪管的合金钢，很长时间未果。在一次冶炼中，他往钢水中加入了一定量的 Cr，但该钢的耐磨性和强度不够理想，他失望地把它扔到了废钢堆里。过了一段时间，他偶然发现在放置几个月后的不合格样品堆中，唯独有一种 Ni-Cr 合金材料样品没有生锈，仍然像以前那样光亮，而其他材料的样品都已生锈。他觉得奇怪，于是重新对此合金进行研究。就这样，不锈钢问世了。

【例 3.19】 金属玻璃的发现。金属玻璃的发现也是在偶然之中。50 多年前，美国科学家杜威兹（P. Duwez）在实验中发现一种新形态的合金材料。当时，他正在观察熔化的合金的快速冷却过程。在正常情况下，熔化的金属冷却后应该是有规律的晶体结构，但这次他却惊奇地发现，这种合金的内部结构像玻璃那样呈现出非结晶状态。因此，他把这种合金命名为金属玻璃。

机遇的特点主要有：从认识论方面来看，机遇是属于意外性的；从辩证法角度来看，机遇是属于偶然性的。要能抓住有价值的意外现象，就要靠自己敏锐的观察力和判断力。

有的机遇是发现或遇到了全部意外的情况，即按照原来的计划进行的研究工作没有达到预期的目的，但却发现了另外的现象。如英国的有机化学家柏琴（William Henry Perkin）在 18 岁时偶然发明了人工合成的紫色染料，后来被科学家命名为苯胺紫。

有的机遇是发现或遇到了部分意外的情况，即原来的研究目标仍然在进行，计划也完成了，而在研究过程中发现了意外的情况。

有的学者对机遇的好发学科与好发时间进行研究，认为机遇好发的学科有两类：一类是不成熟的学科，它本身有许多理论问题与实践问题需要人们去研究、解决，所以机遇和成功的机会就比较多；另一类主要是借助观察进行探索内部复杂规律的科学。根据科学机遇好发学科的特点，机遇可能好发在以下一些学科或领域：

（1）边缘学科。这是新兴的学科，在理论和实践上都有待于进一步发展。

因此，在从事这类科学的研究过程中，发现新理论的机会比较多。例如，遗传工程学、化学仿生学、生物物理学和环境科学等。

（2）新兴的幼年学科。例如，量子化学、高分子化学、分子生物学、地震预报学等。

（3）一些复杂的研究领域。例如，人的大脑的生理生化研究、肿瘤病因和治疗研究等学科领域。

3.3.2 机遇在科技发展中的作用

机遇的出现告诉科技人员，已有的科学理论和方法已不够用了，这预示着科学技术要有新的突破性的发展。机遇在科技创新中的作用主要是：提供先导、线索和生长点。

（1）机遇提供科技发展的先导。机遇能启发科技人员去注意新的现象、新的信息，往往会在科学理论上有重要发现，建立新学科，创造新发明。

【例3.20】 现代射电天文学的建立。1942年，英、德两国空战激烈，英国设立了许多雷达站。工作人员发现，雷达信号常常被一些莫名其妙的电噪声所干扰，尤其是早晨更加厉害。同年，美国工程师卡尔·央斯基（Karl Jansky）在检查越过大西洋电话通信的静电干扰时，也意外地发现有一种特殊的弱噪声。这种奇怪的现象促使科技人员去探索它的奥秘，结果发现，这种电噪声来自太阳。进一步还发现，不仅太阳能发射宽频带的电磁波，而且宇宙太空的星云也能发射电磁波。这些干扰噪声是来自距地球26 000光年的银河系中心。由于机遇提供的先导和追究的结果，为现代射电天文学的建立奠定了基础。

（2）机遇提供技术发明的线索。由于机遇的出现而作出了新的技术发明，历史上的例子也有很多。

【例3.21】 超导体和超导技术的发现。1911年，荷兰物理学家卡末林·昂内斯（Kamerlingh Onnes）发现了一个奇妙的现象。他发现在－269℃（4K）的液化氦中，纯水银的电阻突然消失了。他进而研究这种机遇所提供的新信息，终于在1913年确定了这种现象为超导性。自此以后，全世界范围内开始了超导性的研究，而且非常热门。

（3）机遇提供科技发展的生长点。

【例3.22】 奥斯特（Hans Christian Oersted）和法拉第穷追机遇，开辟了电磁学的新领域，为全部电工学奠定了理论基础；弗莱明（Alexander Fleming）

抓住奇怪的现象，不断研究机遇所提供的信息，发现了青霉素，从而开辟了人类抗生素生产的新纪元。

3.3.3 要善于抓住机遇

1. 在机遇面前“必须根绝犹豫”

奇怪的、意外的自然现象，其内部存在必然性。面对机遇，科技人员既不可想当然地对待它，也不能轻易地放过有意义的意外现象。在机遇面前不能犹豫，这需要科技人员的好奇心、敏锐的洞察力和判断力。这方面的教训也是很多的。

【例 3.23】 钒（V）元素的发现。德国化学家维勒（Friedrich Whler）在研究矿石过程中，意外地发现了有些金属化合物呈现多种颜色，以红色为最多。他猜想组成这种化合物的金属是一种新元素。遗憾的是他主观地认为，这也许是铬（Cr）而未能深入研究。与此相反，瑞典化学家塞夫斯唐姆（Nils Gabriel Sefstron）在研究矿石时，也发现了与维勒相同的现象，并且也有相同的猜测。但是他毫不犹豫地追究起来，终于发现了新元素钒（V）。当维勒知道后，悔恨不已。

2. 机遇偏爱有准备的头脑

机遇是不是任何人都能随便发现和抓住呢？不是的。法国微生物学家巴斯德（Louis Pasteur）说：“在观察的领域中，机遇只偏爱那种有准备的头脑。”这句话，时至今日，仍然被许多专家、学者当作座右铭。机遇不是侥幸、碰运气。机遇虽然是人们事先无法预料的，可是科技人员的头脑有无准备，结果是大不一样的。

【例 3.24】 血流量机理的发现。法国生理学家克劳德·贝尔纳（Claude Bernard）作了切断家兔颈部交感神经的试验。当时试验的目的是希望引起兔子耳朵变凉，以便研究神经和皮肤温度变化的关系，但他意外地发现，兔子的耳朵不但不凉，反而变热了。他抓住这一现象，并且意识到这种现象的意义，结果发现神经是通过控制血管的伸缩来控制血流量这一重要的科学奥秘。在此前十余年的时间里，他也曾经作过多次切断动物神经的试验，却一直没有发现这一奥秘，这是因为当时他头脑里还没有研究这方面问题的准备。这说明，即使同一个人对同一自然现象，头脑里有无准备，结果也是不同的。

【例 3.25】 据美国《大众科学》2007 年报道，美国科学家普林格尔（Frank Pringle）发明了一台神奇的机器，取名为“霍克回收机”，能将轮胎等任何废物变成石油和天然气。普林格尔在将轮胎碎片放入微波发射器进行另一项研究时，结果发现轮胎变成了一堆灰似的东西。几小时后，他重返机器处，却意外发现不热的工作台上竟然有一摊黑色的污液。他由此得到启发，着手进行转向研究。此机器其实是一台微波发射器，可以将日常用品提炼成石油和天然气，至少可以加工任何由碳氢化合物组成的东西。而这些东西在人们身边到处都是，比如各种塑料。此机器的首个商业产品1h可以将10t汽车废物（轮胎、塑料和聚乙烯薄膜）变成很多天然气，足以产生1700万Btu（英国热量单位，1Btu = 1.055kJ）能量。

3. 把自己的头脑锻炼成有准备的头脑

（1）要有丰富的理论知识和实践经验的储备。这是发现、识别、捕捉和追究机遇的知识基础。

（2）要有敏锐的洞察力和丰富的科学想象力。唯物辩证的哲学理论修养和敏锐的洞察力是抓住机遇的哲学思维基础。一个人的科学洞察力的敏锐程度有赖于唯物辩证哲学的理论修养，也就是说，要掌握科学的世界观和科学方法论。

【例3.26】 爱因斯坦从青少年时开始思考和想象两个科学问题。他的一个想象是：如果一个人被关在自由下落的升降机里，那他将发现什么呢？他的另一个想象是：一个人如果以光速跟着光跑，并且努力追赶它，那么他会发现什么呢？对于前者，他后来创立了广义相对论；对于后者，他经过10年的沉思，创立了狭义相对论。

对机遇的到来，能否判断其是否有价值、有意义，是一个人的科学判断力问题。当然，如果判断错误，对无意义的所谓“机遇”进行研究，不但不会成功，而且会造成人、财、物、时间的浪费。

（3）要善于多路思考，掌握多途径探索的方法。这会使人的思路和研究工作活跃起来，增强来自各方面信息的敏感性，相互启迪。爱迪生是一位大发明家，他一生作出了2 000多项技术发明，平均每10多天就有一项发明。他的诀窍之一就是采用多路思考和多途径探索的研究方法。

【例3.27】 爱迪生在研究留声机时，同时又注意研究电光源照明。当他回过头来研究电灯时，又获得了一项重要发现：抽真空的白金丝灯泡寿命延长了。从而促成了他在电灯研究方面的新突破。

（4）科学家和发明家应具有六种心理素质：高度强烈的求异心理，不盲从、不唯上、不唯书、不唯权威；百折不挠的求胜心理；一丝不苟的求实心理；献身科学事业的求是心理；勇于实现理想的自信心理；不怕吃苦和敢于战胜困难的自强心理。

中国有句古训：“机不可失，时不再来。”对待机遇，不能“视而不见”“听而不闻”或“想当然”，而要留心偶然现象，敏锐地察觉其与众不同之处，并且紧紧抓住，深入研究，直到揭开奥秘。

第4章

科技研究的试验与要求

在现代自然科学研究中，试验越来越显示出它的重要性。然而，过去试验在我国一直是传统的薄弱环节。在现代文明社会中，自然科学研究和技术开发都离不开试验。没有试验，就没有现代科学技术的迅速发展。

4.1 试验的基本特点和类型

4.1.1 试验的基本特点

试验的作用主要有以下几个方面：

1. 试验具有纯化和简化的作用

进行科学研究的对象往往是比较复杂的，事物之间的各种因素相互联系、相互影响和相互作用。通过试验，可以从复杂的现象、成分、条件以及其他影响因素中找出其主要的关键因素，排除那些与研究目的无关的或偶然因素或次要因素的干扰。

【例 4.1】 实验物理科学家吴健雄为证实理论物理科学家李政道和杨振宁提出的微观粒子弱相互作用宇称不守恒定律，精心设计试验。试验中为了排除原子热运动的干扰，把放射性元素钴冷却到 0.01K，以达到简化试验的目的。

2. 试验具有强化和深化的作用

自然界的事物在常态下一般不容易暴露其特殊性质及其变化规律，但在极端条件下，某些性质和规律就会显示出来。所以，科学试验除了在正常条件下进行外，还可在特殊条件下进行，使研究试验处于某种定向强化的极端状态，从而得到通常条件下不容易得到的许多自然现象和事物的规律，如超高温、超低温、超高压、超高速等。

【例 4.2】 1901 年，法国的佩伦（Pieron）设计了一个动物试验：他剥夺了狗的睡眠，连续150～193h 不让狗入睡，然后抽取了该狗的脑脊液、血液注射到另一只狗的脑中。发现这条狗睡意大增，很快酣睡了数小时。根据试验，佩伦大胆地提出“睡眠因子”的假设。一直到 1967 年，这一假设才得到验证。有人经过三年同类试验，终于从剥夺睡眠的山羊脑脊液中提取了“睡眠因子”。它是一种由氨基酸组成的肽类物质。这一发现震撼了世界。

3. 试验具有再现、延缓和加速的作用

在试验中，人们借助某种手段，对自然现象的过程人为地加以控制。根据研究的目的和要求，通过设计试验，使变化快的过程得以延缓，使变化极慢的过程得以加快。在设计的这些试验中进行科学研究。

【例 4.3】 经受磨损的零件，一般要求实际使用寿命要长。为了研究材料的磨损性能，在试验机器上进行的磨损试验就是强化了实际的某些条件。有时一个试样的试验时间只要几小时至几十小时就可以了。

【例 4.4】 现在的地球大气是由氮、氧等组成的氧化性大气。而在光合作用出现之前，原始地球大气是还原性的。由于没有氧和臭氧层，太阳紫外线强烈地照射到地球表面，这有利于原始大气中的成分在自然能源的作用下，通过各种机制形成许多不同的有机化合物生物分子。这种生物分子就是生命起源最初阶段的推测，是否真实有待于实验的检验。1953 年，美国科学家米勒（S. L. Miller）设计并进行了地球原始大气及闪电的模拟实验。米勒用甲烷、氨、氢和水汽混合成一种与原始大气基本相似的气体，以电火花放电模拟原始大气层的闪电。经过一周的反应，在实验中形成了五种地球上几十亿年前出现的构成蛋白质的氨基酸，还发现了某些蛋白质、脱氧核糖核酸等生物大分子。这个实验使生命起源的学说得到支持，开辟了生命科学研究的新途径。显然，该实验是在极大地加速自然进化的过程中进行的，否则人类是无法完成的。

4. 试验是一种经济可靠的研究方法

自然科学技术的研究一般都要进行试验，而所有的试验都是有成本的。就技术开发而言，相对于生产性试验来说，在实验室进行试验研究，规模小、周期短、成本低。只要设计正确，试验结果的可靠性也是很大的。一般地说，如果连试验都通不过的话，则没有必要再进行生产性试验。特别是有些现代科学技术的研究，在实验室先进行各种试验尤其重要，也尤为经济可靠。

【例 4.5】 模拟仿真试验在航空、航天、军事、电力、生物等领域中应用非常广泛。现代仿真技术主要有物理仿真和数字或计算机仿真两大类。物理仿真是以物理模拟试验来进行的；数字或计算机仿真是以数学模型为基础来进行研究的。这两种方法并不是绝对分开的，现在的趋势是两者结合起来。在美国的“爱国者”导弹的研究过程中，就采用了模拟仿真技术。通过仿真试验，减少了导弹的真实试验次数43%，节省了研究开发经费数亿美元。

随着科学技术的发展和仪器设备的更新，现代的科学试验也具有了以下新的特点：

（1）试验规划扩大化。在20世纪以前，科学试验基本上属于个体式的研究。随着科学发展的需要和试验所要解决问题的复杂性的增加，逐步出现了集体形式的合作研究。进入20世纪后，这种合作式研究不仅更加普遍，而且发展到国家规模，甚至出现了国际间合作的新形式。现在，一项大型实验项目的完成，往往需要许多的人力相互配合研究，而且是不同学科人员的合作，投入的物力和经费也比较大。例如，美国为了研究试验原子弹，试验研究人员多达15万人，经费22亿美元；为了进行阿波罗登月飞行试验，共有42万人参加了研究和制造，设计和发射费用共计300亿美元。

科技合作全球化趋向深入则是全球化发展新阶段的一个明显特征。科学研究的课题越来越具有全球性，这是人类经济社会发展的必然结果。在全球联系日益紧密的今天，面对传染病等威胁，任何国家都无法独善其身。要想解决气候、能源、环境等决定人类可持续发展的全球性问题，需要各国协同研究和合作。2005年以来，不少重大科技问题的国际合作都取得了积极进展：

在联合国教科文组织的主持下，印度洋沿岸国家就建设印度洋海啸预警系统完成了多轮协商，联合国代表宣布了建设全球性灾害预警系统的设想，该系统将针对所有类型自然灾害进行早期预警。

在国际社会的努力下，旨在减少全球温室气体排放的《京都议定书》正式生效。在加拿大蒙特利尔举行的联合国气候变化会议上，各国代表同意启动《京都议定书》之后温室气体减排目标的谈判，并决定就探讨控制全球变暖的长期战略展开对话。

2005年6月，欧盟、美国、俄罗斯、日本、韩国和中国参与国际热核聚变实验反应堆（ITER）计划的六方达成协议，决定将这一耗资高达100亿美元的项目选址确定在法国，从而在探索未来安全、高效和洁净能源道路上迈出了重要一步。

2005年，禽流感成为众多国际和地区性会议的一个重要议题。在日内瓦举行的禽流感问题国际会议，成功地通过了预算达10亿美元的全球行动计划。

信息通信技术的日新月异，资金、人才和知识等在全球范围内的快速流通，正在推动科技发展要素在全球范围内进行配置，科技合作成为全球性活动。

（2）试验条件复杂化。20 世纪以前，试验所涉及的研究对象几乎仅限于宏观物体。自从 19 世纪末、20 世纪初 X 射线、放射性物质和电子发现后，科学的探索就逐步进入微观世界。例如，物理研究开始在原子、原子核、基本粒子等物质结构层次上进行深入探索；当代化学的研究也从分子水平进入量子水平；现代生物学也已经从生物个体、细胞水平进入分子水平，出现了分子生物学、遗传工程等新的学科领域。当然，现代科学试验研究需要有严格的试验条件，如高真空、高能量、高纯度、超低温、超高温等，其要求和复杂性远远超过了以前任何时代的试验。

现代的科学研究日趋复杂，在一些重大项目上进行全球性的合作，这也是科技发展本身的内在需求。技术的进步使科研活动中地域因素的重要性不断下降，从而为全球范围内的大型科研协作提供了便利。由多国科学家合作完成的人类基因组计划，是近年来的一个成功范例。

（3）试验仪器设备更加精密和完善。以前的仪器设备比较简单，而且往往是单个的，所以只能在十分有限的范围内完成对研究对象的试验，试验结果也不是很精确。在现代科学技术的理论基础上，一大批新兴技术，如电子技术、半导体技术、自动化技术、计算机技术、超导技术、激光技术等不断产生。这些现代先进技术促进了工业生产的巨大发展，设计与制造出各种各样先进的科学仪器和设备。现代化试验设备不仅可以单个使用，而且还可以组成系统，完成各种功能的试验，得到以前难以获得的试验结果和数据。

（4）试验操作自动化。先进的仪器设备，使试验的操作方式也发生了很大的变化。现代试验仪器设备的特点之一是自动化程度高。这使得试验数据的采集、记录、整理、存储和分析等方面逐步实现自动化，大大减少了人工操作和人为误差。现代的试验不仅可以对单个事物进行研究，而且可以连续跟踪自然现象或事物演变的动态发展过程；既可以作分解式试验，也可以进行综合模拟试验。

现代科学技术试验的特点和作用，决定了今天的科学试验对科学研究是至关重要的。没有科学试验，在一定程度上也就没有现代科学技术的大发展。

4.1.2 试验的基本类型

根据不同的特征和性质，试验可以有不同的分类方法。下面介绍几种基本的试验类型：

1. 定性试验

定性试验是指判断研究对象具有哪些性质或者鉴定某种因素之是否存在，以及某些因素之间是否具有某种关系的试验方法。这是一种基本方法，应用比较普遍，一般不涉及量的问题。例如，化学中常常需要利用定性试验来确定某种物质是否存在或定性的组成。要想深入研究，就必须作定量试验。定性试验是进行定量试验的基础。因为只有确定了某些因素是否存在，各种因素之间是否有联系，才能进一步研究定量关系。

2. 定量试验

定量试验是指测定某研究对象的性质、组成及其他影响因素的数量值的试验方法。定量试验就是通过科学仪器来测量研究对象的各种数量关系，获得研究对象的数量特征。通过定量试验才能得到相应的经验公式或定律。例如化学上的一些定量分析试验等。

定量试验往往又与数学方法相结合。在研究中，只有把研究的内容测量出来，在获得数据之后，才可运用各种数学的理论、方法对被研究对象进行数量、结构上的描述、计算和推理，然后对问题作出分析，揭示其规律。从某种意义上说，研究成果只有在用数学形式表达出来时，才使科学发现具有更普遍的意义。在许多学科中，没有测量就没有数学知识在学科研究中的应用，也就没有科学理论知识体系的诞生。

【例4.6】　自由落体规律的发现。西蒙·斯台文（Simon Stevin）第一个用试验证明了亚里士多德关于“重者下落快，轻者下落慢”的观点是错误的，但只是定性地判断。后来，由伽利略完成了深入的研究试验，并推导出了自由落体运动的规律。

3. 对比试验

对比试验是通过两组试验，对结果进行比较，从而判定试验组是否具有某种性质或影响。工业中的工艺试验经常采用对比试验。为确定一新工艺，往往选一组试验和原工艺进行比较，从而选择一种比较好的工艺方案。农业上的良种试验、医学上的药效试验等都是如此。

4. 模拟试验

模拟试验是人为地建立或选择一种与原型相似的模型进行试验，以揭示原型的本质和规律。模拟试验与原型应具有相似的物质模型和相似的外界条件，如水坝模型、飞机模型。一切模拟试验都是以相似关系为基础的。

模拟试验有物理模拟和数字模拟两种。在有些情况下，物理模拟不够准确；在许多情况下，数字模拟更好。任何两种本质上不相同的物理过程，只要它所遵循的规律在数学上具有相同的形式，就可以用数学模拟方法来研究。

【例 4.7】 流体力学中的水头方程

$$\frac{\partial^2 h}{\partial x^2}+\frac{\partial^2 h}{\partial y^2}+\frac{\partial^2 h}{\partial z^2}=0$$

电学中的电势方程

$$\frac{\partial^2 u}{\partial x^2}+\frac{\partial^2 u}{\partial y^2}+\frac{\partial^2 u}{\partial z^2}=0$$

用一套相应的电路装置来模拟地下水的试验结果，再转换到机械系统。其原理是相通的，试验比较容易，参数容易控制，试验的成本比较低，结果也比较准确。

其他还有析因试验、中间试验、生产试验、工艺试验、验证性试验等类型。

4.2 设计试验的基本要求

对试验的基本要求有：

(1) 对试验的目的、过程必须清楚，思路要清晰。

(2) 一般性试验应按照统计学原理安排，以防止片面性，试验立论要正确。

(3) 仪器精度应满足试验要求。

(4) 试验操作要准确、细致。

(5) 试验数据可靠、真实。

(6) 科学、正确地分析试验结果，整理试验数据。

分析试验结果、整理试验数据在科学研究中是一件非常严肃，也是非常重要的工作。必须注意：要充分认识试验的局限性和所能达到的精度；不可随意地处理自己认为不顺眼的数据，要尊重事实；应抓住本质，不要为试验中的某些假象所迷惑；要客观地反映试验结果，用合适的方法（图、表、文字或数学关系式）来表示。

【例 4.8】 试验立论不正确，导致试验失败。巴甫洛夫条件反射研究在 20 世纪 50—60 年代十分盛行。有人用红色图形作为条件刺激狗，用绿色图形作为非条件刺激狗，试验多次，发现狗对红色、绿色两种图形均分辨不清楚，动物的条件反射无法成立。什么原因？后来才知道，试验人员不知道狗恰好是色盲。

【例4.9】 试验数据不可靠、不真实。X射线发现后，法国科学院院士布朗洛（Rene Blondlot）教授在1903年宣布，称他已发现了N射线。许多人都投入了研究，并且报告说，N射线能穿透木头、石英、薄的金属等，只有水能阻止。更有人称人体肌肉、大脑也能发射这种N射线，太阳也能发射。为此，在1904年，法国颁发5万法郎的奖金，用以奖励能验证N射线存在的人。消息一经传出，许多人都进行试验研究，但不管怎么试验，也无法发现。事实上，N射线是不存在的。这是世界科学史上的一个非常可悲的假案。

【例4.10】 对试验结果的分析要全面，不能片面地下结论。1962年，日本有一位教授将癌细胞分别注入鸡和甲鱼的体内。5h后检查，结果是鸡体内的癌细胞仍然活着，甲鱼体内的癌细胞已经被抑制。一周后，检查鸡与甲鱼，都未找到癌细胞。后来，他又将癌细胞分别注入鸡和甲鱼的体内，5h后宰杀，放入锅内煮了2min后取出，也都没有发现癌细胞。有些人就将前一段的试验结果大肆宣扬，而不讲全部的试验过程，结果，社会上“吃鸡易得癌症，吃甲鱼能杀死癌细胞”的流言盛行一时。事实上，吃鸡不会致癌，吃甲鱼也没有抗癌的效果。

4.3 试验与数据处理

4.3.1 试验数据的测试

测试工作是科学研究和技术开发过程的关键。特别是现代科技研究，试验数据和结果的测试更为重要。随着科学技术的不断发展，仪器设备的性能条件不断完善，新的仪器设备不断涌现，这为现代科技的研究提供了有力的保障。

试验测量应该遵循以下原则：

（1）必须选择合格的计量仪器。只有使用经过检查合格的测量仪器，才能保证试验得到准确可靠的结果，否则其试验结果不但没有价值，还会误导人。

（2）熟悉试验仪器的使用说明。在进行试验之前，试验人员不仅要了解仪器设备的性能、用途和使用方法，还要掌握仪器设备的故障判断和分析处理方法，以便能正常试验并得到正确的试验结果与数据。

（3）选择有经验的操作者进行操作。有经验的操作者对仪器设备的性能特点非常了解，不仅能获得准确的数据，而且能保证安全可靠地用好仪器设备。

（4）计量仪器必须放置得当。一般来说，仪器设备对使用环境和放置条件都有一定的要求。例如，仪器设备不应受到热源、电源、振源的影响，放置应该保持水平状态等。

测试系统的设计与选择对研究成果有很大的影响。普通仪器设备如果使用得当，也能进行准确的测试工作。如果使用者不了解仪器的应用范围、特点和某些局限性，即使采用昂贵的精密仪器设备，其测试结果也不会理想。所以，在研究测试设计中有三个最重要的概念，即匹配问题、补偿问题和偏见问题。

在所有测试工作中，最基本的原则是匹配问题，也就是从电学中借用来的术语“阻抗匹配”规则。为了获得最小的测试误差，测试仪表必须与被研究的系统相匹配，这样才能保证测试结果的精确性。例如，进行电学测试时，往往会用到电压表。电压表取的电流量要比被测电路中现有的电流大，所以测得的结果为不准确的小读数。如果在测试点与电压表之间放入一个放大器，则信号强度提高，电压表的测试结果就不会有过大的误差。

测试中要考虑的第二个问题是试验结果的补偿。在确定密度、电阻、长度或物体的颜色等问题时，要对温度、大气条件、重力等因素作某些规定。如果试验环境或条件和原测试有不一样的情况，则需要采用某种方法加以补偿。例如，测量简单的系统，可以通过计算来补偿。如在20℃时测得的钢棒长度为1m，那么，它在0℃时的长度可以计算出来，并可同其他钢棒在0℃时的测量值相比较。但是在许多情况下，这种方法是无法使用的。最有效的补偿方法是采用一种标准件，以便与试验数据进行比较。

试验中经常遇到的问题是客观真实性问题。有时，研究者在试验过程中会把研究数据或结果弄错，得到不正确的结论。这就是“不持偏见”的问题。在研究过程中最大限度地减少“偏见”的影响有许多方法，最好的方法之一是复测法。在许多试验中，只要通过复测，就可以发现问题。方法之二是请别人进行测试。不同的试验者进行测试，产生的试验系统误差可能是不同的。方法之三是随机检测。

试验过程中还应该重视试验读数和试验数据的记录。尽管现在的许多计量仪器可以显示数字、打印记录或输出记录曲线图，但是仍然有很多计量器具是在标尺上按指示器的位置得到读数的。科学研究工作是严肃的，为了读取准确的数据应做到以下几点：①要认真仔细，不能随便和马虎，尤其是对需要长期读取且指示器容易摆动的读数。②要掌握所用计量器具的读数规则。对于指示器摆动的情况，试验人员要等其稳定后读取。③必须同时读取几个数据时，要掌握好同读时间，以利于在同时读得的数据分析中找到规律或保证同时读取数据的正确相关性。如果在试验过程中仪器设备出现异常，必须停止计量，调整后再试验，并且在统计、计算时要舍去异常试验值。

试验工作往往要进行试验记录。原始记录是计量的基础性资料，应根据试验的特点、范围、数量等预先设计好记录表格。记录表格中要写明被记录的对象、被计量的量、所用的计量仪器或器具的名称和型号、计量的方法、试验的时间、试验的环境条件等。能够直接记录的数据都要直接记录下来，不要作任何计算，以免出错。要真实地记录下试验的过程和结果，即使是由于仪器设备故障或意外情况造成的试验结果也要记录下来。

4.3.2　试验数据的处理

进行各种统计、计算、科学研究或技术设计等所依据的数值称为数据。科技数据一般可分为测量数据（计量数据）和枚举数据（计数数据）两大类。计量数据是用度量衡手段而获得的定量值，如 5mm、1.6mL、16.3kg、37.5℃ 等。计量数据从理论上讲在其总体的全距内是没有界限的，各变量值排列起来具有连续性。计数数据是定性数据，是对每个观察单位只划分其分类，按统计对象已定的分组，通过点清各类观察单位的个数所得到的数量。各组之间是质的差别而不是量的大小，例如，药物治疗后的结果可分为治愈、好转、无变化、恶化、死亡等。

试验结束后，其试验数据和结果在论文或研究报告中正式采用前，往往要对原始的数据和结果进行整理，有的还要对中间数据进行计算，以得到最终表示的数据。几乎所有的试验数据都涉及有效数字的问题。所谓有效数字，是指由几个数字组成的一个数，除最后一位是不确切数字外，皆为可靠值，则组成该数的所有数字包括末位数字称为有效数字。例如，731 为三个有效数字，即有效位数为三。

1. 有效位数的判定准则

（1）不需标注误差的数据，其有效位数取到最末一位数字为可疑值（也称不确切数字或参考数字）。

（2）需要标注误差的数据，其有效位数取到与误差的同一数量级。例如，钢的密度计算结果为 7.823 4g/cm^3，测定的精度为 0.2%。根据误差范围，该数值在 7.807 4 ~ 7.837 4g/cm^3 之间，所以小数点后第二位数字是不可靠的。最后，该数据的正确取值为 7.82g/cm^3。

（3）测量误差的有效位数，一般只取一位有效数字。

（4）算术平均值的有效位数，应取到与误差的同一数量级。

2. 有效位数的运算规则

多项数值相加、减，应以数据中有效数字末位数最大者为准，其余各数向后多取一位，再运算。例如，7.3 +6.331 +8.15≈21.78≈21.8。

乘、除运算时，应取有效数字个数最少者为准，其余各数和所得积或商皆多取一位有效数字。例如，7.3 ×6.331 ×8.15，运算时应为 7.3 ×6.33 ×8.15 = 376.603 35，最后取 377。

乘方、开方时，所得结果比原数多取一位有效数字。

对数运算时，所取对数的位数应与真数有效数字的位数相符。

3. 有效位数的化整原则

如果确定了有效位数后，就应该把数字中多余的数字舍弃进行化整。一般原则为：

（1）整数后面经判定有多余数字，则舍弃多余的数字，用“0”代替。若是带小数点的数或小数，则只舍弃多余的数字。例如：

8 765 432，有效数字为三位，则可化为 8 770 000；

0.168 43，有效数字为二位，则可化为 0.17。

（2）若判定应舍弃数字的第一位数字大于“5”，则进 1（六入）。

（3）若判定应舍弃数字的第一位数字小于“5”，则舍去（四舍）。

（4）如果舍去数字的第一位数字正好是“5”，则要看情况。如“5”后面的数字不是“0”，则舍去“5”进“1”；如“5”后面没有数字或是“0”，则采用凑偶原则处理。凑偶原则为：若保留的有效数字是奇数，则舍“5”进“1”，使有效数字的末位数成为偶数；若有效数字的末位数本来就是偶数，则舍“5”而不进“1”。例如：

46.415→46.42（奇数进 1）；46.425→46.42（偶数舍 5）

1 798.50→1 798（偶数舍 5）；1 797.50→1 798（奇数进 1）

135.736→135.7（四舍）；10.037 0→10.04（六入）

4.3.3 试验数据的误差与分析

4.3.3.1 基本概念

1. 误差及误差分析

任何科学试验所得到的数据都有一定的误差，即试验数据都有一定的精度。

误差或精度主要取决于研究的方法和试验的条件。试验条件包括：仪器的精度、试样的形状尺寸、试样的加工精度、测试方法等。试验数据的误差分析或估计对科学研究与技术开发的进步具有重要的作用和意义。

误差分析可以帮助确定导致误差产生的主要因素，从而可改进研究的方法或手段，使研究结果或数据的精度提高。例如，研究材料的成分扩散（元素）问题。经过研究发现：对 ±5℃的温度控制精度，在1 000℃时带来 ±6% 的误差；±10min 的保温时间测定范围导致了 ±0.3% 的误差；而2.5μm 的取样层方法有0.7% 的误差；C 的质量分数为0.02%，化学测定精度有 ±6.7% 的误差。因此，总的理论误差为 ±13.7%。通过分析比较，误差的最大来源是温度控制精度和化学测定。所以，若温度控制精度提高为 ±2℃，化学分析提高到 C 的质量分数为0.01%，那么这两部分误差分别可减小到 ±2.4% 和 ±3.35%。总误差从 ±13.7%减小到 ±6.75%，精度提高了一倍。

误差分析可使研究人员客观地评定试验结果，避免得出不正确的结论。例如，对材料进行力学性能试验。对某材料作静弯试验，由设备特点知道负荷测定精度带来 ±10% 的误差。如经过工艺Ⅰ处理的材料测得弯曲试验的负荷为19 000kg，根据误差可知该值在17 100～20 900kg 范围内；对经过工艺Ⅱ处理的相同材料，同时测得弯曲试验的负荷为21 000kg，该值的范围在18 900～23 100kg。所以，根据误差分析可知，说工艺Ⅱ得到的弯曲强度要比工艺Ⅰ的高，或者说工艺Ⅱ比工艺Ⅰ好的结论是欠妥的或理由不充分的。

通过误差分析，可以合理地选择研究方案。同一问题可由不同的方法来研究，不同方案所产生的误差是不同的。例如，研究钢铁的奥氏体等温转变，就有金相法、磁性法、电阻法、比容法等多种方法。不同的方法有不同的原理和特点，所以也有其适用的范围。例如，测定的温度范围比较小时，用电阻法所产生的误差小；温度范围比较大时，则误差就比较大。比容法是利用不同组织的比容变化特点来进行研究的一种方法，因为奥氏体和珠光体的比容变化都是线性的，并且奥氏体和珠光体的膨胀系数很小，所以比容法在所有温度范围内的误差都比较小。

2. 真值、测量值和平均值

真值是试验待测的真实值，即客观存在的。这是很难完全确定的，一般以标准化或大量高精度测量来确定，所以这只是理论上存在的值。

测量值是实际测量得到的数值。每次测量的结果可能是不一样的，有一定的范围。范围大小视测量方法、仪器设备、操作技术等条件而变，所以测量值是一个随机变量。

平均值一般是指多次测量的算术平均值。实际应用时，视具体情况确定测量次数。平均值也是一个随机变量，用平均值来代表真值也是有误差的，只是比单次测量的结果误差要小。平均值的表示方法很多，如加权平均法、中位法、几何平均法、方均根平均法等。

3. 绝对误差、相对误差和精度

绝对误差是待测参量的测量值与真值之差。在实际应用时，真值往往用平均值代替。

$$\Delta = 测量值\ (X) - 真值\ (\mu)$$

相对误差是绝对误差与真值的比值，无量纲，即

$$\varepsilon\% = \Delta/\mu\%$$

评定相同待测参量的精度可用绝对误差，而对不同待测参量可用相对误差来评定。

精度与误差是两个相反的概念。误差小，则精度高。精度常用相对误差表示，如相对误差为0.01%，也可以说精度为10^{-4}。精度反映了系统误差和偶然误差综合影响的程度。

4. 误差来源及分类

根据误差的特点和性质，误差可分为系统误差、偶然误差和粗大误差三类。

（1）系统误差。在偏离测量规定条件时或由于测量方法所引入的因素，按某确定规律所引起的误差，称为系统误差。系统误差一般与测量仪器或设备本身的精确程度有关，也与测量者本身的状况及串联时的环境条件有关。其特点是：①常常是固定的，所以又称为恒定误差。②一般是可以消除、防止或减小的。例如，仪器的零点不正确，可检查调整；用硬度计测试硬度有较大偏差，可以用标准硬度块来检查校对并调整。③产生的误差不能用一般的数学理论来计算。

（2）随机误差。它是指在相同条件下多次测量而不能预定变化的误差。其特点是：①不能被消除，但可以发现和定量。②从表面上看，随机误差没有什么规律。但是，随机误差服从统计学规律，可用数学理论来描述误差的变化规律，所以又称为概率误差。

（3）粗大误差。它是明显歪曲了测量结果的误差。例如，仪器的突然失稳、操作人员的过失等造成的结果。所以，它又称为过失误差。

这几种误差之间并不存在绝对的界限，有时也可以相互转化。实际测量误

差总是系统误差和偶然误差的合成。因为粗大误差是在不正常的情况下产生的，实际试验时可以不考虑。

随机误差决定着试验精度。其产生的原因主要有试验方案的选择不当，试验仪器精度不匹配或不准确，实际试验过程偏离理想制度等。试验方案的选择不当前面已经讨论过。试验仪器精度不匹配或不准确也容易理解。最简单的例子，如试样制造精度要求分别为0.2mm和0.01mm。对于0.2mm精度要求的样品，在测量时用直尺是不行的，用游标卡尺测0.2mm精度是相匹配的，用千分尺是没有多大意义的，不能提高精度。而对于0.01mm精度要求的样品，则要用千分尺来测量。实际试验过程偏离理想制度的情况也经常发生，如试验中的温度控制。理想温度为850℃，实际上有±5℃之差，那么实际试验温度有可能在845~855℃的范围内，这样就产生了误差。显然这是不可避免的，但可以提高温度的控制精度。

另外，主观因素对误差也有一定影响。操作人员的个人技术、经验不同，所得到的试验结果也可能不同。因此，同一组试验最好自始至终由一个人完成操作。

4.3.3.2 试验数据误差的基本理论

1. 试验结果的最大可能误差

为使试验结果可靠性高，常常要进行重复试验。但多次重复后得到的仍然是近似而不相同的值。测量次数增多，精确度就高些。显然，无限地增加试验次数是不经济的，这样就有必要了解在一定试验条件下的最大相对误差。设函数 $y=f(x, \mu, \omega, \cdots)$，作为一级近似，最大可能误差的表达式为

$$\frac{\Delta y}{y} \approx \frac{\mathrm{d}y}{y} = \mathrm{d}\ln y, \frac{\Delta y}{y}\text{为相对误差}$$

上式说明，为确定试验的相对误差，必须把函数的自然对数微分，而且微分的变量就是决定所测量值大小的因素。因为是最大可能误差，所以变量项中均取正值。

根据布氏硬度测量原理，其硬度的计算式为

$$\text{硬度(HBW)} = \frac{P}{F} = \frac{P}{\frac{\pi D}{2}\left(D - \sqrt{D^2 - d^2}\right)}$$

取对数得

$$\ln(\text{HBW}) = \ln P - \ln\frac{\pi D}{2} - \ln\left(D - \sqrt{D^2 - d^2}\right)$$

因为钢球的尺寸很精确，所以可认为是常量，略去这部分误差。微分后可得

$$\frac{d(HBW)}{HB}=d\ln(HBW)=\frac{dP}{P}-d\ln(D-\sqrt{D^2-d^2})$$

$$=\frac{dP}{P}-\frac{d\delta d}{\sqrt{D^2-d^2}(D-\sqrt{D^2-d^2})}$$

令微分 d（HBW）、dP、δd 等于无限小量 Δ（HBW）、ΔP、Δd，考虑试验情况配合最不利的可能性，就可以写成下式

$$\frac{\Delta(HBW)}{HBW}=\frac{\Delta P}{P}+\frac{\Delta dd}{\sqrt{D^2-d^2}(D-\sqrt{D^2-d^2})}$$

这就是布氏硬度最大可能误差的表达式。

设 $P=3\,000$kg 时的极限误差为 $\Delta P=\pm 20$kg，而测量压痕直径的极限误差为 $\Delta d=\pm 0.05$mm。在下列两种情况下估算其最大可能误差：

（1）179HBW，$P=3\,000$kg，$D=10$mm，$d=4.5$mm，则

$$\frac{\Delta(HBW)}{HBW}=\frac{20}{3\,000}+\frac{0.05\times 4.5}{\sqrt{10^2-4.5^2}\times(10-\sqrt{10^2-4.5^2})}=0.03=3\%$$

因此，说明 179HBW 是以 3% 的精度测量的，也就是该数值在 174 ~ 184HBW 范围内。

（2）512HBW，$P=3\,000$kg，$D=10$mm，$d=2.7$mm，则

$$\frac{\Delta(HBW)}{HBW}=\frac{20}{3\,000}+\frac{0.05\times 2.7}{\sqrt{10^2-2.7^2}\times(10-\sqrt{10^2-2.7^2})}=0.042=4.2\%$$

因此，说明在 491 ~ 533HBW 范围内都属于同一个硬度数值。所以在这个试验中，不能说测试点 1（530HBW）比测试点 2（500HBW）的硬度高。

从最大可能误差的估算式中，还可知道各变量对总误差的影响大小，分清主要和次要因素，从而在试验时加以注意或改进，以提高精度。从上面的例子可以知道，压痕测量的精度是误差的主要因素。硬度低、压痕大，测量时的误差就小。所以，布氏硬度适宜测量比较软的材料。需要说明的是，实际测量的总误差总是小于最大可能误差。

2. 间接测量的误差传递定律

有些量是不能直接测量的，而是通过有关函数关系的其他变量的测量来间接得到的，所以存在一个误差传递的问题。设间接测量值和直接测量值的关系为

$$y=f(x_1,x_2,\cdots,x_m)$$

直接测量值 x_1，x_2，…，x_m 所产生的误差会综合累积传递给 y 值。根据有关的数学推导，y 的绝对误差可得下式

$$\sigma_y = \sqrt{\left(\frac{\partial f}{\partial x_1}\right)^2 \sigma_1^2 + \left(\frac{\partial f}{\partial x_2}\right)^2 \sigma_2^2 + \cdots + \left(\frac{\partial f}{\partial x_m}\right)^2 \sigma_m^2}$$

由标准差定义知

$$\sigma_1 = \sqrt{\frac{\sum_{i=1}^{n} \delta_{i1}^2}{n}}, \sigma_2 = \sqrt{\frac{\sum_{i=1}^{n} \delta_{i2}^2}{n}}, \cdots, \sigma_m = \sqrt{\frac{\sum_{i=1}^{n} \delta_{im}^2}{n}}$$

式中，σ_1，σ_2，…，σ_m 分别为 x_1，x_2，…，x_m 得到的测量精度参数；$\frac{\partial f}{\partial x_j}$ 称为误差传递系数。

上式即为误差传递定律。

相对误差的形式为

$$\xi_{0y} = \frac{\xi_y}{y} = \sqrt{\left(\frac{1}{y}\frac{\partial f}{\partial x_1}\xi_1\right)^2 + \left(\frac{1}{y}\frac{\partial f}{\partial x_2}\xi_2\right)^2 + \cdots + \left(\frac{1}{y}\frac{\partial f}{\partial x_m}\xi_m\right)^2}$$

$$= \sqrt{D_{01}^2 + D_{02}^2 + \cdots + D_{0m}^2}$$

式中，D_{0j}是直接测量值的相对误差；ξ_{0y}是间接测量值的相对误差。

4.3.3.3　试验数据的误差分析

1. 误差的基本性质

（1）正态分布规律。根据误差的定义，有

$$\Delta_i = x_i - \mu = (x_i - \bar{x}) + (\bar{x} - \mu) = \delta_i + \delta_{\bar{x}}$$

式中，δ_i 为剩余误差；$\delta_{\bar{x}}$ 为平均值误差。

根据概率论中的大数定律知，测量次数无限增加，算术平均值 $\bar{x}$ 必然趋于真值 μ。实际试验时，μ 总是未知的。所以对有限次测量，总是把平均值作为真值。上式可简化为

$$\Delta_i = x_i - \bar{x} = \delta_i$$

下面的讨论把算术平均值作为真值。这些误差符合正态分布，具有如下特性：

1）对称性。绝对值相等的正、负误差出现的次数相等。

2）单峰性。绝对值小的误差比绝对值大的误差出现次数多。

3）有界性。在一定测量条件下，误差的绝对值不会超过一定界限。这种界

限就是理论上计算的最大可能误差。

4）抵偿性。测量次数增多，算术平均值趋于零。

试验数据误差规律服从正态分布。设 σ 为标准误差，其概率密度函数为

$$f(\delta) = \frac{1}{\sqrt{2\pi}\sigma}\exp\left(-\frac{\delta^2}{2\sigma^2}\right)$$

（2）标准误差。正态分布的最重要的数学特征是标准差 σ，又称为均方根误差。σ 的大小表征了 $f(\delta)$ 曲线的陡斜程度。根据曲线的几何意义知，σ 小，说明误差小的数据占优势，数据的分散度小，测量的可靠性高，测量的精度高。

标准差不是具体误差，它表示概率分布的特征参数，计算公式为

$$\sigma(x) = \sqrt{\frac{\sum (x_i - \bar{x})^2}{n-1}}$$

由于算术平均值对真值有一定的分散性，所以也可用 $\bar{x}$ 的标准差为评价标准，计算公式为

$$\sigma(\bar{x}) = \frac{\sigma}{\sqrt{n}}$$

（3）误差的置信度。误差在某区间出现的概率就是正态分布概率密度函数在这一区间的积分，在几何上是所包围的面积。在数学上为

$$p(\pm\delta) = \frac{1}{\sqrt{2\pi}\sigma}\int_{-\delta}^{+\delta}\exp\left(-\frac{\delta^2}{2\sigma^2}\right)\mathrm{d}\delta$$

令 $\delta = k\sigma$，则有

$$p(\pm\delta) = \frac{2}{\sqrt{2\pi}}\int_{0}^{k}\exp\left(-\frac{k^2}{2}\right)\mathrm{d}k = 2\phi(k)$$

函数 $\phi(k)$ 称为误差的概率积分，表明误差在 $\pm k\sigma$ 范围内出现的概率为 $2\phi(k)$。$\phi(k)$ 的数值在有关手册上可查到，如 $\pm 2\sigma$ 出现的概率为95.44%。通常把概率 $p(\pm k\sigma)$ 称为误差的置信度，k 为置信系数。

2. 误差的评价和计算

（1）平均误差。平均误差是指误差的算术平均值应等于零。实际应用时的平均误差是指误差绝对值的算术平均值，即

$$\theta = \frac{1}{n}\sum_{i=1}^{n} |\delta_i|$$

（2）标准误差。标准误差是常用的误差表示方式。有时还可用离散系数来

评定误差。所谓离散系数，就是标准差 σ 与平均值 $\bar{x}$ 的比值，记为

$$CV = \frac{\sigma}{\bar{x}}$$

因为 σ 表征单次测量值的误差，并且是与测量值同量纲的误差参数，所以离散系数表征了测量值的相对误差。

（3）误差范围。实际应用时，有时还需要知道误差区间，也就是数值在什么范围，常表示为

$$\bar{x} - k\sigma \leqslant x \leqslant \bar{x} + k\sigma \text{ 或 } \delta = \pm k\sigma$$

有些试验要求一定的置信度 p。根据 p 查有关表确定置信系数 k，那么就可得到所要求的可靠性程度的误差范围。例如，要求置信度为95%，即 $p=0.95$。查表后得 $k=1.96$，那么误差范围是 $\pm\delta = \pm 1.96\sigma$。

误差范围越小，则要求越高，这时的置信度就下降。例如，$k=1$，$\delta = \pm\sigma$，这时置信度为68.26%。

3. 误差分析举例

已知合金中某组织特征参数的测量数据 x_i，x_i 分别为38.3、44.6、33.7、41.1、43.0、39.6、36.2、37.9、40.3。试计算下面有关误差：δ_i、$\sigma(x)$、θ、CV、$\sigma(\bar{x})$、置信度 $p=95\%$ 的取值范围、绝对误差不超过 ±5 时数据的置信度。

由试验数据可得到平均值 $\bar{x}=39.4$。

根据 $\delta_i = x_i - \bar{x}$，可得到 δ_i 分别为 −1.1、5.2、−5.7、1.7、3.6、0.2、−3.2、−1.6、0.9。

$$\sigma(x) = \sqrt{\frac{\sum (x_i - \bar{x})^2}{n-1}} = \sqrt{\frac{\sum \delta_i^2}{n-1}} = 3.4$$

$$\theta = 0.797\,9\sigma = 2.71$$

$$\sigma(\bar{x}) = \frac{\sigma(x)}{\sqrt{n}} = 1.13$$

$$CV = \frac{\sigma(x)}{\bar{x}} = 0.086$$

查表知，当 $p=95\%$ 时，$k=1.96$。所以，$\delta = \pm k\sigma = \pm(1.96 \times 3.4) = \pm 6.66$，则 $x = 39.4 \pm 6.66$，即 $32.74 \leqslant x \leqslant 46.06$。

误差范围要求在 ±5 区间内，因为 $\delta = \pm k\sigma$，所以 $k = |\delta|/\sigma = 5/3.4 = 1.47$。查表知，当 $k=1.47$ 时，$p=0.848\,4$，即当数据为 39.4 ± 5 时，$p=0.848\,4$。

第5章

科技论文的特点与构成

为方便科技成果信息系统的收集、储存、处理、加工、检索、利用、交流和传递，各个国家都对科技论文的写作有一定的规范性基本要求。如我国在1988年1月1日起颁布实施了国家标准《GB/T 7713—1987 科学技术报告、学位论文和学术论文的编写格式》。该标准是科技论文写作标准化的基本依据。

5.1 科技论文的分类

简要定义：科技论文是对创造性的科学技术研究成果进行理论分析和总结的科技写作文体。根据研究方法来定义，科技论文是报道自然科学研究和技术开发创新工作成果的论说性文章。它运用概念、判断、推理、证明等逻辑思维手段来分析表达自然科学理论和技术开发研究的成果。

按研究的内容来定义，科技论文是创新性科学技术研究工作成果的科学论述，是某些理论性、实验性或观察性的新进展、新成果的科学总结。

目前，对于科技论文尚无严格的定义。以上对科技论文的定义包含了三层意思：科技论文报道的是科技领域中研究的问题，有别于人文科学、社会科学论文的研究对象；科技论文总结的是科学研究的新成果；科技论文属于论说文体裁。文科论文仅是研究对象的不同，其他的要求都相同。

1. 按科技论文发挥的作用不同分类

（1）学术性论文。学术性论文是某一学术课题在实验性、理论性或观测性上具有新的科学研究成果或创新见解和知识的科学记录；或者是某种已知原理应用于实际中取得新进展的科学总结，用以提供给学术期刊发表，或提供在学术会议上宣读、交流、讨论，或作其他用途的书面文件。学术性论文应提供新的科技信息，其主要特点是：具有新观点、新方法或新的实验数据与结果；具有科学性。原则上，学术性论文反映了学科领域最新、最前沿的学术水平和发展动向。学术性论文的主要作用是推动了科学技术的发展。

（2）技术性论文。技术性论文是为报道工程技术研究成果而提交的论文。其特点是应用已有的科学理论解决工程技术上的设计、技术、工艺、设备、材料等具体技术问题。技术性论文具有技术的先进性、实用性和科学性，对技术进步、生产率提高起了直接的推动作用。技术性论文可以在学术期刊上发表，也可以在学术会议上宣读、交流、讨论。但技术性论文的成果往往有一定的保密性，公开或发表成果时要考虑保密性问题。

（3）学位论文。学位论文是表明作者从事科学研究取得了创造性的结果或有了新的见解，并以此为内容撰写而成，作为提出申请授予相应学位评审时所用的学术论文。学位论文都要经过考核和答辩，和学术性论文及技术性论文相比，内容比较详尽。研究生学位论文对科学技术的进步都能起到很好的推动作用。根据学位不同，学位论文又可分为学士论文、硕士论文和博士论文，其主要区别如表 5-1 所示。

表 5-1　学士论文、硕士论文和博士论文的主要区别

<table>
<tr><th colspan="2">学位</th><th>学士</th><th>硕士</th><th>博士</th></tr>
<tr><td colspan="2">学历</td><td>本科毕业生</td><td>研究生</td><td>研究生</td></tr>
<tr><td colspan="2">应达到的学术水平</td><td>较好地掌握本门学科的基础理论知识和基本专业技能；具有从事科学研究工作和担任专门技术工作的初步能力
学术水平相对较低</td><td>掌握本门学科坚实的基础理论和系统的专业知识；具有从事科学研究工作和独立担负专门技术工作的能力；研究成果有一定的创新性
学术水平相对较高</td><td>掌握本学科坚实而宽广的基础理论和系统而深入的专业知识；具有独立从事科学研究工作的能力；在科学或技术上作出了创造性的成果
学术水平相对高</td></tr>
<tr><td colspan="2">外语要求</td><td>未明确提出</td><td>一门，能比较熟练地阅读本专业的外文资料</td><td>两门：一门能熟练阅读，另一门能初步阅读</td></tr>
<tr><td colspan="2">学位授予权</td><td>由国务院授权的高等学校授予</td><td colspan="2">由国务院授权的高等学校和科学研究机构授予</td></tr>
<tr><td colspan="2">学位审批权</td><td>高等学校</td><td colspan="2">由国务院批准公布的学位评定委员会审批</td></tr>
<tr><td rowspan="2">学位论文</td><td>写作</td><td>要</td><td>要</td><td>要</td></tr>
<tr><td>答辩</td><td>未明确规定，但一般都进行论文答辩</td><td colspan="2">学位论文由学位论文答辩委员会负责审查，并组织答辩</td></tr>
<tr><td colspan="2">授予程序</td><td>学院、系提名，学校推荐，学位评委会审查通过后授予</td><td colspan="2">申请—提交论文—初审—专家审查—（专家审查通过后）论文答辩—（答辩通过后）学位评委会审查评议—（通过后）授予相应学位</td></tr>
<tr><td colspan="2">论文成果特点</td><td>一般情况还达不到发表水平。获得学位较容易</td><td colspan="2">研究成果可公开发表（保密内容除外）。获得硕士学位较难，获得博士学位难</td></tr>
<tr><td colspan="2">字数/万字</td><td>1.0 ~ 2.0</td><td>3.0 ~ 5.0</td><td>5.0 ~ 20.0</td></tr>
<tr><td colspan="2">指导人资格</td><td>讲师及以上</td><td>副教授及以上</td><td>教授、博士生导师</td></tr>
</table>

学士论文是大学本科生为申请学士学位所必须提交的毕业论文。学士论文应能反映作者确已比较好地掌握了本门学科的基础理论、一定的专业知识和基本技能，并具有从事科学技术研究工作或担负专门技术工作的初步能力。学士论文一般不涉及太复杂的课题，论述的范围较窄，深度也比较浅，其研究成果或水平一般还达不到发表的要求。

硕士研究生的培养目标主要是具有独立开展科研工作的初步能力和独立思考问题、分析问题及解决问题的能力。硕士论文应能表明作者确已在本门学科上掌握了坚实的基础理论和系统的专门知识，并且对所研究的课题有新的见解，有从事科学研究工作或独立担负专门技术工作的能力，重于掌握科学研究的方法。硕士论文应具有一定程度的创新性，一般情况可以达到发表的水平。

博士论文应能表明作者确已在本门学科上掌握了坚实宽广的基础理论和系统深入的专门知识，并且具有独立从事科学研究工作的能力，在科学或专门技术上做出了创造性的成果。和硕士论文相比，博士论文的特点是：内容多，可分解成若干篇，但相互关联；论文应能反映作者具有坚实而广博的基础理论知识和系统而深入的专业知识；具有独立开展研究工作的能力，学会创造知识和创新技术。博士论文应当反映学科前沿的创新性成果，是重要的科技文献。

理科和工科类的大学生、研究生所写的毕业或学位论文，因其学科专业的性质有比较大的区别，所以论文的内容各有侧重。理科类学位论文的内容偏重于对某个理论、定理、定义的证明，或是对某个现象进行理论分析，提出新思想、新观点、新理论。工科类学位论文的内容则偏重于对生产实践中某个实际问题的研究、设计、试验及分析，以取得新技术、新材料、新工艺、新产品、新方法等。当然，工科类学位论文也需要对试验结果、研究的问题有一定的理论分析。

2. 按科技论文研究方式和论述的内容分类

（1）试验研究报告。在自然科学领域内，常见的试验研究论证型论文有试验型和观测型，在自然科学的工科类各学科专业中占有很大的比重。这类论文具有很强的实践性和应用性，所以与理论型论文相比，它更注重试验论证材料的佐证力量，而不是逻辑推理性。试验研究报告类论文要求有可靠的理论依据，先进的试验方案和测试手段，合理、准确的数据处理，科学严谨的分析论证。其在表达方式上也形成了独特而固定的格式，侧重在原理、材料、方法、经过、结果、分析与讨论等方面。

（2）理论研究。这类论文的研究对象是自然科学领域里存在的客观自然现象，以及现象的原理与相互间的关系，研究方法主要是理论证明、数学推理等。结构上的严密逻辑性、表达上的数学化和内容上的高度概括性是其主要的特征。理论研究型论文一般可分为理论推导型论文和理论分析型论文两类。对理论推导型论文来说，它提出新的假设，通过数学推导、逻辑推理，从而得到新的理论，如定理、法则、公式等。当然，推导或推理的立论和过程要科学、正确，逻辑概念要准确。另外一类理论研究型论文是对新的原理、模型、机构、材料、工艺、现象等事实进行理论分析，或完善、补充及修正。有时，除了分析外，一般还要进行试验验证。

（3）设计计算。这类论文主要是为解决工程技术问题而进行的设计计算，包括计算机程序设计、计算机辅助设计、优化设计、产品或材料的设计计算等。设计或计算的过程和结果要合理、准确，符合实际情况，能生产应用。

（4）文献综述。文献综述是在阅读大量文献资料的基础上，对某一学科、领域或某项具体研究工作的历史、进展或发展趋势等问题进行综合性的叙述或评述。一般的概述基本上是科学合理地介绍某问题的情况，也可以对某一问题结合情况介绍进行评论，发表作者自己的观点和看法。

综述和评述是高度浓缩化了的科技信息，也是科技信息研究成果的表现形式之一。叙述性综述是对某一时期内的某学科方向或某专题研究成果进行系统的、较全面的分析研究后，归纳整理所得到的综合性叙述。既然是综合性论述，应能反映该问题的发展、研究现状和趋势，应该是国际前沿性的综述。在综述文章中，作者一般不作主观的评论。而评述性综述是在综述的基础上，全面系统地总结某一学科专题的问题，在叙述过程中给予分析评价，往往还提出作者明确的建议和意见。所以评述性综述的重点是“评”。

阅读文献综述型论文，既可以使读者开阔眼界，又能使读者对某问题的来龙去脉有全面的了解。所以，阅读综述型论文往往能对科研方向的确定、选题、学科发展的探讨起到很好的指导作用。文献综述型论文一般要求资料新而全，作者立足点高，综合恰当，分析评论和发表的观点合理，意见或建议比较中肯。

5.2 科技论文发表的意义与科技论文的特点

1. 科技论文写作与发表的意义

科技论文的写作是科技工作者进行科学技术研究的重要环节。论文写作是科研的重要组成部分，是研究与开发的延续，是对科研成果的必然总结。实际上，从课题的准备阶段就已经进入了论文的写作，开题报告就是最后论文的前奏。写作是科研完成或阶段工作时，为使创造性成果得到进一步深入、完善和发掘的再创造过程。

美国的桑塔亚那（George Santayana）说，科学只不过是知觉的显现、意图的说明、常识的完善和精确的语言表述。英国的培根说过，阅读使人充实，交谈使人敏捷，写作使人精确，读史使人明智，数学使人周密，博物使人深刻，伦理使人庄重，逻辑和修辞使人善辩。撰写和发表学术论文在科研活动中具有重要意义。19世纪杰出的物理学家、化学家法拉第曾经说过，科学研究有三个阶段：首先是开拓，其次是完成，最后是发表。日本有一位研究生院院长在其著作中说："有人作过调查，许多理工科类毕业生认为，对他们最有用且需要进一步加强的课程，一是数学，二是物理，三是写作。"我国著名数学家华罗庚说，学科学的不学好语文，写出来的东西文理不通、枯燥无味……让人难以看下去，这是不利于交流、不利于科学事业的发展的。著名的物理学家钱学森也曾经说过，很难想象，一个对人类有贡献的伟大科学家，他创立的科学理论和科研成果，始终只有他一个人或少数人懂得。著名化学家卢嘉锡说，要教会年轻人学会表达，一个只会创造、不会表达的人，不能算是一个真正合格的科学工作者。我国许多著名科学家对科技写作都很重视，曾经多次强调要注意提高青年科技人员（包括大学生和研究生）的语言和文字表达能力。

对于大学生和研究生来说，论文的写作过程是进行科学研究的规范和起步。科技论文写作不像其他文章那样自由随意，它有比较固定的格式，这是一种学术规范。大学生写论文，为了形成自己的观点，必须参考大量的资料文献，必须进行信息的消化和科学实验。与此同时，还要积极地进行创新思维，这个过程与一般的听课记笔记、复习考试、做实验等学习环节大不相同。所以，大学生的各种小论文和毕业论文的写作是一种很重要的能力培养，实际上就是进行科学研究的起步。科技论文的写作可以锻炼人的科学思维能力、表达能力和组织能力。科学思维能力包括观察能力、判断能力、创造能力、构思能力和综合分析能力等；表达能力有语言表达、图表设计、逻辑推理、数据处理和编辑排版等能力；在写作上组织能力主要是文章材料的选择、使用和编排。只有经过不断实践，这些能力才会有所提高。

科技论文的发表是促进学术交流的主要形式。英国文学家萧伯纳曾经说过，如果你有一个苹果，我也有一个苹果，彼此交换，那你我仍然各有一个苹果。但如果双方交流思想，则我们将各有两种思想。通过论文的写作与发表进行学术交流，能起到相互了解、相互启发的作用，促进研究成果的推广和应用，促进科学研究的发展。著名科学家茅以升说，在今天的世界上，所以能够有人类科学技术的繁荣昌盛，不能不归功于千百年来的文字记载，更不能不重视科学技术的写作能力。

论文的写作可以使人的思维方式改变和提升。对于从事科学研究和技术开发的工作者来说，写作过程能培养人的科学思维，提高人分析问题和解决问题的能力。如果把写作贯穿于整个研究过程中，边研究、边试验、边写作，可以及时地发现不足和问题，从而及时地补充、修正正在进行的工作，也可以及时地总结得到的试验结果和数据，不断地扩大和完善研究成果。写作本身就是一个不断思考、不断推敲的过程。科技论文表达的对象是专业性的，表达的方式也是理性的和辩证的，所以论文写作过程的思维方式和一般文章的写作方法不同，要求也更高。从思维方法的发展过程与层次看，它经历了逐层改变和升华的过程，即从最初的主要以收集感性材料为主的经验性研究方法，发展到实验性的、部分的和分门别类的研究。此时主要运用归纳、分析、比较、观察等方法，再演化到研究联系、运动、发展、转化的理性思维、辩证的方法以及系统、信息、功能模拟等新方法、新思路。有人用形象的比喻来说明以上主要方法：蚂蚁是经验性的方法，蜘蛛是理性主义的方法，而蜜蜂是辩证的方法。所以，学习写作科技论文，有助于实现思维方式与研究方法的改变和提升。

科技论文的写作与发表有利于科学的积累。一门学科的发展是要靠积累的，论文的发表是科学积累的主要部分。论文的发表将信息的传递超越了时空的限制，为同代人和后人提供科学技术知识，由整个人类所共享。我国古代的科学技术创新成果主要是靠一些著作流传至今。例如，农学领域的《齐民要术》（北魏贾思勰著），12万字，涉及农、林、牧、渔、畜、菜等内容；医学方面的《黄帝内经》是远古中国（先秦）医学水平的代表，是当时理论性最强、系统化程度最完整的医学体系；东汉时期李时珍所著的《本草纲目》，被称为中国古代的百科全书，90多万字，书中记载了11 096个医方；理工领域的《考工记》，记录了乐器、染色、建筑等30项手工业生产的设计规范、制作工艺等技术；《梦溪笔谈》由宋代的沈括编著，这是一部综合性的科学论著，如天文历法、小孔成像光学原理、化石现象和声学等都有记载，该著作被称为中国科学史上的里程碑；明代宋应星所著的《天工开物》，共18卷，图文并茂，是百科全书式的科技文献，张小泉剪刀就是根据该书记载的技术研制而成的；还有数学领域的《九章算术》，是中国古代数学的经典著作，它不是出于一人之手，而是经历了漫长的过程，由多人先后修改、补充，最后于东汉末年形成的，其内容丰富，分9章，记载了代数、几何问题共246个例题。

科技论文的写作与发表还是发现人才的一个重要渠道，也是考核人才业务成绩的重要依据之一。创新能力是一个人综合素质的体现，它需要通过一定的外在形式表现出来。发表论文是科学研究创造能力的指标之一。对大学生来说，论文的写作是培养与体现创新能力的重要途径和方法。以前有资料说，诺贝尔奖金的获得者大多从很早就开始发表科学论文。以美国的诺贝尔奖金的获得者为例，他们在20多岁时就平均发表科学论文13.1篇，大大超过一般科学家一生平均只发表3~5篇的数量，即使是得到博士学位并且很有成就的科学家，在这个年龄发表论文的数量也大约只是那些未来获奖者的一半。正因为如此，国内外许多大学将发表论文的数量和质量（杂志的级别、影响因子与引用等）作为一项重要的业务考核与职称晋升评价的指标之一。

2. 科技论文的特点和要求

概括起来，科技论文写作的特点和要求主要有以下几点：

（1）创新性或独创性。学术论文非常重要的一点是记录作者最新的创造、发明及其新的见解、观点或思路，这就是论文的创新性。创新性是指过去没有或与旧的不同的成果、心得、方法、理论等。这是科学研究最强调和突出的一种思想和精神，当然这些都必须在科技论文中体现出来。我国地质学家、中科院院士张文佑将自己发明与发现的体会总结为16个字：敏于观察，勤于思考，善于综合，勇于创新。自然科学讲发明和发现，社会科学和人文科学讲新的见解和新的思路。发表的科技论文必须有新观点、新见解、新结果、新结论等，突出一个“新”字。论文的水平体现在创新的程度上。当然，应用已有理论进行推广应用，丰富了理论，促进了生产，也是具有新意的。

（2）学术性或理论性。论文的理论学术水平按照其深度和广度，可分为三个层次：①国际先进水平。在国际前沿研究领域的某个方面有所突破和创见，或对原来的学科理论有重要的补充与发展，或在交叉学科中开辟了新领域，提出了新理论、新学说、新思想，填补空白，对发展科学有普遍促进意义。②国内先进水平。在国内的研究领域中处于领先地位，论文具有新方法、新模型、新观点等创新点，在学术上有比较高的价值，对实践有很好的指导意义并具有潜在的应用价值。③一般先进水平。在原科学技术研究的基础上，对一般性科学技术问题进行研究，并提出了一些新观点，补充了新内容，发现了新的论证或试验方法，解决了没有解决的问题。研究成果在一定程度上促进了学科的发展和技术的进步。

（3）科学性和准确性。科技论文描述与论证的对象是科学研究的过程和成果，因此这种描述与论证必须具有科学性，即能准确地反映和概括自然与思维的客观规律，或能直接应用有关知识体系和基本原理，剖析客观事物的前因后果、现状历史，从而提出自己的观点，以解释理论或指导实践。科学性具体包括：论点正确、论据充分、论证严密、推理符合逻辑、结果可靠、数据处理合理、计算精确、实验结果重现性好、结论客观等。准确性是指对自己的研究成果评价要确切、恰当，对他人的成果评价要实事求是、客观公正。

（4）规范性和可读性。论文是用于交流、传播和存储的科技信息，因此在文字表达上要准确、简明、通顺，在内容组织安排上应条理清楚、层次分明、结构严谨、具有可读性。另外，论文中所使用的术语、数字、符号、计量单位、量纲等特殊文字以及图与表的设计、文献的引用都要符合科技论文的规范化表达的要求。所以，论文从起草到正式发表往往要几经修改。

5.3　科技论文的构成

各类论文尽管内容不同、作者风格不同，但格式和规范要求是统一的。一般情况下，科技论文的组成和编排格式为：题名、署名、摘要、关键词、中图分类号、引言、正文、结论、致谢、参考文献及附录。国家标准《GB/T 7713—1987 科学技术报告、学位论文和学术论文的编写格式》对科学技术报告与学位论文和学术论文的定义、编写要求、编写格式，以及这种格式所包含的四大组成部分及其内容都作了比较明确的规定。标准中关于科技论文的结构形式如图 5-1 所示。论文的结构主要分为前置部分、主体部分、附录部分和结尾部分。科技论文有许多类型，不同学科的论文在表达方式和要求上也有很大的区别。所以，在实际写作时，有的项目可能会省略。特别是在期刊上发表的学术论文和为申请学位的研究生学位论文，在内容、形式和要求上都有很大的不同。

在这里需要补充的是，在前置部分中往往还要增加中图分类号和文献标识码。

中图分类号：为了便于检索和编制索引，公开发表的学术论文都应该标出中图分类号。中图分类号的选用应以 2010 年北京图书馆出版社出版的《中国图书馆分类法》（第 5 版）为参照，从中查找自己的论文所对应的分类号，然后标注在关键词之下。当然，许多作者并没有标注出自己文章的中图分类号，多是由杂志编辑完成的。

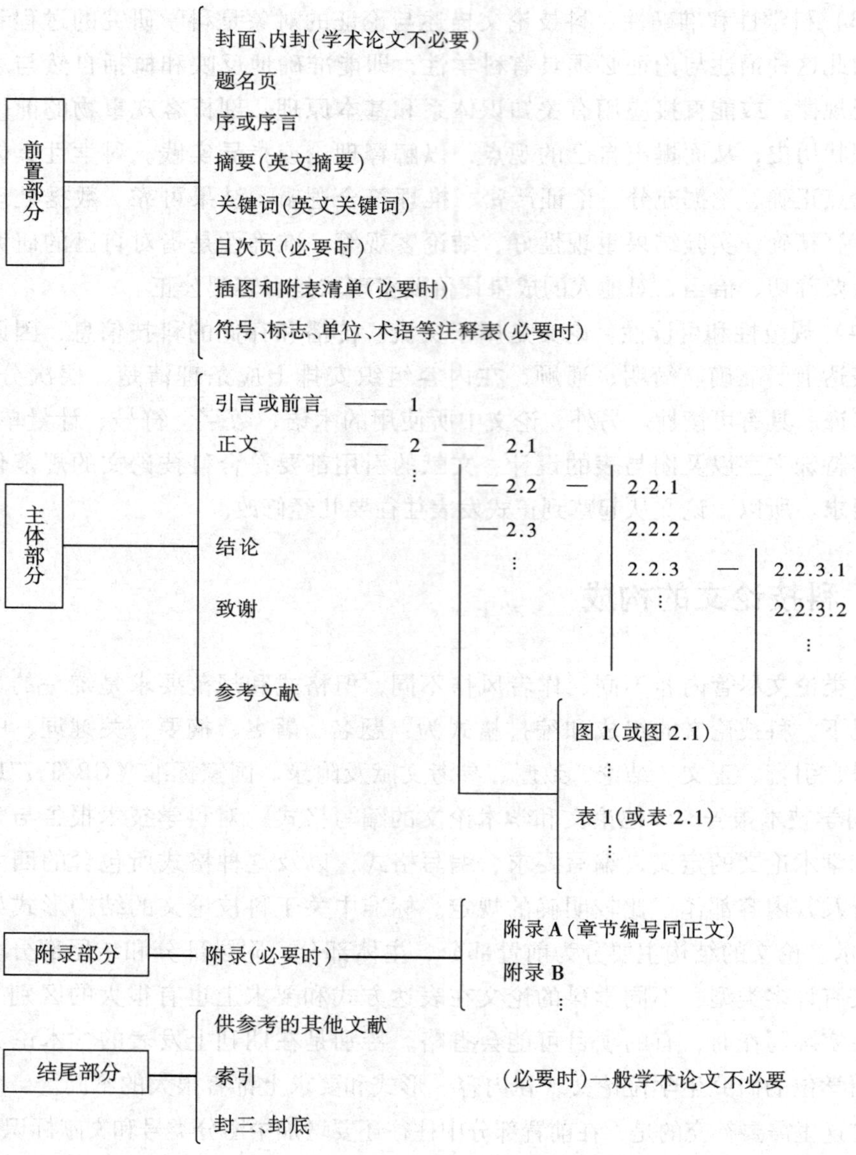

图 5-1　科技论文、报告的结构形式

文献标识码：文献标识码是用于表明论文所属性质的。每一篇学术论文的内容都有其相应的文献价值，按照其价值意义的差别可归属不同性质的文献类型，不同的文献类型用不同的英文字母来表示，这就形成了文献标识码。《中国学术期刊（光盘版）检索与评价数据规范》规定了以下五种文献标识码：

A——理论与应用研究学术论文（包括综合报告）。

B——理论学习与社会实践总结（社科），实用性技术成果报告（科技）。

C——业务指导与技术管理性文章（包括领导讲话、特约评论等）。

D——动态性信息（包括通信、报道、会议活动、专访等）。

E——文件、资料（包括历史资料、统计资料、机构、人物、书刊、知识介绍等）。

可以根据自己论文的内容，选择对应的文献标识码，写在中图分类号之后。

第6章 科技论文的写作

科技论文写作是科学研究创新过程中的重要环节，在现代信息时代尤其重要，并且也已经成为科技工作者人才素质的重要体现。科学技术研究者撰写学术论文或研究总结报告，是研究者创新能力的重要体现环节，对于研究生等初学者来说，更是培养自己创新思维所不可忽视的阶段。科技论文的内容是丰富多彩的，但论文的写作却要求非常严格和规范。所以，每个科技工作者都应该熟悉和了解科技论文的写作规范，并且不断地实践写作，提高自己的写作能力，培养和提高自己的科学思维能力和研究创新能力。

6.1 科技论文的前置部分

科技论文的前置部分，主要包括论文题名、摘要和关键词。这三个部分给出了科技论文的最核心的信息，方便读者以最快的速度了解论文的主要内容。接下来，将讲解这三部分的写作要求和写作方法。值得注意的是，目前多数中文期刊要求科技论文包括翻译成英文的题名、摘要和关键词。关于这部分内容，将在第8章中进行讲解。

6.1.1 题名

题名又称为文题、题目和标题，是以最恰当、最简明的词语反映论文中最重要的特定内容的逻辑组合。题名的确定应能明确表达论文所述内容的范围和主题。

1. 题名的一般要求

（1）准确得体。题名要准确地表达文章的中心内容，恰如其分地反映研究成果的范围和深度，忌用笼统的泛指性强和华而不实的词语。题名常见的问题有：

1）题名反映的面太大，而内容的面却很狭窄，即“帽子太大”。例如：

“新能源的利用研究”→“沼气的利用研究”。

2）题名一般化，不能反映文章的特点，即不契合主题。例如：

“论机械化在我国农业现代化建设中的作用”→“机械化在我国农业现代化建设中作用的定量分析”。该文章的内容是通过建立数学模型和一系列定量计算式得到有关的结论。改变题目后使内容和题名相契合，文章内容的特点在题名上得到点明。

3）不注意分寸，过分夸大或拔高。如研究内容的深度不大，却冠以“机理”“规律”之类的词语。题名要恰当，要留有余地。

（2）简短精练。题目简明，能使读者印象鲜明，便于记忆和引用。标准规定，题名“一般不宜超过20个字”。题名中尽可能地删除多余的字、词，避免同时使用同义词或近义词。例如：

“关于钢水中所含化学成分的快速分析方法的研究”→“钢水化学成分的快速分析方法”。

“含Bi硅基孕育剂对铸态铁素体球铁的孕育作用及Bi对石墨形态影响的试验研究”→“含Bi硅基孕育剂对铸态铁素体球铁的孕育作用”。

“叶轮式增氧机叶轮受力分析研究探讨”→“叶轮式增氧机叶轮受力分析”。

（3）便于检索。题名中一定要有反映文章内容的关键词，越多越好，有时还应注意点明论文的学科范围。例如，“傅里叶变换的应用”。这里应该点明在什么领域或什么方面的应用。

（4）容易认读。题名中应该避免使用非共知和共用的缩略词、缩小词、字符和代号等。

（5）有些情况下可以用副标题。题名语意未尽，可用副标题来补充说明文章的特定内容；或者一个研究工作用几篇文章来报道，在内容上是连续的、密切相关的，也可以加副标题。

2. 题名的文字要求

（1）结构应合理。习惯上不用动宾结构，常用名词（词组）为中心的偏正结构的词组。例如，“研究一种制取苯乙醛的新方法”改为“一种制取苯乙醛的新方法”。若中心动词带状语，则仍可用动宾结构。例如，“用机械共振法测定引力常数G”“（试）论……”“（浅）谈……”等形式也属于动宾结构。注意选用定语词组的类型。例如，“研究模糊关系数据库的几个基本理论问题”。原来的中心语为“几个基本理论问题”，但前面是动宾结构词组，容易使人误认为是

“研究”“几个基本理论问题”，应改为“模糊关系数据库研究中的几个基本理论问题”。

（2）选词应准确。题名中的每一个字词都应该仔细推敲，特别是专业术语要符合标准或规范。

（3）详略应得当。要避免“的”的多用或漏用。语法规则要求，偏正词组、动宾词组等作定语时，中心语之前要用“的”。修辞规则又要求多项定语中的“的”字不宜多用，不用“的”就不通顺，且容易误解的时候，应当用“的”，不能省。例如：

“专家系统结构的分析”，这里不用“的”则更简练、通顺。

“高层建筑变水量供水电气控制系统”，这样的题名使人不易理解，难以读懂。这时应该增加一个“的”字，改为“高层建筑变水量供水的电气控制系统”。

“荧光光度法测定微量汞”，其中不该省的词被省掉了，改为“用荧光光度法测定微量汞”。

“车辆维修器材计算机信息处理系统”→“车辆维修器材的计算机信息处理系统”。

（4）语序应正确。例如，“计算机辅助机床几何精度测试”。其本意是要表达机床几何精度的辅助测试，但是因为语序不合理，使人不易理解，所以应改为“机床几何精度的计算机辅助测试”。

另外，文章都有作者的署名。署名的意义是：拥有著作权的声明；文责自负的承诺；便于读者联系。署名的位置是在题名的下方，单独成行。一般情况下，署名内容除了作者的姓名外，还应写上作者的工作单位、地址及邮编。单位需写全称，不能用简称。往往在篇首的页脚中注明第一作者的名字以及作者的年龄、技术职务、联系方式等信息。

6.1.2 摘要和关键词

1. 摘要的作用

摘要是论文内容不加注释和评论的简短评述。摘要的主要作用有：使读者尽快地了解论文的主要内容，以补充题名的不足。读者看了摘要，就可以基本确定是否要通读该论文。摘要为科技人员和计算机检索提供了方便。世界上各大文摘杂志、检索机构一般都直接利用摘要。

2. 摘要的分类

摘要主要分为报道性摘要、指示性摘要和报道—指示性摘要等类型。

（1）报道性摘要。报道性摘要常用于创新内容比较多的论文，报道论文的主要研究成果，向读者提供论文中创新的内容和尽可能多的信息。它主要为试验研究和专题研究类文章所采用，一般要求篇幅在200～300个字为宜。其内容主要包括三大部分，即研究内容总体介绍、主要实验方法和结果、主要实验结果及结论。

【例6.1】 ZnO对Ba(Ti，Zr）O_3基电容器陶瓷性能和结构的影响

摘要 研究了ZnO加入量对Ba(Ti，Zr）O_3（BTZ）基电容器陶瓷性能的影响，得到了ZnO影响其性能的规律，即随着ZnO加入量的增加，材料的介电常数开始增大随后减少，而介质损耗开始减小随后增大，当w（ZnO）＝0.5%时材料的介电常数达最大而介质损耗最小。得到了介电常数为16 530、介质损耗为50×10^{-4}、耐压达8MV/m以上综合性能好的电容器陶瓷。利用SEM研究了ZnO对BTZ基电容器陶瓷微观结构的影响，探讨了ZnO加入量对BTZ基电容器陶瓷性能和结构的影响机制。结果表明：ZnO是通过细晶化、降低烧结温度、移峰作用、形成ZnO·Ba（Ti，Zr）O_3基复合材料、提高致密度等来影响瓷料性能和结构的。这些结果为ZnO掺杂改性电容器陶瓷提供了一定的依据。

（黄新友等．江苏大学学报（自然科学版)，2002，23（3).）

【例6.2】 BiSrCaCuO高温超导纤维

摘要 采用激光加热小基座法成功地制备出……它性能稳定，工艺重复性高。纤维最大长度达60mm，直径范围为35～500μm。超导纤维的起始转变温度为118K，零电阻温度为87K……纤维的超导电性与其生长条件及后处理过程密切相关。(注：为节约篇幅，省略了部分内容)

（霍玉晶，等．清华大学学报（自然科学版)，1999，30（4)：10.）

【例6.3】 Al-K_2ZrF_6反应体系生成Al_3Zr_p/Al复合材料的界面结构

摘要 借助于透射电镜（TEM）研究了Al-K_2ZrF_6体系熔体反应生成Al_3Zr_p/Al复合材料中Al_3Zr颗粒晶体形貌及Al_3Zr/Al界面结构。结果表明：原位生成的Al_3Zr颗粒以多面体和长方体为主，颗粒晶体表面存在生长小面（Facer)，其晶体为四方结构，密排面为（$1\bar{1}\bar{4}$)；Al_3Zr/Al界面光滑、洁净，无界面反应物。电子衍射图及界面原子排列分析表明，Al_3Zr颗粒与Al在界面处存在位向关系：$[\bar{2}\bar{2}1]_{Al_3Zr}$//$[100]_{Al}$，$(012)_{Al_3Zr}$//$(1\bar{1}0)_{Al}$，其点阵错配度仅为10.87%。此外，熔体反应法制备的Al_3Zr_p/Al复合材料不仅凝固组织均匀，而且具有良好的力学性能。

关键词 界面结构 熔体反应 铝基复合材料 Al_3Zr

中图分类号　TB 331　文献标识码　A

（赵玉涛，等．中国有色金属学报，2002，12（6）：1184.）

（2）指示性摘要。指示性摘要一般用于创新内容比较少的论文，主要是专题论述、综述性类型的论文。其特点是概述性、简介性，只简单地介绍论文的论题或表达研究的目的，使读者对内容有一个概括的了解，一般要求篇幅在50~100个字为宜。

【例6.4】　纳米金刚石薄膜的制备特点及特性

摘要　纳米金刚石薄膜具有金刚石薄膜和纳米材料的双重优异特性，而在制备工艺上又与金刚石薄膜有所不同。通过与金刚石作比较，综述了纳米金刚石薄膜的制备特点、表征方法，并列举了其在场发射、耐磨减摩等领域的应用和独特性能。

（方静华，等．材料导报，2003，17（10）：44.）

【例6.5】　低温奥氏体钢中合金元素的综合作用

摘要　在系统研究结果的基础上，分析总结了低温奥氏体钢中合金元素的综合作用。合金元素主要通过对奥氏体层错能和屈服强度的作用而影响了α、ε马氏体相变及临界点Ms、Mεs，也决定了奥氏体钢的形变断裂特性。在低温奥氏体钢中，强度和相变临界点之间并不存在线性关系。

（戴起勋，等．材料导报，2002，16（4）.）

（3）报道—指示性摘要。这种摘要用于创新内容比较少的文章。它以报道性摘要的形式表述论文中价值最大部分的内容，其余部分则以指示性形式表示，一般要求篇幅在100~200个字为宜。

【例6.6】　奥氏体铬锰氮不锈钢在气蚀过程中的组织变化

摘要　用X射线衍射（XRD）分析及透射电镜（TEM）方法研究了一种含亚稳奥氏体的铬锰氮不锈钢在气蚀过程中的组织变化特性。结果表明：ZG0Cr13Mn8N钢气蚀前主要由α′马氏体、亚稳奥氏体和少量ε马氏体组成；气蚀使表面位错密度显著增加以及平直和平面位错数量增多，同时诱发$\gamma \to \varepsilon$、$\varepsilon \to \alpha'$及$\gamma \to \alpha'$转变；气蚀过程中应变诱发出的ε和α′马氏体更趋于在高位错密度区域形成。

（傅万堂，等．钢铁，1999，34（10）.）

【例6.7】　空蚀过程中的热效应

摘要　在Cr-Mn-N奥氏体钢空蚀损伤的样品表面出现了高温η-Ni_3Ti相和尺寸约为30nm的纳米晶。前者是空蚀过程中的热效应所致，后者则是机械和热效应共同作用的结果。推测在Cr-Mn-N奥氏体钢空蚀试验时可能出现1 100K左右的瞬时高温，发展抗空蚀材料除了应考虑常温组织和性能外，还应考虑材料的高温组织、性能和冷热疲劳性能。

关键词　空蚀　热效应　纳米晶　高温相

分类号　O522，TB383　文章编号　1005-3093（2001）03-0287-04

（王者昌，等，材料研究学报，2001，15（3).）

【例6.8】　柴油机燃用棉籽油的试验研究

摘要　介绍不经任何改装的S195型柴油机燃用棉籽油与混合油或纯棉籽油的试验研究情况。结果表明，使用燃用棉籽混合油或纯棉籽油时，发动机性能良好……可以达到原机功率，而且烟度有所下降。还分析了S195型柴油机在试验工况下的燃烧特性和放热规律。

摘要的形式如何、写得是否到位，往往对文献检索、文摘工作有一定的影响。若摘要写得不好，不能真实反映论文的内容和成果水平，可能会失去检索的意义和读者，失去研究成果被引用、应用和推广的机会。摘要的形式和字数的多少主要是根据论文内容的丰富程度、论文价值的大小、刊物的类型和摘要中有价值信息的多少来决定的。摘要既要简练，又要尽可能地包含更多的科技创新信息。

3. 摘要的内容

摘要的内容主要阐述与论文等量的主要信息，一般包括研究工作的目的、方法、结果和结论，重点是结果和结论。

【例6.9】　珠光体耐热钢高温时效后基体力学性能的变化

摘要　用LQraon-Miller（p）参数综合考察了珠光体耐热钢12Cr1MoV高温时效后力学性能的变化。研究表明：随着该参数值的增大，基体硬度下降30%，而且α相晶粒内部存在从晶粒中心至晶界附近的硬度梯度，这一硬度梯度是与晶内合金元素的成分梯度相一致的。分析研究认为，高温长时间时效后，12Cr1MoV钢性能的弱化是钢材料各个结构层次演化（退化）的综合效果。

关键词：耐热钢　珠光体　时效　基体　力学性能

中图分类号：TG142.7　文献标识码：A　文章编号：1001-0963（2002）06-0040-05

（杨瑞成，等．钢铁研究学报，2002，14（6）.）

【例6.10】　谷物和种子的热特性研究

摘要　研究了小麦、玉米等8种谷粒种子的热特性，研制了热特性测定装置（目的）。用混合法测定比热容，用……（方法）。研究结果表明，各谷粒种子的比热容与含水量呈线性关系……热导率随密度增大而略有下降。

(周祖锷，等．北京农业工程大学学报，1998，03：31.)

该摘要共134字，就把研究论文的目的、方法、结果都表达了。当然，对于具体的摘要如何写，因人而异，不必千篇一律、过于死板。

4. 摘要的写作要求

在文字写作上，摘要有一定的要求。

（1）一般用第三人称，不用其他人称。摘要中不能出现“我们”“我”等做主语的句子，因为这会减弱摘要表述内容的客观性。不少摘要中以“本文”做句子的主语，这在人称上是可以的，但有时在逻辑上是不通的。“本文进行研究……”“本文认为……”等写法讲不通，“本文介绍了……”“本文报道了……”等语句虽没有大错，但也应该删去“本文”两字。

（2）简短精练，明确具体。摘要的字数虽然仅有50~300个字，但是要写出论文的精华，表达要清晰明了，还要有比较多的定性或定量信息。

（3）格式要规范。尽可能使用规范的术语和符号；切忌罗列段落标题来拼凑摘要；一般不出现图、表及参考文献序号，不分段，不用或少用公式、化学表达式。

（4）语言通顺，结构严谨，标点符号要准确。

5. 关键词

关键词是为了满足文献检索工作的需要而从论文中选出来的词或词组。这些词或词组可以比较确切地反映论文的主体内容及信息。

关键词分为主题词和自由词两部分。主题词是专门为文献检索所加以规范化的词或词组，可以在有关资料上查到；自由词是未规范化的词或词组。

每篇论文应专门列出3~8个关键词。精选的关键词要能反映论文的主题内容。主题词尽可能多用一些，可从综合性主题词和专业性主题词表中选取。中文关键词确定后，还要写出相应的英文关键词。

6.2 科技论文的主体部分

6.2.1 引言

1. 引言的概念和内容

引言又称为前言或绪论，是论文不可缺少的部分。其目的是向读者交代本研究的来龙去脉，引入正题，以期引起读者的注意，使读者首先大概了解论文的研究背景和对论文有一个总的认识。根据引言的目的和在论文中的作用，引言的内容大体上有以下几个方面：

（1）研究的理由、目的和背景等。具体包括研究的对象及基本特征，前人的工作，问题的提出，存在哪些不足，希望解决什么问题，该研究有什么作用和意义等。

（2）理论依据、实验基础和研究方法思路等。引用介绍他人或自己的工作、已有的理论或他人观点，需提及或注明文献，引出新概念则需要说明。

（3）预期的结果。可以附带说明这些结果的作用、意义等。

2. 引言的写作要求

引言最基本的写作要求是“提纲挈领”。

（1）言简意赅，突出重点。由于引言包括的内容比较多，但是篇幅有限，所以要重点写好研究的理由、目的、方法和预期的结果，意思要明确，语言要简练。

（2）开门见山，不绕圈子，不宜铺垫太多，不宜离主题太远。

（3）尊重科学，不落俗套。意思表达上既不要太谦虚，也不要太夸张，如“经费有限”“时间仓促”“错误在所难免”等词语都不必写。

（4）如实评述。防止吹嘘自己和贬低他人，如指出前人研究工作中存在的不足时，一定要有根据，实事求是，分析得当，用语准确，恰如其分。

一般来说，尽管各种论文的内容差别很大，但引言的写作内容是大致相似的。以上提及的内容可以全部写，也可以只涉及部分。篇幅或字数也比较灵活，可长可短，少则几十个字，多则几百个字。明确、简练、层次清楚是其写作的基本要求。

6.2.2 正文

正文是论文的核心部分。论文的论点、论据和论证都在正文中阐述。

1. 论文的立意和谋篇

论文的立意和谋篇就是对论文写作和表达的构思。立意就是确定论文的主题思想；谋篇就是根据论文的主题思想，安排好正文的结构、材料等内容。谋篇布局就是将文章谋划的思维结果转化为具体的、有层次的、符合论文逻辑规律结构的过程。这是一个动态完善的思维过程。它渗透于整个写作过程，即从文章构架、段落安排、图表的设计、证据材料的选择等方面内容的考虑到最后完稿的整个过程。谋篇布局的主要作用是：正确反映客观事物的发展规律及其内在联系，使文章的构架更加科学、符合逻辑，在论文内容叙述上更具有条理性、严谨性、层次性，更能反映论文的主题。

对主题的要求主要是新颖、深刻和集中。主题要新颖，即要认真地分析试验结果和数据，得到新的见解和观点。没有“新”意，论文也就没有什么发表的价值。主题应深刻，要透过现象，抓住事物的本质，将实践上升为理论，从试验结果和数据中归纳出客观规律，体现文章的学术水平和价值。有些论文所做的工作虽然很好，但是在研究分析试验结果和论文构思写作时没有发掘出事物的本质和规律，则是比较遗憾的。主题应集中，是指论文主题应集中突出，一般来说，一篇论文一个中心。如果所做的研究工作内容很丰富，有许多不同主题的新东西可写，那么可以分成几篇论文来表达所有的研究成果。

编写写作提纲是论文谋篇布局的具体实施和体现。写作提纲是论文的基本结构框架，编写写作提纲的过程是一个动态的过程。也就是说，初步完成的写作提纲在写作过程中由于思维的深入而可能被修改和补充，以达到更趋完善的地步。

2. 正文的内容

不同学科和不同内容的论文在形式表达与写作安排上是难以完全相同的，自然科学和人文社会科学的论文差别则更大。对于自然科学类的论文，正文的内容主要包括以下几个方面：

（1）理论分析。理论分析又称基本原理，要点是假设、前提条件、分析对象、适用的理论原理、分析的方法、计算或推导过程等，常用于理论研究、计算设计为主的论文。

（2）试验材料和方法。对于工程类试验研究性论文，这是必要的内容。其要点是：试验对象，试验材料名称、成分，试验材料的来源、数量、性质，试样的选取方式、处理方法，实验用的仪器设备（包括仪器设备的名称、型号等），试验及测量的方法和过程，出现的问题，采取的措施等，有关其他试验研究过程中所用的辅助材料等。叙述必须具体、真实，必要时可用示意图、方框图、流程图或照片等配合表达。

（3）试验结果与分析。这部分内容是论文的核心，体现论文的水平和价值所在。其要点是：整理试验结果或数据；可能的话，以数学方式、误差分析说明结果的可靠性、重现性、普遍性；进行试验结果和理论计算结果的比较；说明适用对象或范围，检验理论分析的正确性等。

整理数据时不可随意地舍去或选择数据。分析讨论时，既要肯定试验结果的可信度，又要进行误差分析，说明或分析存在的问题与不足。本着精练的原则，删除或压缩那些大家都知道的一般性原理的叙述，省略那些不必要的中间过程或步骤。

对试验结果进行分析讨论，其目的是阐明研究结果的意义，并发表作者自己的见解和观点，点明论文的主题，突出新发现、新发明、新成果，同时也可指出以后进一步研究的方向和工作。

同样，正文的写作要求也是一样的，基本原则是明晰、准确、完备和简练。具体来说，还要求：观点和材料的统一；文中的图、表的表达要完整；行文要准确、严谨，语言应流畅，标点符号要准确；结构层次安排应得当，有条理，层次递进；对有商业价值的内容不泄密，对需要保密的地方应作技术处理。

3. 标题的确定

论文中的标题具有承上启下的作用，一级为一级服务，彼此密切相关。确定标题的原则是：凡能形成独立的一个观点或一部分内容的都可立小节和相应的标题；凡具有完整意义的事实都可以形成论点。在论文中要合理地分节和确定标题，一般原则是：

（1）在叙述不同的论点或内容时，应该设立分标题。

（2）节（章）的标题要与文章的总标题紧密联系起来，各节的标题尽可能格调一致，并能表达节（章）所表达的内容。

（3）段的标题要与节的标题相联系，同样，款的标题也要与段的标题相关联。

（4）章、节、段、款在构思时要注意层次性、相关性和递进性。

4. 结构层次的安排

层次是论文在叙述时形成的意义上相对独立完整、结构上相互联系的部分，要根据事物的内部特征和作者对客观事物的认识来确定。通常，层次的安排可以有以下几种顺序：

（1）时空顺序。按写作对象发生的时间先后或者在空间中的位置为序排列。

（2）推理顺序。按照逻辑推理、分析问题或理论推导步骤为序排列。

（3）并列顺序。根据写作对象的类别，分别列举叙述。

（4）总分顺序。按写作对象的总体和分解的几个问题逐一排列叙述。

文章总是有段落的。段落是文章构成的基本单位。明显的外部标志是换行。层次和段落是相互联系的。层次靠结构的内在逻辑及意义表示彼此的区别，段落借助于外部形式来表达。简单的层次可以是一个自然段落，复杂的层次则要由几个自然段来表达。段落的安排要注意以下几点：

（1）完整性。一个意思要在一段中讲完。

（2）单义性。一个段落只讲一个意思。

（3）逻辑性。段落之间的衔接顺序要符合逻辑顺序、因果顺序、总分或并列顺序。

（4）匀称性。文章中的段落长短要适度，不要一篇文章一段到底。通常，一个段落所占行数的宽度以不超过版心宽度为宜。

过渡是文章行文中不间断的联系。它使论文层次清晰、自然衔接，形成一个有机整体。不论什么结构形式的文章，当从一个层次转向下一个层次内容，或从一部分转向另一部分，或从一个段落转向另一个段落时，一般都需要在更迭处设置“过渡”。过渡的方法主要有：以段落过渡、以一句话过渡、以小标题过渡、以关联词过渡等。

6.2.3 结论与致谢

结论是在前面论述的基础上得出的创造性、指导性或经验性的结果描述，集中反映了论文在理论或技术方面的科学价值。结论是和引言相呼应的。同摘要一样，其作用是便于读者阅读和为二次文献作者提供方便与依据。

就结论的内容来说，结论是全文得出的总的观点，是研究成果的要点。其主要内容一般包括：说明了什么问题，得出了什么结论，结论的使用范围，对科学技术的贡献，对前景的展望，遗留问题和建议等。

在格式上，可以分点叙述，也可以用一小段话来叙述，根据论文的具体内容来选择。有的综述论文在结论中也可以写上一些建议。

结论的写作要求与摘要相似：概括准确，措词严谨；明确具体，简短精练。应避免将论文中的标题简单重复。一般不作自我评价，如“具有国际先进水平”“国内首创”“填补空白”等词语不宜使用。

致谢是论文作者根据实际情况，对给予自己帮助、指点并因此受到启发的人表示感谢，也要对提供资助的机构和基金表示感谢。在完成论文的过程中，需要他人的帮助、合作或指导，所以在论文发表时，可以以“致谢”的形式来表达对他们的感谢。一般情况下，致谢的对象包括：参加本试验研究工作（不是主要人员）的人；参加讨论或提出指导、建设性意见的人；承担试验工作的人；提供材料、仪器设备及给予其他方便的人；资助研究工作的组织、单位或个人；对论文写作进行指导和提供帮助的人。

在格式上，可列出标题并冠以序号，如在“5 结论”后用“6 致谢”表示；也可以不列标题，空一行，置于结论段之后。

对被感谢者不要直书其姓名，应冠以敬称，如“×××教授”“×××老师”“×××师傅”等。

6.2.4 参考文献

按照规定，在科技论文中，凡是引用他人（包括作者自己）已经发表的文献中的观点、数据、材料和研究结果等内容的，都要对它们在文中出现的地方给予注明，并且在文末列出参考文献。这项工作称为参考文献著录。

6.2.4.1 参考文献著录的目的与作用

（1）参考文献著录是论文科学性的重要体现，它可以反映论文具有真实广泛的科学依据，也能反映论文的起点和深度。根据引用的文献质量可以判断文章的质量，便于编辑、审稿人和读者评价论著水平。

（2）参考文献著录工作体现了作者的科学道德和科学态度。著录参考文献是一项非常严肃而科学的工作，反映了作者的职业道德以及实事求是的秉性。列出参考文献是对他人所做工作的尊重，免除抄袭、剽窃他人成果的嫌疑。否则，严重的涉及是否犯法的问题，轻则也是一个职业道德的问题。任何科学技术都有继承和发展两个方面。作者写作论文时继承和评价他人的成果，就必须通过参考文献向读者和成果所有者交代清楚；作者自己的成果是否得到公认和推广，也需要通过参考文献向读者交代。

（3）论文的相互引证揭示了科学研究背后的联系与发展，显示了学科专业上的相关性，如理论与方法、借鉴与利用、技术与手段和实验或方法等，便于读者查找某些论证和数据的出处，进一步研究或论证，或证实正文中的论断或证据的确凿性，也有利于文献计量统计学的研究。

（4）参考和引用可以节省论文的篇幅。例如，引用他人的实验技术、方法、结论和观点等，只要说明并且注明出处，就没有必要再进行详细的叙述。

6.2.4.2 参考文献著录的原则与要求

1. 参考文献著录的基本原则

（1）只著录最必要的文献。这些文献是作者详细阅读，并且在论文中直接引用了其中有关内容的。

（2）原则上，只著录已经公开发表的文献。一般情况下，未公开发表的文献不宜著录。在特殊情况下，也可引用未正式出版的会议论文、报告、学位论文等文献。

（3）要采用规范化的参考文献著录格式。

（4）所列参考文献的主要项目，必须有利于读者查找文献，所以参考文献必须按照要求书写齐全且准确。

2. 参考文献引用的要求

（1）不能引而不用。要著录能给读者提供真正参考作用的文献资料，不能只是为了点缀、装饰而随便罗列一些与正文内容没有什么关系的文献，即不能做伪引。

（2）不能用而不引。凡是直接引用文献中的观点、数据、成果等内容，必须在文中标注，并在文后参考文献中予以著录。

（3）不能断章取义引用。引文应以原始文献和第一手资料为原则，尽量避免转引文献。如果确需转引，应在文中说明，在参考文献中注明原始文献和转引文献。

（4）引用最优文献。当某个专题有较多的文献时，应选择引用比较权威、最具代表性、最新的文献。

（5）不能过度引用。引用内容过多，即过度引用，也是在引用时应注意避免的。

6.2.4.3 参考文献著录的方法

在国家标准《GB/T 7713—1987 科学技术报告、学位论文和学术论文的编写格式》中规定采用“顺序编码制”和“著者—出版年制”两种。其中，“顺序编码制”更有利于人们的参考、检索和查阅，因此为我国学术期刊所普遍采用。下面主要介绍“顺序编码制”的方法和要求。

1. 文内标注格式

对引用的文献，按它们在论文中出现的先后顺序用阿拉伯数字连续编码，根据不同出版刊物的格式要求进行标注。一般都置于方括号内，并根据具体情况作为上角标或作为语句的组成部分。同一处引用多篇文献时，只需将各篇文献的序号在方括号内全部列出，各序号间用“,”隔开。如遇连续序号，可标注起讫序号。

示例：

“……对此国内外学者进行了许多研究[4-8]……”

“……肖纪美等[6]指出 ……”

"……研究已涉及纳米 Al_2O_3[7]、SiC[8]、Si_3N_4[9]以及纳米金刚石[10,11]等……"

"……具体推导过程见文献［3］……"

"……用文献［10］提供的数学模型进行计算……"

在多次引用同一著者的同一文献时，在正文中标注首次引用的文献序号，并在序号的"［ ］"外著录引文页码。

示例：

主编靠编辑思想指挥全局已是编辑界的共识[1]，然而对编辑思想至今没有一个明确的界定，故不妨提出一个构架……参与讨论。由于"思想"的内涵是"客观存在反映在人的意识中经过思维活动而产生的结果"[2]，所以"编辑思想"的内涵就是编辑实践反映在编辑工作者的意识中，"经过思维活动而产生的结果"……《中国青年》杂志创办人追求的高格调——理性的成熟与热点的凝聚[3]，表明其读者群的文化品位的高层次……"方针"指"引导事业前进的方向和目标"[2]……对编辑方针，1981 年中国科学技术协会副主席裴丽生曾有过科学的论断——"自然科学学术期刊必须坚持以马列主义、毛泽东思想为指导，贯彻为国民经济发展服务，理论与实践相结合，普及与提高相结合，'百花齐放，百家争鸣'的方针。"[4]它完整地回答了为谁服务，如何服务得更好的问题。

……

对上述正文引文的文后参考文献著录如下：

［1］张忠智．科技书刊的总编（主编）的角色要求［C］//中国科学技术期刊编辑学会建会十周年学术研讨会论文汇编．北京：中国科学技术期刊编辑学会学术委员会，1997：33-34.

［2］中国社会科学院语言研究所词典编辑室．现代汉语词典［M］．修订本．北京：商务印书馆，1996.

［3］刘彻东．中国的青年刊物：个性特色为本［J］．中国出版，1998（5）：38-39.

［4］裴丽生．在中国科协学术期刊编辑工作经验交流会上的讲话［C］//中国科协学术期刊编辑工作经验交流会资料选．北京：中国科学技术协会学会工作部，1981：2-10.

……

2. 文后参考文献的编写格式

在文后参考文献中，各文献按论文中出现的序号顺序排列，以便和正文中使用的引用序号一一对应，便于查证。参考文献的项目应完整，内容应准确，各个项目的次序和著录符号应符合规定。要注意的是，著录项之间的符号是著录符号，而不是标点符号。参考文献置于“致谢”之后，如没有“致谢”，则直接置于“结论”之后，“附录”之前。

参考文献示例：

[1] 吕允文，李恒德. 新材料开发与材料设计 [J]. 材料导报，1993 (3)：1-4.

[2] 科技部技术司. 2000 年国家重点基础研究计划 [J]. 材料导报，2000，14 (3)：3-4.

[3] Chen Nianyi，Lu Wencong，Chen Ruiliang，et al. Chemometric Methods Applied to Industrial Optimization and Materials Optimal Design [J]. Chemomentrics and Intelligent Laboratory System，1999，45：329-333.

[4] Dai Qixun，Wang Andong，Cheng Xiaonong. Effect of Me and T on Strength of Austenitic Steels [J]. Mater. Sci. Eng. A，2001，311 (1/2)：205-210.

……

6.2.4.4 参考文献著录的通用格式

1. 连续出版物中的析出文献

连续出版物是一种载有卷期号或年月顺序号、计划无限地连续出版发行的出版物。连续出版物包括以各种载体形式出版的期刊、报纸等。连续出版物中析出文献的著录项目和格式为：

[顺序号] 析出文献主要责任者. 析出文献题名 [文献类型标志]. 连续出版物题名：其他题名信息，年，卷 (期)：页码 [引用日期]. 获取和访问路径.

示例：

[1] 陈国民. 残留碳化物与钢的强韧性 [J]. 金属热处理，1981，28 (11)：1-11.

[2] 莫少强. 数字式中文全文文献格式的设计与研究 [J/OL]. 情报学报，1999，18 (4)：1-6 [2001-07-08]. http：//periodical wanfangdata. com. cn/ periodical /qbxb/qbxb99/ qbxb9904/990407. htm.

[3] 丁文祥. 数字革命与竞争国际化 [N]. 中国青年报，2000-11-20 (15).

2. 专著

专著是以单行本形式或多卷册形式，在限定的期限内出版的非连续性出版物。它包括以各种载体形式出版的普通图书、古籍、标准、学位论文、技术报告、汇编、会议文集、丛书等。对于没有析出文献的专著，其著录格式为：

[顺序号] 主要责任者．题名：其他题名信息 [文献类型标志]．其他责任者．版本项．出版地：出版者，出版年：引文页码 [引用日期]．获取和访问路径．

示例：

[1] 冯端，师昌绪，刘治国．材料科学导论 [M]．北京：化学工业出版社，2002：105.

[2] 赵耀东．新时代的工业工程师 [M/OL]．台北：天下文化出版社，1998 [1998-09-26]．http：//www. ie. nthu. edu. tw/into/ie. newie. htm.

3. 专著中的析出文献

析出文献是从整本文献中析出的具有独立篇名的文献。专著中的会议录、论文集、汇编等性质的图书往往还有析出文献。例如，论文集一般是学术会议中众多论文的汇编。专著中析出文献的著录项目和格式为：

[顺序号] 析出文献主要责任者．析出文献题名 [文献类型标志]．析出文献其他责任者//专著主要责任者．专著题名：其他题名信息．版本项．出版地：出版者，出版年：析出文献的页码 [引用日期]．获取和访问路径．

示例：

[1] 马克思．关于《工资、价格和利润》的报告札记 [M] // 马克思，恩格斯．马克思恩格斯全集：第44卷．北京：人民出版社，1982：505.

[2] 钟文发．非线性规划在可燃毒物配置中的应用 [C] //赵玮．运筹学的理论与应用：中国运筹学会第五届大会论文集．西安：西安电子科技大学出版社，1996：468-471.

[3] MARTIN G. Control of electronic resources in Australia [M] //PATTLE L W, COX B J. Electronic resources：selection and bibliographic control. New York：The Haworth Press，1996：85-96.

4. 未正式出版的学位论文

正式出版的学位论文按专著格式著录。目前大部分学位论文是未出版的，由授予单位保存。对于未正式出版的学位论文，其著录格式为：

[顺序号] 作者．题名 [文献类型标志]．保存地点：保存单位，年份．引文所在的起始或起止页码．

示例：

[1] 李庆中. 高速犁体曲面的优化设计［D］. 北京：北京农业工程大学，1988：27-29.

[2] CALMS R B. Infrared Spectroscopic Studies on Solid Oxygen［D］. Berkeley：Univ. of California，1965.

5. 专利

专利文献已逐步成为一种重要的引文信息资源，有国家专利和国际专利等形式。专利文献的著录格式为：

［顺序号］专利申请者或所有者. 专利题名：专利国别，专利号［文献类型标志］. 公告日期或公开日期［引用日期］. 获取和访问路径.

示例：

[1] 戴起勋. 复合基金刚石圆锯片刀头：中国，01127103. 5［P］. 2003-11-9.

[2] 西安电子科技大学. 光折变自适应光外差探测方法：中国，01128777. 2［P/OL］. 2002-03-06［2002-05-28］. http：//211. 152. 9. 47/sipoasp/zljs/ hy-is-yx-new. asp？recid =01128777. 2 & leixin =0.

6. 技术标准

技术标准一般都是正式出版公布的。在《文后参考文献著录规则》（GB/T 7714—2005）中，技术标准作为专著的一种形式。技术标准也有国家标准、行业标准、国际标准等性质，有单一出版和汇编出版等形式。对于单一出版的技术标准，著录项目和格式为：

［顺序号］起草责任者. 标准代号 标准顺序号—发布年 标准名称［文献类型标志］. 出版地：出版者，出版年.

示例：

[1] 全国文献工作标准化技术委员会第七分委员会. GB/T 5795—1986 中国标准书号［S］. 北京：中国标准出版社，1986.

汇编出版中析出的标准以专著中析出文献的著录格式著录。

示例：

[1] 国家标准局信息分类编码研究所. GB/T 2659—1986 世界各国和地区名称代码［S］//全国文献工作标准化技术委员会. 文献工作国家标准汇编：3. 北京：中国标准出版社，1988：59-92.

7. 电子文献

电子文献是以数字方式将图、文、声、像等信息存储在磁、光、电介质上，通过计算机、网络或相关设备使用的记录有知识内容或艺术内容的文献信息资源，包括图书、连续出版物、数据库、电子公告等。凡是电子图书、电子图书中析出文献以及电子报刊中析出文献的著录项目与格式，分别按专著、专著中析出文献和连续出版物中析出文献的有关规则处理。除此之外的电子文献按下面的规则处理，其著录格式为：

［顺序号］主要责任者．题名：其他题名信息［文献类型标志/文献载体标志］．出版地：出版者，出版年（更新或修改日期）［引用日期］．获取和访问路径．

示例：

［1］PACS-L. the Public-access Computer Systems Forum［EB/OL］. Houston，Tex：University of Houston Libraries，1989［1995-05-17］. http：//info. lib. uh. edu/ pacsl. html.

［2］Online Computer Library Center，Inc. History of OCLC［EB/OL］.［2000-01-08］. http：//www. oclc. org/about/history/default. htm.

6.2.4.5 省略题名的著录格式

虽然 GB/T 7714—2005 对题名的著录格式作了明确规定，但目前国内有一些期刊采用了省略题名格式。例如，催化学报、材料研究学报、分子科学学报、化学进展、无机化学学报、物理学进展、应用化学、应用声学、物理化学学报、光谱学与光谱分析等。

国外期刊也有省略题名的。例如，Analytical Chemistry（分析化学）、Industrial Robot（工业机器人）、International Materials Reviews（国际材料评论）、Journal of Materials Chemistry（材料化学杂志）、Journal of Physical Chemistry（物理化学杂志）、Macromolecules（大分子）、Materials Letters（材料快报）、Polymer Composites（复合聚合物）等。

因为题名是很重要的信息，所以根据 GB/T 7714—2005 的要求，最好不用省略题名的著录方式。

6.2.4.6 著录参考文献应注意的问题

著录参考文献时，还应注意下面的一些问题：

（1）参考文献著录只有一个标准。现行有效的关于参考文献著录的国家标准只有一个，即 GB/T 7714—2005，该标准是最通用的基础性标准之一。

（2）作者。用各种文种书写的姓名，一律姓在前、名在后。作者为 3 人或少于 3 人的，应全部写出，姓名之间用“，”相隔；3 人以上的只列出前面 3 人的姓名，后加上“等”或相应的文字，如英文为“et al.”。

（3）正确著录期刊文献的年、卷、期、页。例如：

年，卷（期）：页	2006，12（2）：15-20
年，卷：页	2005，38：123-129
年（期）：页	2007（6）：90-94
年（合期号）：页	2004（1/2）：40-43

（4）同一出版物中不要混用两种著录体制。

（5）每条文献必备的著录项目应齐全，特别是从期刊中析出的文献，其题名不能省略。

（6）不必著录主要责任者的责任，如主编、编著等。

（7）未正式出版的学位论文，出版项可按"保存地：保存单位，保存年"顺序著录。

（8）出版年无法确定时，可以依次选用版权年（如 c1986）、印刷年（如 1993 印刷）、估计的出版年（如［1938］）著录。

（9）如专著被作为推荐阅读型参考文献引用，"引文页码"这一著录要素可以不著录。

（10）对 GB/T 7714—2005 未作"必须""应当"等规定的著录项目，同一出版物可选定一种，并做到前后一致。例如：

1）每条文献结尾可加"."。

2）文献类型标志，非电子文献任选。

3）电子文献的引用日期，非联机文献可以不著录。

4）西文的著者名、刊名一般采用缩写字母，但也可以采用全名；如果采用缩写字母，其缩写点可以省略，也可以保留。

5）纯电子文献的出版地、出版者、出版年可以省略，但引用日期必须著录。

6）期刊中析出文献的页码一般著录起讫页，也可以只著录起始页。

7）责任者的姓，其字母可以全部大写，也可只首字母大写。GB/T 7714—2005 并未作出全部大写的规定，但有"大写字母的使用要符合文献本身文种的习惯用法"的指示，在外文文献中其实也是两种著录法并存。

8）文献表中每条文献是否顶格排、序号与文献间留多大间隙及回行时如何排印，均未作统一规定。

6.2.4.7 参考文献类型标识

GB/T 7714—2005 中规定的文后参考文献类型及标志代码共 12 种，电子文献 4 种。文献类型标识为：期刊，［J］；图书，［M］；专利，［P］；标准，［S］；

学位论文，[D]；报告，[R]；报纸，[N]；会议文集，[C]；数据库，[DB]；计算机程序，[CP]；电子公告，[EB]；汇编，[G]。电子文献标识为：磁带（Magnetic Tape），[MT]；光盘（CD-ROM），[CD]；磁盘（Disk），[DK]；联机网络（Online），[OL]。

6.2.4.8 文后参考文献表用中英文表示

我国绝大多数期刊用中文表述参考文献，但有些中文刊物采用了中英文表示参考文献的方法。中英文表示参考文献的格式在国家标准 GB/T 7714—2005 中没有作明确规定，因此也没有统一的格式。目前主要有下面几种表示格式：

（1）参考文献用中文表述，紧接着在方括号内表述英文，但也有另起行的，如江苏大学学报（自然科学版）。

示例：

[1] 吴中伟．绿色高性能混凝土与科技创新 [J]．建筑新材料学报，1998，1（1）：1-7.

WU Zhong-wei. Green high performance concrete and innovation [J]. Journal of Building Materials, 1998, 1 (1): 1-7. (in Chinese).

（2）先用英文表述，后在方括号内用中文表述。

示例：

[1] ZHANG Yun-yong, LIU Jin-de. Mobile agent technology [M]. Beijing: Tsinghua University Press, 2003: 19-21 (in Chinese). [张云勇，刘锦德．移动Agent技术 [M]．北京：清华大学出版社，2003].

（3）省略题名的中英文表述格式。

示例：

[1] YIN Guo-dong（殷国栋），CHEN Nan（陈南），LI Pu（李普）. Engineering Science（中国工程科学）[J]. 2005，7（4）：54-58.

6.2.5 附录

附录是论文主体的补充部分，并不是每篇文章所必需的。

为了体现整篇论文材料上的完整性，有些内容写入正文可能有损于行文的条理性、精练性，不利于论文的中心突出，可能会喧宾夺主，但又有必要让读者作比较深入的了解，在这种情况下，可将这些内容写入附录。

附录大致包括如下一些材料：

（1）比正文更详细的理论依据、研究方法等。

（2）由于篇幅过长或取材于复制品而不宜写入正文的有关材料。

（3）某些重要的原始数据、数学推导、计算程序、框图、结构图、计算机打印输出件统计表、注释等。

（4）对一般读者并非有必要阅读，但对专业同行有参考价值的资料。

如果附录不止一个，可以用“附录 A”“附录 B”等来分别表示。附录与正文连续编页码，每一附录应另起一页。

6.3 学术论证的基本原则与方法

学术论证是理论思维体现在学术作品中的具体形式。它是运用科学资料来阐述学术论题、证明学术观点具有科学价值的论证过程，也是科学研究的推理方法和形式。科学技术论述性的论文，其论证的基本方式，包括论证的逻辑方法和结构形式，都是具有规律性的。学术论证要符合精确性原则，就需要在写作论文时具有严密而辩证的理论思维方法，在表达形式上要选择简洁、明了、有力的逻辑推理形式。

6.3.1 学术论证的基本原则

1. 准确把握科学术语的概念

在学术论证中，如果对处于重要地位的科学术语理解不透，随便乱用，则往往会给人以误解，甚至使论证产生逻辑错误。对于新提出的科学概念，更应该作出明确的界定和准确的解释或定义。一篇学术论文的全部论证过程，是由若干个知识环节有机联系的论证系统，每个论证环节又由若干个知识点组合，每个知识点都需要使用一些准确的科学概念，不能忽略和含糊。福楼拜（Gustave Flaubert）有句名言：“我们无论描述什么东西，要说明它，只有一个名词；要赋予它运动，只有一个动词；要区别它的性质，只有一个形容词。”这个观点比较确切地说明了把握精确的科学概念的重要性和学术论证的重要原则。任何文章的写作，都应该严格地推敲用词造句，特别是学术论文，更应如此。因此，论文作者必须对自己要表示的科学内容所涉及的有关术语、概念的内涵和外延理解清楚，从而将论题限制在一个适当的范围内，确定论证的逻辑安排和论述的方向。

2. 保持论证和论点的一致性

首先，作者应该明确自己所要写作的论文的论题，即论文所要阐述的中心思想和观点。论题是论证的目的，是一篇论文的核心或灵魂。在论证过程中，如果连论证的目的都不太明确，那么在材料的组织和运用上肯定是盲目的，论证的效果也不太好，让读者不知所云。学术论文论题的确定，应该包括两方面的限定：一是对论证范围的确定；二是对论证实质的揭示。在写作过程中，必须保持论证和论点的一致性，避免和杜绝“小题大做”“大题小做”“文不对题”“转移论题”等问题。一篇论文必须有一个中心论题，前后要保持一致，在不同层次的论述中，要围绕一个分论点展开讨论，所有的分论点又都为中心论题服务。

论点和论证的不一致，还有另外一种表现形式，就是形式逻辑所说的“转移命题”。在常见的学术论争性的论文中，最容易产生这种逻辑错误。

3. 保证论据和结论的科学性与真实性

保证论据和结论的真实性，就是要求作者采用的论据可靠，论证用的数据、图片等材料真实、全面且可靠，决不能为了达到某种目的而伪造试验数据或研究结果。

防止分论点和结论不协调的问题出现。相对于结论来说，服务于结论的各论点和论据实际上也是一种前提。如果在论文中出现了各论点和结论不相吻合的情况，那么肯定有一方存在问题，严重时整个论文都将是失败的。

在论证的过程中，由于思维习惯的支配，有时作者容易偏执一方地进行推论和得出结论。有时由于思维的局限，往往容易产生学术上的盲点，这样就可能在自己的论文中留下一些歧义和漏洞。要消除这些问题，不仅仅是单纯的论证技术问题，而要求作者不仅在论文写作过程中要保持清晰的理论思维思路，而且对所研究的科学内容、概念必须有正确和透彻的理解。完成写作后，应采用“八面受敌”的方法来反复推敲，逐节逐段地审查可能存在的问题，逐步修改完善论文，使其成为经得起考验的学术作品。

6.3.2 学术论证的逻辑方法

1. 典型的论证逻辑方法

一般的学术论文有三个最基本的结构，即引论、本论和结论。

（1）引论。引论是关于论题意义和研究目标的总体阐述。它是论题的概述、延伸和说明。引论就是前面所说的前言，其作用就是让读者全面了解和领会本论讨论的学术深度和结论所具有的学术价值。

（2）本论。本论是学术论文的主体内容。其任务是阐明论题确定的步骤，解析研究的方法，指明今天的指导原理，试验数据和结果的分析处理，归纳每一步分析的初步结论，确定研究成果及其科学价值等。

（3）结论。它是学术论文的精华，是研究成果和创新点的总结表述。

2. 根据立论选择适当的论证方法

论证方法很多，不同内容的论文，有不同的论证方法。其主要有以下几种：

（1）例证法。例证法就是选择典型事例做论据来证明论点的方法。社会科学中常说的“摆事实，讲道理”就是例证法；自然科学研究中经常用样本、试样和实物作试验来获得数据和结果等证据，从而得到结论，这些都是典型的例证法。

（2）引证法。引证法也称为事理论证，它是以一般事理为依据进行推论来证明论点的方法。所引用的论据可以是已知的科学理论、普遍的常理、名人名著的经典言论，也可以是已经取得并得到科学界公认的成果等。引证法的关键是引用的材料正确、可靠，并具有科学性和权威性。

（3）类比法。这是将两种相同或相近的现象或事物加以比较、类推，从已知的一种现象或事物的正确性，来证明另一种现象或事物同样正确的论证方法。类比法的运用，可以由此及彼、触类旁通，扩大论证的领域，但是要注意所类比的两类事物之间在性质、特征上的相同或相近程度。

（4）对比法。对比法是把两种或多种相互对立或各自差异的事物进行比较，以辨明是非，推导出结论的方法。对比法可以充分揭示出事物本质属性的特征，使论点显得鲜明突出，所以在论证过程中使用得比较广泛。

（5）喻证法。喻证法是通过比喻进行论证的方法。它是用与论点有某种联系的事理、客观现象、规律等作为论据进行推论，从而证明论点的正确可靠性。这一方法主要应用于社会科学领域的学术论文。

（6）反证法。顾名思义，反证法是从反面来间接证明论点的论证方法。不直接证明自己的观点正确，而是证明与自己观点相反的论点是错误的，从而间接证明了自己观点的正确性。反证法的理论基础是形式逻辑中的矛盾律。应用反证法，有时会比正面论证更有力量。当然，如果正反论证结合使用，则效果更好。

6.4 学位论文的写作要求

学位论文一般要给同行专家审核、评阅，送交学位答辩委员会答辩，并上报学位评审委员会评审，最后作为重要文献档案保存。学位论文的作用主要是总结科学研究成果，以利于交流和推广。写作论文及学位论文，对培养作者的思维、概括、分析、写作等能力都有很大的帮助，所以也是培养大学生、研究生独立工作和独立分析问题及解决问题能力的重要环节。

6.4.1　学位论文的基本要求

研究生学位论文的基本要求是有相应的学术水平和一定的试验研究工作量。

1. 应充分体现相应学位的学术水平

学位论文是反映作者是否具有相应学位的重要学术标志，所以学位论文必须体现相应的学术水平。显然，学士、硕士、博士学位论文各有不同的学术水平要求。其共同的基本要求是：数据处理必须科学、合理；理论分析和论证要有一定理论水平，不应该是一般工程问题的实验总结、简单堆砌的实验报告；对研究的内容或某一方面问题应有自己的见解，在科学或技术上要有创新与发现，特别是博士论文，不能仅仅得出显而易见的结论。

在确定了研究方向后，研究生就要从“横”与“纵”两条线来完善自己的知识结构和提高自己的研究水平。“横”就是在学习和研究过程中要注意吸收与本方向领域相关的学科专业的前沿成果。学材料的，与物理、化学、力学等学科关系密切，应该多了解一些与这些学科交叉领域方面的知识及成果。近年来全国优秀博士论文中，有相当一部分选题和成果就出自学科交叉领域。“纵”就是要对本专业前沿领域的某些问题的来龙去脉充分了解。

研究生学位论文创新不足表现为普遍存在的“四个简单”现象：一是简单移植，只是对他人方法的应用和重复；二是简单揭示表面现象，没有深入研究事物发生、发展的内在联系，尤其是因果关系；三是简单延伸，只是进一步证实他人的工作，没能揭示其科学的内涵；四是简单推理，只是采用一定的实验证实已知的结论，没有进行创新的探索研究。

研究生务必要意识到自己的思维方式和路线在试验研究与论文写作过程中的重要价值，要逐步形成科学的思维能力。要吃透所研究的对象，能够运用已具备的知识、理论和方法，透彻地分析、了解本学科领域的新观点、新问题，不能人云亦云，不迷信权威。要全面综合地分析问题，善于把点上的问题放到面上、系统中去认识，以培养和提高自己科学研究过程中的综合思维能力。要进行创新研究，在研究中创新，不断培养和提高自己形成或提出独到见解的能力，以及正确而客观地描述自己创新成果的能力。

2. 要有足够的试验或研究的工作量

学位论文的试验工作量不能像课程的试验一样比较少，一般情况下也不能做与前人重复的工作。必须有自己设计的足够工作量的试验，这样才能对所研究的对象进行比较系统的探索研究，才能比较综合地反映出作者在本门学科专业内所掌握的基础理论的系统知识，反映出作者具有一定的独立开展科学研究工作的能力。

对硕士研究生来说，原则上有下列缺陷的学位论文为不合格的硕士学位论文：

（1）只涉及实际问题，而没有进行一定的理论分析。

（2）仅仅用计算机计算，而在方法和原理上无创新，又没有实际应用和实践证明。

（3）试验工作量虽然比较多，但只是描述了全过程，写了一个试验汇总罗列式的报告，并且没有得出肯定的结论。

（4）重复别人的试验，无自己设计的试验或没有新的试验对象，得出的结论是显而易见的。试验很少，试验结果又没有重现性，缺少可靠性及可信度，匆匆忙忙提出见解。

（5）仅仅是资料文献综述性的论文。

（6）基本概念不清，立论错误，试验方案及有关试验违反科学，结论不正确（这和探索性研究的失败不一样）。

6.4.2 学位论文的写作要求

1. 封面、封二和题名页

封面不只是对外表面起保护作用，更重要的是提供一些重要信息，如题名、单位、专业、申请学位级别、导师姓名、职称、论文日期等。

封二还可列出指导小组成员的姓名、职称等。

题名页则根据具体情况确定是否安排。基本上像出版专著一样，除重现封面、封二的内容外，还可适当补充其他有关内容。

通常，封面格式由学位授予单位统一印制。

2. 目录页

目录页由论文的章、条、款、项、附录等序号、标题和页码编排而成。通常，目录列出二级标题即可；若需要，也可列出三级标题。

3. 摘要页

摘要页是专页排印。简短的摘要与学术论文摘要的写作要求一样，但字数可以适当增加。对于学位论文，一般要求有详细摘要。详细摘要的字数一般为 1 000 ~ 2 000 字，写作内容的要求是：充分反映论文的主要内容、主要结果和试验数据、主要观点和结论。详细摘要主要用于评审委员会或同行评议专家阅读，或者是学位授予单位将学位论文详细摘要汇集出版用。学士学位论文一般情况下不必有详细摘要。

4. 绪论

对于学位论文来说，绪论具有文献综述的性质。绪论也称为前言，其内容一般包括：课题的目的、意义，课题方向的国内外研究状况，课题研究的论证、试验设计方案和研究工作的范围等。绪论实际上是对前期文献检索、阅读消化和准备工作的系统总结。这部分内容也可以表现出作者对所要从事的研究领域的了解程度、对专业基础知识的掌握程度和进行科学研究工作视野的开阔性。文献综述的好坏直接关系到论文的成功与否。一篇成功的文献综述能够以其系统的分析评价和目前存在的问题及有根据的趋势预测，为新课题的确立提供强有力的支持和论证，即可以给读者一个很好的印象：开展该课题研究是先进的、合理的，并且具有一定创新意义和学术价值。

在期刊上发表的学术论文前言很短，但是学位论文的前言往往篇幅比较长，一般还单独成章、节，用足够的文字来叙述。有的学校规定，学位论文的前言或绪论要占全部论文篇幅的 1/3 ~ 1/4。有的学校规定，文献阅读是研究生的必修环节，要求研究生掌握近十年来本研究课题方向的国内外文献资料，并且作出分析、评述，至少要写出 2 篇以上的综述或读书报告。论文写作开始前的这些工作为以后论文绪论部分的写作打下了良好的基础。

5. 正文

学位论文正文部分写作的基本要求与学术论文相似，但是在试验结果分析和讨论时，应比较详细。这能表现出作者在本门学科、专业方面所掌握的理论深度和广度。该部分是学位论文中的重要内容，论文质量水平的高低主要在这部分内容中体现。关键的一点是要有创新。

要避免出现概念错误，避免在分析讨论时层次不清、思路不明。最忌讳的是将他人的东西拼凑起来机械地堆积在一起，大段地抄袭，而没有自已的分析。

6. 参考文献

由于学位论文的写作工作量比较大，又要求进行比较详细的写作，所以参考文献的数量也应该比较多。一般情况下，学位论文要比学术论文的参考文献多得多。有的期刊要求论文的参考文献不宜太多，但是学位论文往往要求参考文献应多些，以证明作者是参阅、消化了许多的文献资料，而且还要求参考文献中有一定数量的外文资料。当然，对博士论文的要求则更高，应该反映作者掌握和了解了国际前沿的动向和研究状况。

学位论文中参考文献的标注方法和学术论文的要求是一样的，是标准化的。

7. 附录

论文试验工作很多，有许多原始数据、实际操作步骤、计算程序、复杂的公式推导等有关内容，不宜放在正文中，可另行安排附录，以便于评审者查阅，来检验、分析作者的研究工作的科学性、可靠性和合理性。研究生学位论文往往都安排附录。

每个研究生都必须重视学位论文的写作，不仅要做细致的数据处理、科学的分析论证工作，还要努力写作好学位论文的每一个部分。结构严谨、层次分明、语言通顺、表达清楚、格式规范是最基本的要求。在写作思考的过程中，要善于发现和发掘新东西。写作时也可以参考和吸收其他好的学术论文的写作方法，进行模仿写作，并在模仿的基础上升华，使论文从形式到内容都尽可能地完美。不仅要重视学术论文的数量，更应该重视学术论文的质量，“离开质量谈数量是没有意义的”。我国在2000年博士后制度10周年时评出了100篇优秀论文，其中72篇论文经同行评议，只有25篇符合某刊物发表的要求。

6.4.3 学位论文写作中常见的问题

在校大学生在科学研究方面是初次实践，缺少经验，对科技论文或学位论文的写作也是一个初学过程。即使是硕士研究生，同样也存在不少的问题。

对文献综述（即论文的绪论）的写作，许多研究生常常不重视，容易出现一些问题：大量地罗列堆砌他人文章的内容，写作的文献综述缺少系统性和条理性，自己没有真正消化这些文献，没能掌握和领会所研究领域中国内外的研究状况、发展趋势和内在联系；选择性地探讨文献资料，没有系统地回顾现有的研究文献和研究历程，却称某项研究缺乏文献或无人问津，从而自认为自己的研究是创新的探索性研究；为了凑篇幅，有些内容偏离课题太远。

在学位论文的写作过程中常常出现的问题有：评价没有把握好“度”，观点偏颇；论据不充分或分析不足，妄下结论；将试验结果和数据机械地罗列、堆砌，没有很好地进行理论分析和学术讨论；虽然有分析，但东拼西凑、牵强附会、不合情理；内容安排混乱，条理不清；文字表达不规范，语言不通顺；论文格式不符合要求，参考文献、图、表的表示不完整。

在理论分析和论证中常常出现的具体问题有：

（1）错误地将两种先后发生的事物用因果关系联系起来。

（2）错误地将两种同时发生的非相关现象用因果关系联系起来。

（3）错误地将某试验结果应用到另一个条件下的试验结果中去。有时，不同条件下的试验结果是不能等同相比、相互联系和相互印证的。

（4）错误地突出强调其中某一因素（特别是次要因素），而不考虑其他影响比较大的因素。不注意分析讨论时的科学性，而是想当然。

（5）初学者在写学位论文时，经常犯这样的错误：不科学地、过分地拔高自己的研究，随意地贬低他人的研究成果和学术观点；下结论的时候（未成熟）比较武断，以为这样，自己的论文水平就比别人的高了；另外，虽然研究已经有了创新，但是作者自己并没有意识到，没有从理论上将试验结果、研究成果进一步地提炼和升华，没有做到画龙点睛。

为避免这些问题的出现，在写作过程中，作者首先要端正态度、集中精力；其次要认真试验、积极思考，尽可能地理解所研究内容的有关科学技术问题；最后要反复修改、仔细推敲，写好每一个部分。学位论文的写作是锻炼科学研究综合能力的过程，这种能力是每个科技工作者必须具备的，也是每个创造发明者应具有的基本素质。

6.5 科技论文的起草与修改

6.5.1 科技论文的起草

任何文章在正式写作前总是有一个构思过程，对于科技论文也是如此。构思的结果往往是要列出写作提纲。提纲是整个文章的整体设计。写提纲能帮助明确和完善文章的具体内容，使文章所要表达的内容条理化、系统化、周密化。

一般来说，经过消化和吸收实践试验、调查研究文献资料，论文的结构和内容构思基本上就能够确定了。将构思的结果写出来进行修改，就可以成为文章的提纲。文章写作的构思就是要考虑论文的题目或所要表达的主题思想，在主题确定后就要考虑具体的内容与层次。与此同时，必须要考虑论述内容的佐证材料。最后应该考虑论文得到了什么结论，创新点是什么。提纲的写作可以从粗到细，逐步细化，可以精细到什么内容用什么试验结果或图表，什么论点该如何分析讨论。

提纲确定后，就可以起草论文的初稿了。

科技论文主要分为学术类和应用类两种类型，所以其阅读对象也会有所不同，发表的期刊类型也不同。写作时要考虑论文的性质、目的和阅读的对象，不同的论文性质有不同的写作要求和表达重点。学术类论文的读者喜欢论文中有真实的典型实例、明白的现象叙述、科学的理论分析、严密的公式推导、可靠的试验数据，注重科学研究的新发现、新发明、新理论、新规律等，注意力在“新”上。应用类科技论文的读者范围则更广泛，一般注意经济价值高、实用效果好、能解决实际问题的科技论文，重点是新设备、新工艺、新产品、新材料、新方法、新设计等，注意力在“用”上。

写作方法或起草初稿因各人的习惯而有所不同，一般有以下几种：

（1）根据提纲，一气呵成。按照经过反复构思所拟定的提纲，从头到尾一次完成。对于论文中的图表，也只绘制草图和草表；对于有些不妥当的细节，也不作推敲。草稿完成后，再逐步修改。这种方法的修改工作量比较大，但论文的框架出来得快。

（2）先易后难，边写边改。这种写作方法的特点是不按提纲的顺序依次撰写，而是考虑成熟的地方先写，然后再写比较难的部分。对于论文中所要用到的图表，可以在数据处理结束后，科学、正确地设计绘制出来。这种方法在论文完成后的修改工作量比较小。

（3）局部打底，一次定稿。按照预定的论文提纲顺序写，每一小节的写作都经过仔细思考后才行文。完成一段或一小节后，就反复推敲和修改。论文中比较难写的部分，单独用草稿打底稿，待修改后再移到文章中来，最后合并成文。

具体采用什么方法写作，可依据个人习惯和论文的内容性质来定。但是不论采用什么方法写作，都要围绕着提纲和主题，集中精力来写。

在论文的主题确定后，论文的题目可以先初步确定。在论文完成后，再反复推敲精练题目。摘要和结论等也是如此。

国内许多期刊对一般论文的篇幅都有一定的要求，在国内期刊上投稿要尽可能地符合该刊物的要求。但是，不要为了追求论文的数量而刻意将一个完整的内容分成几篇论文来写。国外的期刊一般对论文篇幅没有严格的限制。我国一些著名科学家在自己从事研究领域中所取得的成果已具有一定的权威性，得到了国际同行的认可，他们发表的论文可能篇幅很长。例如：

卢柯．关于纳米晶晶化．Materials Science & Engineering R（1996），57 页。

柳百新．金属多层膜中晶态-非晶态转变的热力学和原子尺度理论模型．Advances in Physics（2001），63 页。

徐庭栋．关于非平衡晶界偏聚动力学．Progress in Materials Science（2004），98 页。

6.5.2 科技论文的修改与投稿

修改是论文写作的继续，也是科研工作的继续深入。论文的反复修改是科技工作者求实求真的科学精神和严肃认真的科学态度的体现。绝大部分论文都是几易其稿后才投到想要发表的杂志或送到想要交流的有关学术会议上的。论文的修改不仅可以使文章更加完善得体、通畅可读，而且往往还可以在修改过程中不断地修正错误、发掘出新的科学内容，使研究结果的学术价值和水平得到更充分的表达。

6.5.2.1 论文修改的基本内容

修改论文初稿主要有审查主题、调整结构、增删内容、推敲语言和规范格式等方面。

1. 审查主题

审查主题就是反复考虑论文表达的主题是否正确、新颖、集中和科学。如果基本可以，则在内容和论证的材料上作局部修改；如果发现有问题，就需要重新修订主题，这样该论文的修改就要大动干戈，甚至重新起草。除了论文的主题外，还要审查各节的内容是否与主题协调一致，各部分的论述是否围绕主题紧密配合。

2. 调整结构

调整结构一般有三种情况：第一种是论文的主题有了变化，为了突出新主题，需要重新拟定提纲和组织论文的结构内容；第二种是论文的主题虽然没有改变，但是初稿的内容和结构还没有或者没有充分表达出来，这时也要调整部分内容、论证材料和分析讨论；第三种是初稿和提纲、主题都比较符合，只要作少量调整和修改就可以满足要求。不管是什么样的情况，在修改时，都要把初稿中存在的层次不清、顺序混乱、主次不分、详略不当、前后矛盾等问题解决好。这是一个对所研究问题不断进行科学思考的过程，也是把研究成果不断深化和提升的重要环节，在许多情况下，还会有新的发现和产生新的创新点。

3. 增删内容

增删内容可以按以下几步进行：一是再鉴别论文所用的材料。凡是不真实的研究材料要删去，对不太可靠或有疑问的数据和结果等要进行核查，根据真实与否再决定取舍。二是再衡量材料。根据材料对主题的表现力，凡是表现力强、论证有力的材料要保留，不能有力表现主题或不能贴切表现主题的材料应删去。三是再增补材料。从收集积累的材料中再选择材料，找到真实而有利于表现主题的材料，把它们补充进来。四是再核实材料。论文中引用的论断、图表、公式、数据、定理、参考文献等要与原始文献核对，以保证其准确性。

4. 语言推敲

语言推敲一般包括以下四个方面：

（1）内容的科学性。科学性是科技论文的生命。首先是论文内容的科学性。论文内容要真实、成熟、先进、可行。初稿中使用的材料必须是经过核实的真实材料；文章中的内容应该是经得起推敲的理论或可推广的成熟技术；文章中所叙述的内容是先进的、创新的；文章中所叙述的内容在技术上和主客观条件上是可行的，理论推导和分析应是科学合理的。其次是表达的科学性。文章应准确、明白、全面地表达事物及其科学内涵，不能含糊不清、模棱两可，更不能有歧义。真实不等于准确，而准确又有定性准确和定量准确之分，选词造句时要把握好尺度。

（2）表达方式的简明性。要认真推敲语言，既要文字通顺，又不能使论文的篇幅太长，要把与主题无关或关系不大的语句尽可能地删去。最后，达到以最少的语言符号向读者传递最多的信息，并具有很好的交流效果的目的。

（3）表达语言的规范性。反复阅读论文，逐字逐句地认真推敲。论文草稿中的字、词、句、专业术语等都要加以检查、修改和补充；错别字、不恰当的表述、病句、不正确的标点符号都要加以纠正；检查论文中的图、表、量纲、数据、公式、符号、外文字母、参考文献等，并按照论文的规范化表达要求进行修改、校正。

（4）表达形式的一致性。全文的风格、人称要一致；名词、术语、符号要一致；图、表、符号、公式的应用要一致；各层次标题的表达方式与序码要一致。

5. 规范格式

文章修改完成后，根据国家有关写作的标准和拟投稿杂志的编辑要求进行排版设计。作者既要重视论文的内涵和学术水平，也要重视论文的外观质量和规范的形式。

6.5.2.2 论文修改的基本方法

论文的修改也有不同的方法，如热加工法、冷处理法、他改法和综合法等。

1. 热加工法

在初稿完成后，大脑对论文的结构和内容的印象还比较深，这时对写作过程中存在的问题应趁热打铁，及时进行修改。这种方法的优点是不用花费很多时间，修改的效果也比较好。这种方法的缺点是修改时的思维仍然停留在原来写作初稿时的定势，难以跳出原有思维模式，对需要修改的地方还难以割舍。

2. 冷处理法

冷处理法又称为冷改法，即将初稿放置一段时间，待头脑冷静后再进行修改。其具体内容主要有：对全文进行仔细阅读，检查所用的数据结果等材料，审查论文的结构层次与布局，推敲行文用语，斟酌理论推导过程或分析讨论及结论。该方法的优点是能跳出原来的思维定势，可能会有新的感受，比较容易发现问题，可以冷静地处理存在的问题。更为重要的是，往往在学术价值和理论意义上还会有新的提升。这种方法的缺点是难免会忘记部分内容，并且需要花费比较多的时间重新熟悉内容。当然，初稿放置的时间长短要适当。

3. 他改法

经常写作的人可能都有这种体会：对于自己写的文章，自己往往不容易发现毛病和存在的问题或不足。"当局者迷，旁观者清"，作者应该虚心向他人学习，请别人阅读和审查自己的文章，并提出意见，或者将自己还拿不准的问题提出来，征求他人对论文的修改意见，也可以请别人修改文章。得到别人的意见后，自己还要反复思考来决定是否取舍。

4. 综合法

将以上几种方法结合起来，效果更好。在论文初稿写好后，就着手阅读和修改，首先将写作过程中已经发现的问题解决掉，然后再仔细核查论文中所用的试验结果和数据，并把图和表按规范设计制作好。经过初步热加工后，将论文放置一段时间，然后再反复阅读，重新审查论文的结构层次和每节的内容，特别要注意论文中理论推导的分析、试验结果的讨论、创新点的科学性及学术性和结论的客观正确性。最后，将论文交给熟悉这方面科学技术的人进行审查，征求修改意见，直到修改定稿。

一篇论文从写作初稿开始到最后投出终稿，一般情况下都要经过三稿及三稿以上的修改。当然，如果稿件经过审查同意录用后，根据反馈的修改意见，还要进行修改。

一篇好的科技论文，必须有如下几个方面的反映或体现：

（1）论文内容应满足"三统一"，即材料和观点统一、论题和论据统一、判断和推理统一。

（2）具有独特的见解或创造性。论文列出的论据能推出论点，并能引出一些新颖的观点和独特的见解。新的理论、新的试验数据或结果、新的分析观点、新技术、新工艺、新产品等都是创新性或发展性的研究成果。

（3）观点鲜明，论据有力。论文应层次清楚，说理透彻，语言通顺。文章对科研成果进行了科学合理的文字再创造，能比较好地体现作者的写作风格或特点。

（4）有思想、有新意，文章具有耐读性和回味性。

6.5.2.3 论文的投稿

在当今信息爆炸的时代，科技期刊的数量不断增加，科技论文浩如烟海。科技期刊按出版周期可分为半月刊、月刊、双月刊、季刊、半年刊和年刊；按报道内容可分为综合性刊物和专业性刊物，综合性期刊涉及自然科学的各个领域，专业性期刊报道的是一个学科或专业范围的内容；按性质可分为理论性比较强的学术性期刊和以技术应用性为主的学术性期刊。

在投稿之前，作者首先要了解各种期刊的办刊方针，主要侧重于发表哪些方面内容的论文，各期刊对投稿论文的写作要求及投稿须知，以及期刊在学科专业或行业中的影响力和权威性。然后，根据自己所写论文的内容、性质和创新成果的大小合理地选择期刊，再决定正式投稿。切忌不了解情况就随便投稿或乱投。

目前，几乎所有的科技类期刊都可以网上投稿。首先要找到所要投寄的期刊的网上投稿的网址，然后按照网站上提供的说明，逐步完成网上投稿。

除了正式出版发行的期刊外，论文还可以在各种定期或不定期的各类各级学术会议上进行交流。参加学术会议交流的论文也有投稿、审稿和被录用的问题，但是和期刊上发表论文的审查相比，录用要相对容易些。期刊上发表论文有一定的周期，一般在3~12个月，最快也要2周的时间。所以，学术会议上交流论文和传递信息比期刊上发表论文要快，一般在学术会议上交流的论文都是作者最新的且没有在国内外期刊上公开发表的研究成果。一般情况下，学术会议都会正式或非正式出版会议论文集。

所有的期刊都要求作者不能一稿两投或多投。若某篇论文已经被某期刊录用发表，作者也不能将原论文稍加变化，并没有实质性的改变，又在其他刊物上再投稿发表。当然，如果论文被退回，就可以经过修改后再投其他有关的期刊。有些期刊的稿源比较丰富，退稿率是比较高的。若论文被退回，不要灰心，根据审查意见修改补充后可以再投其他有关的期刊。

第7章

科技论文的图表设计

在科技论文中借助于图和表可以形象直观且简明扼要地表达所陈述的科技内容。插图是一种形象语言，能起到文字难以表达的意思的作用；而表格是试验数据或统计结果和事物分类的一种有效的表达形式。一般情况下，在科技论文、学位论文中，图和表是必不可少的。

7.1 插图的合理设计

7.1.1 插图的特点与种类

7.1.1.1 插图的特点与作用

科技论文中的插图是指用点群或其他综合形式表现出来的形象或影像，也称为图解。它是数据的直观表示，是用图示表达试验数据、结果资料和实物的一种方法。在科技写作中，经常需要设计并绘制插图，这也是一项很细致的工作，所以论文作者必须重视。插图的特点主要有：

（1）示意性。为简化图面、突出主题，在表达上常常是示意性的。一般情况下，具体的结构图、精确的零件图等比较少用，函数曲线图也大多采用简化坐标的形式来表示。这并不像设计、计算手册中的图那样精确。

（2）科学性。图中各细节必须反映真实的运动变化规律，不允许随意虚拟、任意取舍。这就要求设计图时应具有科学性。

（3）自明性。读者只需要看图及其标注的内容，不阅读文章，就能理解该图所表达的意思，这就是规范图的自明性。为达到自明性，在设计图时，应该注意标准化和规范化。在图例说明中，必要的信息一定要写完整。

（4）艺术性。设计图时，既要考虑科学性，还应该考虑其美观、协调。例如，图的长宽比例、图形在坐标中的位置、图面要简洁、标注要简练明白等。

科技论文中的图是数据或试验结果的直观表达。其主要作用是兼具论证和论据的功能，增加论文的活泼性。具体的作用有：

（1）能生动地表示各种数据的变化趋势和相互关系，增加论文的生动活泼性。

（2）作为论文论点和结论的证据之一。

（3）作为论文中文字说明的补充和分析讨论的佐证。

（4）能把研究的成果、结论形象、生动地表达出来。

（5）有助于读者直接理解文章内容或内在联系，给读者以直观的感知印象。

（6）许多情况下可以节约论文篇幅。

7.1.1.2　插图的分类

插图的种类比较多，主要有：曲线图、点图、直方图、圆图、示意图、记录谱图、计算机输出图、照片图、三维图等。

曲线图常用于表示某种因素在一定时间内的变化趋势或两个可变因素之间的关系。一般用纵、横两个坐标代表两个可变因素，时间总是用纵坐标表示。举例如图 7-1 所示。

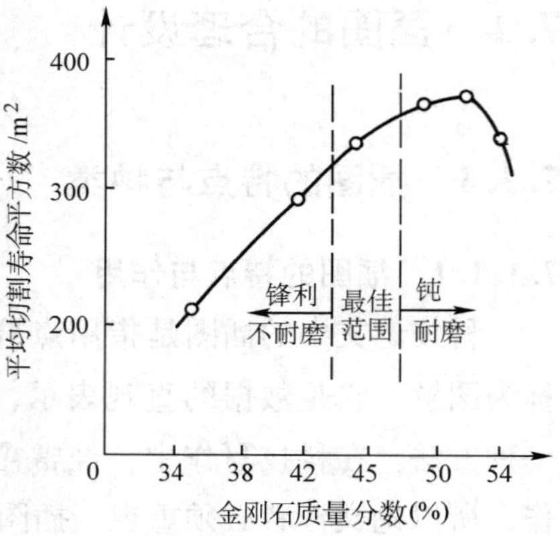

图 7-1　金刚石含量对切割寿命和锋利度的影响

点图主要用于函数关系比较模糊的场合，将实验结果表示在图中，但仍然能看出变化的趋势和一般规律。举例如图 7-2 所示。有时也有必要将计算值和试验值进行比较。

直方图又称为直条图，如用于对相互独立的参量数值的大小进行比较的情况，称为比较直方图；用于某参量的分布状态，称为分布直方图。举例如图 7-3 所示。

圆图常表示事物构成的百分比和某种物质所含各种成分的比例，多用于有关数据的统计比较。圆的面积为百分之百，圆中扇形面积表示所占的百分数。这种图比较直观，图示整体性强。举例如图 7-4 所示。圆图经常在经济、财务、商业等报告中采用。

示意图用于定性的描述。形式多样，图形简单，绘制方便，应用比较多，如结构示意图、工作原理图、系统方框图、路线图、网络图等。举例如图 7-5 和图 7-6 所示。

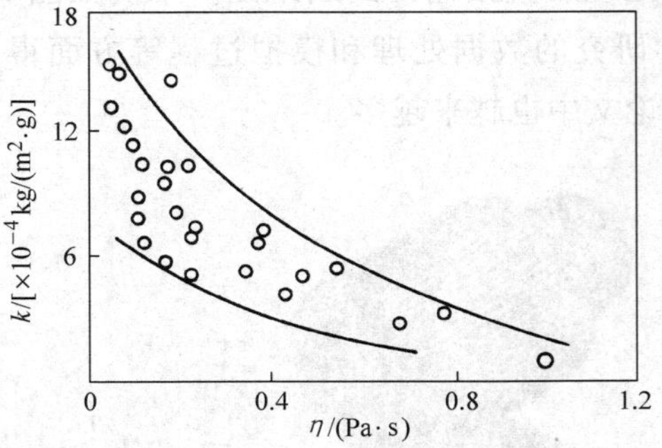

图 7-2　吸收速率 k 与熔渣黏度 η 的关系

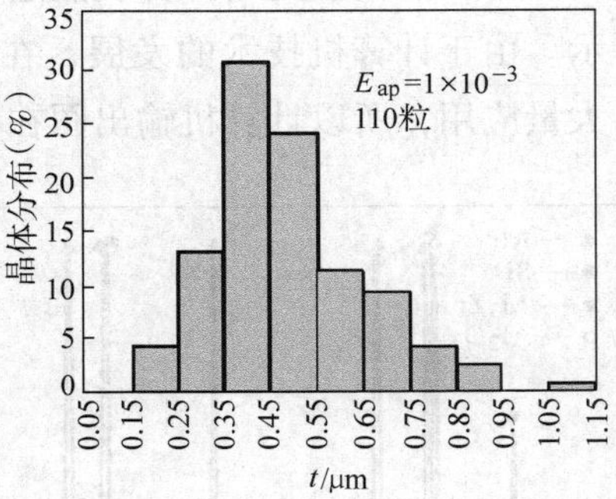

图 7-3　奥氏体晶粒中滑移带平均厚度 t 分布

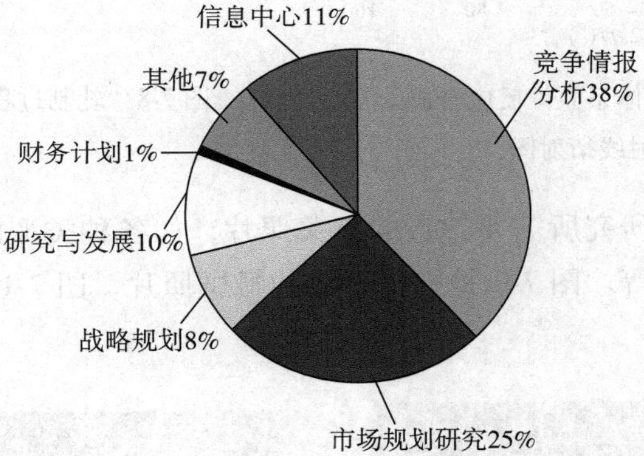

图 7-4　竞争情报人员工作的部门统计

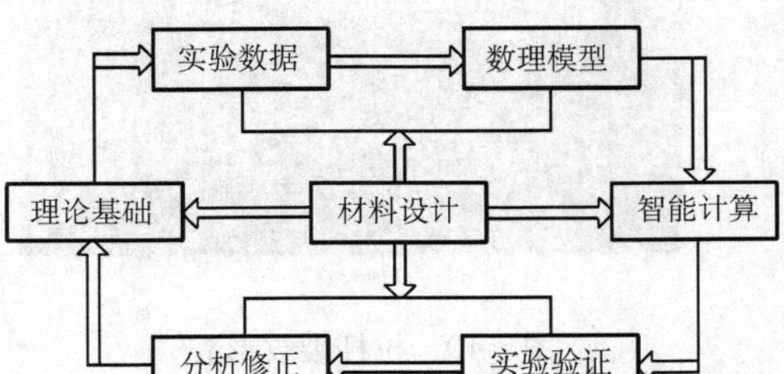

图 7-5　材料设计的相关工作

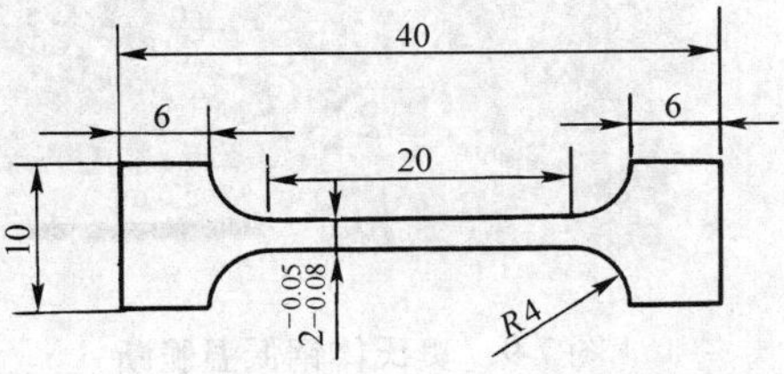

图 7-6　动态拉伸试样尺寸示意图

记录谱图是由仪器设备直接记录下来的线条图、数据图等，如电子能谱图、X 射线衍射图、热分析曲线图等。举例如图 7-7 所示。

计算机输出图是由计算机经过分析处理后直接输出的结果图。举例如图 7-8 所示。由于计算机技术的发展，在科学研究的数据处理和模拟过程等方面得到了大量应用，所以计算机输出图在科技论文中也越来越多。

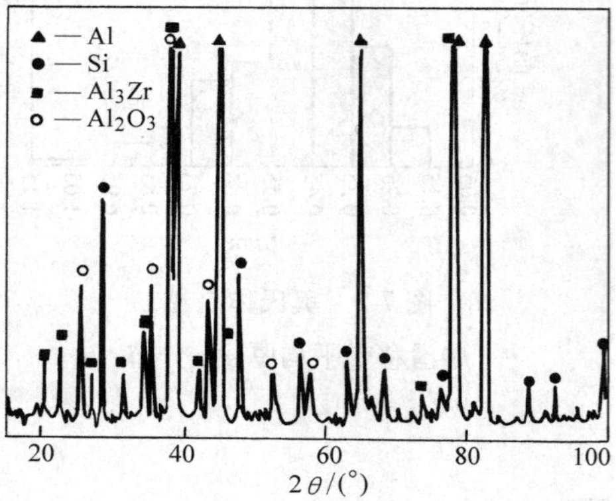

图 7-7　Al-Zr-O 体系原位反应合成相的 X 射线衍射图

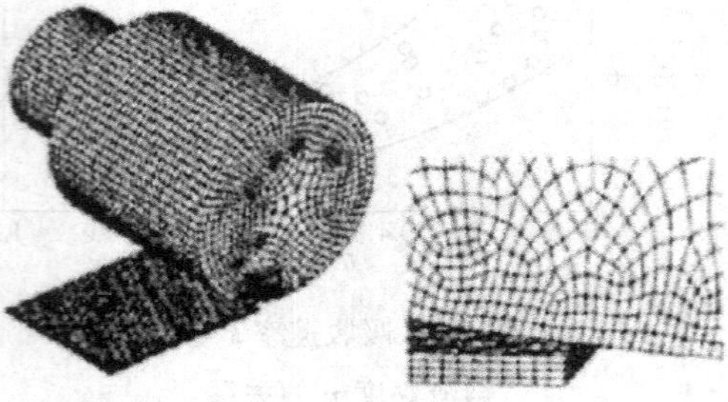

图 7-8　轧制过程有限元模型

照片图是科学研究所需要拍摄的有关照片，如各种类型的金相组织图、试验装置图、实物图等。图 7-9 是扫描电镜的显微照片，图 7-10 为断裂零件的实物照片。

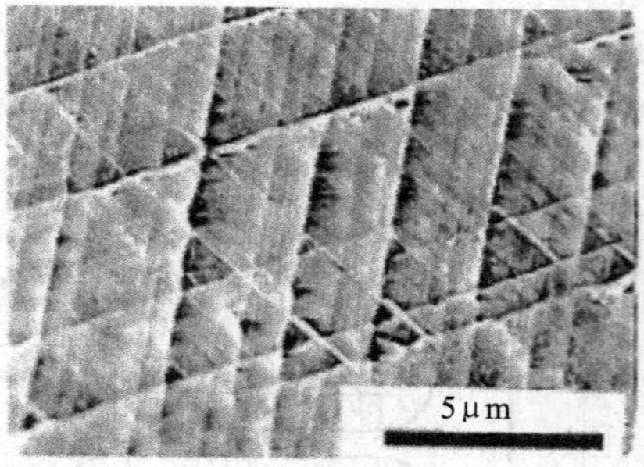

图 7-9　奥氏体钢低温脆断刻面上的滑移带（SEM）

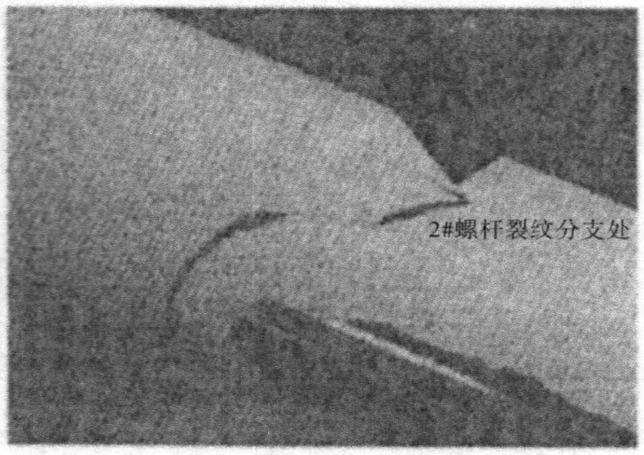

图 7-10　拉杆裂纹形貌

三维图是用三维坐标来表达试验结果内容的图，是一种立体形式的图示方式。它能形象直观地同时表达两种自变量因素对应变量的复杂影响或变化规律，但绘制要比二维平面图麻烦一些。

7.1.2 曲线图的规范表达

7.1.2.1 函数曲线图的构成

在科技论文中，函数曲线图应用得最多。精确的函数曲线图用于计算，图中给出了密集的纵、横向坐标标值线。但是在科技论文中，发表时常常被简化成简易函数曲线图。这种图的图面简洁、篇幅小，绘制容易，说明性也强。函数曲线图的构成要素如图7-11所示（注：图中的曲线是示意性的）。

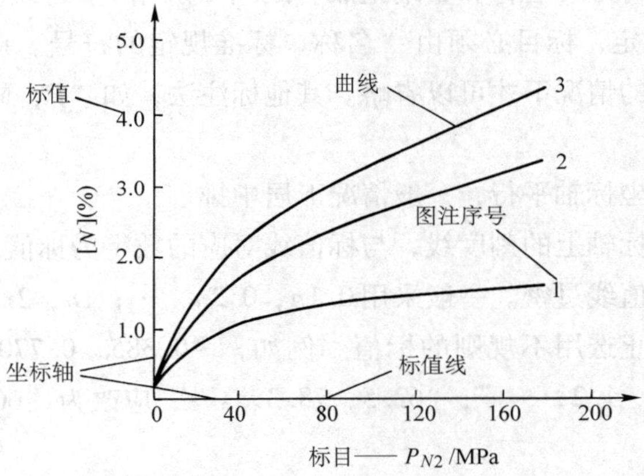

注释或说明——材料：1—Fe；2—Fe-13Cr；3—Fe-18Cr-9Ni

图序、图题——图10 1873K 温度下不同材料的氮溶解度

图7-11 函数曲线图的构成要素

7.1.2.2 函数曲线图要素设计

1. 图序与图题

（1）图序按照论文中出现的先后顺序编号，如“图1”“图2”……仅有一个图的论文，也要标注“图1”（GB/T 1.1—2009）。

（2）图题是插图的名称。图题的拟定与题名相似，有同样的要求：准确得体，简短精练。一般均用名词或名词性词组为中心词语的偏正结构词组。

（3）图题应该避免泛指性的词语。例如，“函数曲线图”“框图”等缺乏具体对象的名称，应该根据图的内容加上特指定语，如“曲柄-连杆的动力学模型示意图”。图题不一定都用“图”字结尾。例如，“温度与压力的关系曲线图”可写为“温度与压力的关系”。

（4）特殊情况下也可以无图题。如果作者考虑实在给不出合适的名称，那么全篇应统一，都不给图题。

（5）图题一般应该排在图的下方，居中排，如果长度超过图幅，则应转行排。

（6）必要时可以有分图，如 a、b、c 等，共有一个图序和图题。例如，几个曲线图有共同的变量，但不宜用一个图形表达；说明同类事物，但需从不同角度说明等情况，都可以使用分图。

2. 标目、标值线和标值

标目由单位符号、名称和量纲组成，之间一般用“/”线隔开。如 P/ MPa、l/mm等。标准规定，标目必须由“名称、标准规定的符号、单位”组成。在无量纲等不必标明的情况下才可以省略。其他标注法，如“P，MPa”“P（MPa）”等是不标准的。

标目应当与坐标轴平行，一般情况下居中排。

标值线即坐标轴上的刻度线，与标值线对应的数字为标值。

应该避免标值线过密。一般采用0. 1n，0. 2n，…；1n，2n，…；10 n，20n，…；等等。要防止选用不规则的标值。例如，“0. 385，0. 770，1. 115，…”应改为“0. 4，0. 8，1. 2，… ”；“62. 5，78. 3，…”应改为“60，80，…”。

3. 坐标轴

如果坐标轴给出的是定量的标值线、标值，可以画出箭头，也可以不画出箭头；如果坐标轴表达的是定性的变量，则在坐标轴尾端按变量增大的方向画出箭头。举例如图 7-12 和图 7-13 所示。

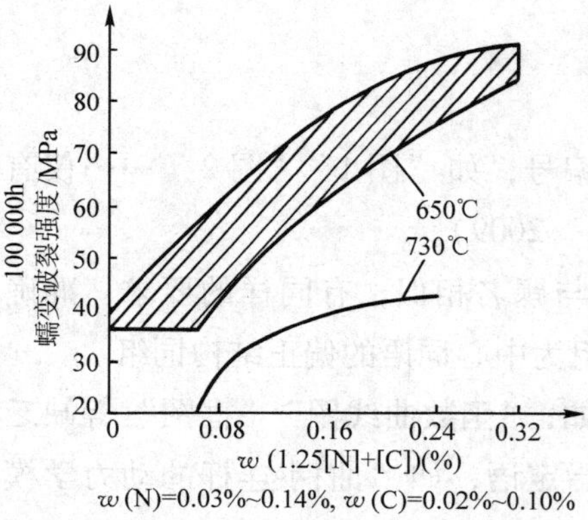

图 7-12　Fe-19Cr-10Ni 合金中 N、C 对蠕变抗力的影响

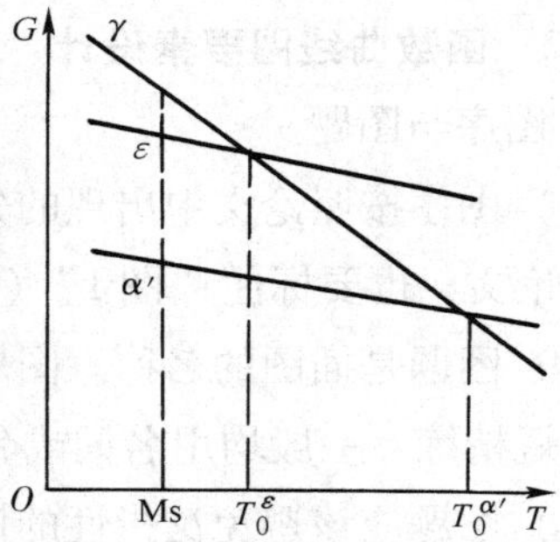

图 7-13　SFE 很高时三相自由焓变化示意图

对于要求精确反映试验结果的曲线图，要正确合理地选择坐标轴比例尺。例如，有一组试验数据：x 为1、2、3、4，测量误差为±0.05；y 为8.0、8.2、8.3、8.0，测量误差为±0.2。如不考虑误差，则坐标轴选择会出现两极端的情况，如图7-14所示。但如果考虑了误差，就消除了错误。坐标轴比例尺选择的基本原则是：用误差范围表示的试验点近似呈正方形或矩形，如“$2\Delta x \times 2\Delta y$”，一般在2～4mm内。先确定试验点在图上的大小，再确定坐标轴比例。以上面的数据为例：确定试验点大小 $a \times b$ 为2mm×2mm，则 $2\Delta x \times M_x = a$，$2\Delta y \times M_y = b$，其中 M_x、M_y 分别为 x、y 坐标轴的比例。经计算可得 $M_x = 20\text{mm}$，$M_y = 5\text{mm}$，即 x 横坐标比例是20mm为 x 的一个单位，y 纵坐标比例是5mm为 y 的一个单位。这样的结果如图7-15所示。

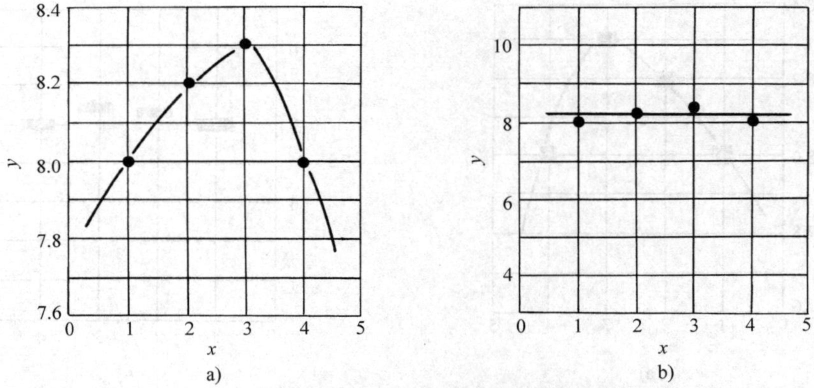

图7-14　坐标轴选择不合理所出现两极端的情况

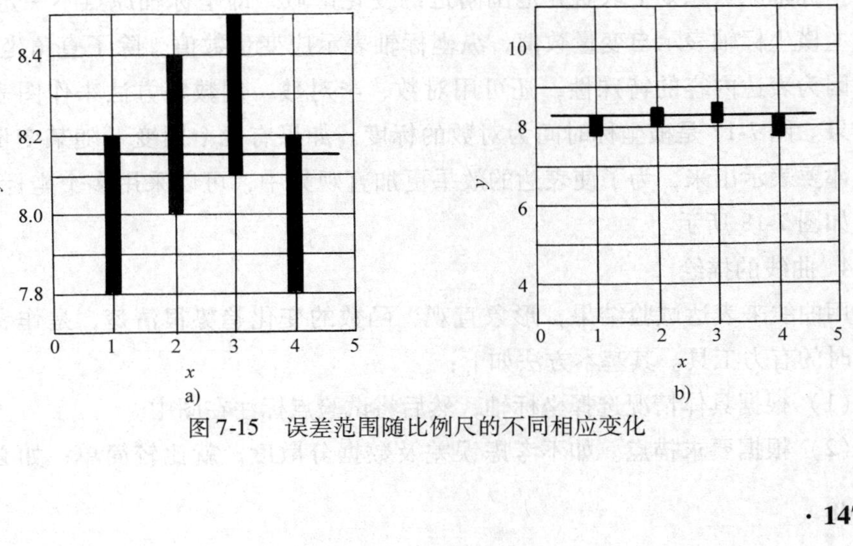

图7-15　误差范围随比例尺的不同相应变化

不管选择什么样的比例尺，当在图中确定试验点后，需要考虑其误差范围。有时所得数据的误差范围难以精确估计，这时就要凭借研究者的经验了。原则上讲，如果考虑了误差范围，那么不管采用什么坐标轴比例尺，都能显示出函数关系的性质或变化规律。但是，正确合适的比例尺可以使分析判断不会产生差错。很明显，上面例子中，图 7-15b 的比例尺是比较合适的。

如果 y 值的精度为 $\Delta y = \pm 0.02$，x 的精度为 $\Delta x = \pm 0.05$，假设对于另一个试验结果，数值仍然取上例的数据，那么图 7-16a 的形式是比较合适的。根据曲线形状，可以说 x 对 y 有一定的影响，在 $x = 3$ 时 y 取得极大值。图 7-16b 由于试验点误差范围不太合理，反映的函数关系或变化规律不是很清楚，表达效果不理想。

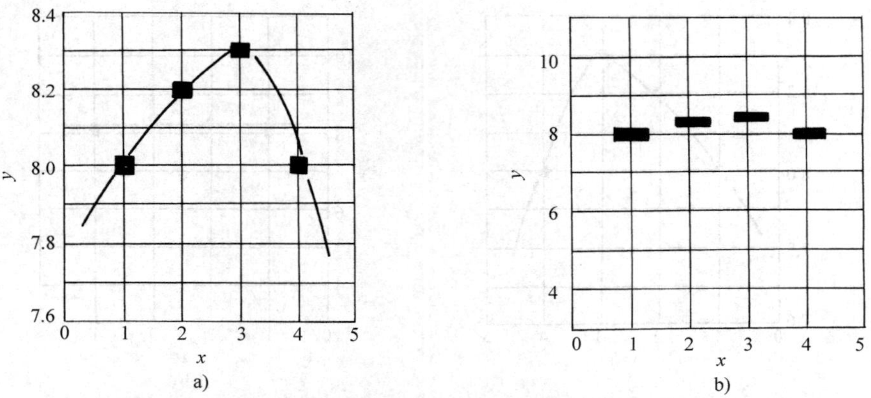

图 7-16　在一定误差范围内比例尺的选择对曲线形状的影响

坐标轴原点原则上取研究范围附近的变化区域，即坐标轴原点不一定是 0。习惯上横坐标轴表示自变量数值，纵坐标轴表示应变量数值。除了直角坐标外，有时因为表达内容的特殊性，还可用对数、半对数、倒数等方法来作图表示试验结果。图 7-17 是横坐标时间为对数的标度。如果有几个因变量随某变量的变化规律要表示出来，为了使表达的效果更加直观集中，可以采用多个坐标标度。举例如图 7-18 所示。

4. 曲线的描绘

用曲线来表达试验结果，形象直观，函数的变化趋势很清楚，是作者进行分析时的有力工具。其基本方法如下：

（1）根据具体情况选择坐标轴，然后将试验点标注在图中。

（2）根据要求描点。如不考虑误差及数据分散度，就比较简单；如必须考虑误差或明确表示出数据分散度等因素，则可将误差或试验值范围表示出来。因变量有较大误差或数据分散度较大时，则可用图7-19的方式表示。

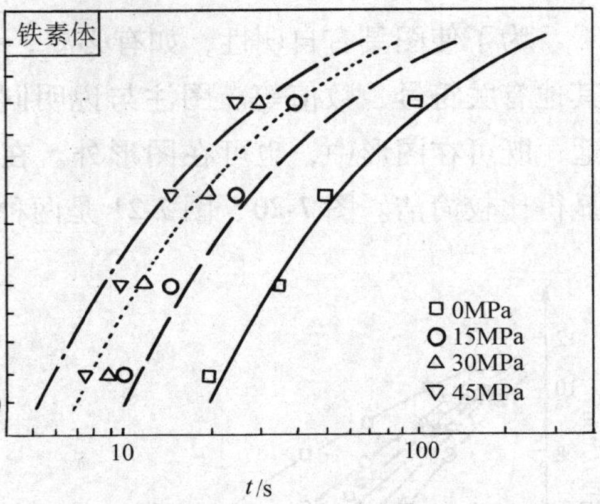

图7-17　0.38C-Cr-Mo钢在压应力下铁素体相变开始温度（点：试验值；线：计算值）

（3）确定描绘曲线的方式。若函数变化是跳跃式的，不是光滑连续的，则可用连折线将数值点连接起来；若变化趋势是连续的，就可将所要表示的试验结果描绘成光滑曲线。

（4）如同一图中有参变量不同的若干条曲线，则点的标注方式应该有所区别。最好用不同的图案标记来加以区别，如：□、▲、△、▼、▽、◆、○、●、★、◎、#、×等。

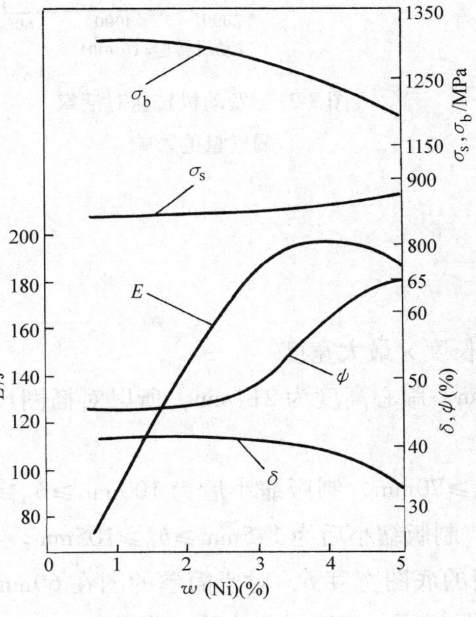

图7-18　Ni对0.22N-24Mn-13Cr-0.8Cu钢力学性能的影响

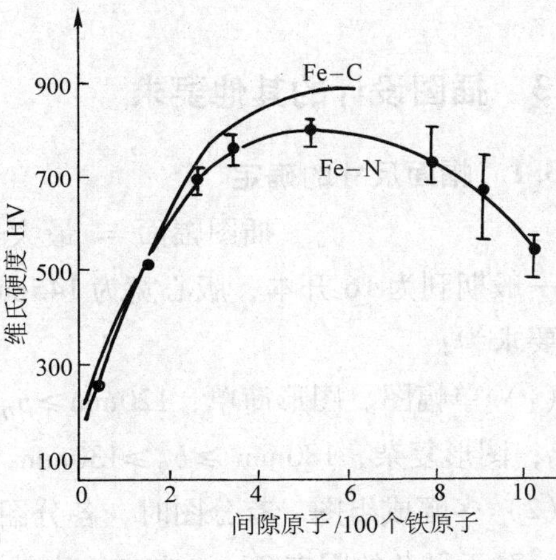

图7-19　Fe-C和Fe-N马氏体的显微硬度

5. 图注与说明

为了使图具有自明性，如有必要，应在图上给出图注与说明，如试验条件、其他有关符号、数值等。图注与说明同样要求简洁、准确，而且位置安排要合适，既可在图形中，也可在图形外。在图形中，阅读比较方便；在图形外，图显得比较简洁。图7-20、图7-21是两种比较典型的例子。

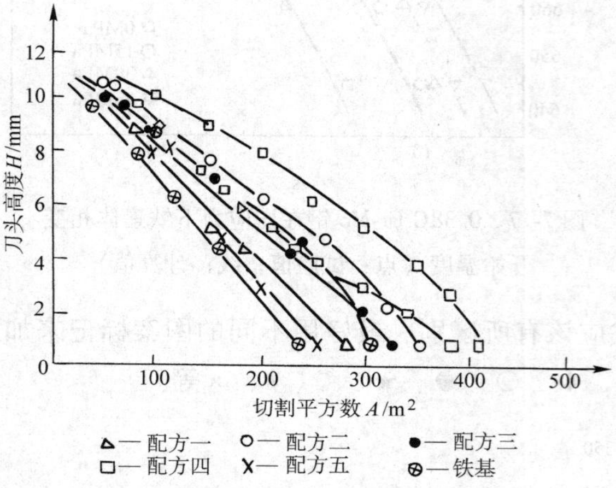

图7-20 典型刀头切削过程中磨耗情况的比较

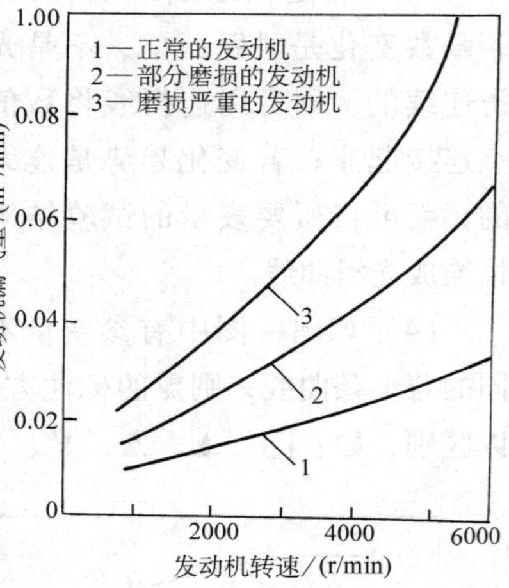

图7-21 发动机转速对活塞漏气量的影响

7.1.3 插图设计的其他要求

7.1.3.1 幅面尺寸的确定

$$插图幅面 = 最大长度 \times 最大宽度$$

一般期刊为16开本，版心宽为145mm，版心高度为214mm，所以对插图尺寸的要求为：

（1）单幅图。图形简单，120mm $\geqslant b_D \geqslant$ 70mm，制版缩小后为100mm $\geqslant b_D \geqslant$ 55mm；图形复杂，180mm $\geqslant b_D \geqslant$ 130mm，制版缩小后为145mm $\geqslant b_D \geqslant$ 105mm。

（2）多幅成组图。有分图时，各分图的底图宽度 b，对于简单的图在60mm左右，对于复杂的图在85mm左右，也就是说同一行可排3个或2个分图。

7.1.3.2 图形的合理布局与文字表达

除考虑图的内容表达外，还应该注意图形布置匀称、疏密适中、不留大的空白、高宽比例协调等。这不仅能增强表达效果，而且还能美化版面、节省篇幅。特别是计算机程序图、系统框图、电路图等。

插图与文字的表达要配合。论文中不能出现这样的情况：叙述时有“见图××”，但是实际上没有图；反之，有了“图××”，但是文中并未提及。一般是先见文字叙述，后见插图；而文中已经提及的图尽可能与文字靠近，最好在本节中出现。

7.2　表格的合理设计

7.2.1　表格设计的一般原则

表格是试验数据或统计结果和事物分类的一种有效表达形式。因为表格能系统、简洁、集中和对比性较强地表述科学内容，所以和图一样是科技论文中不可缺少的表达手段。应根据要描述的对象和表格本身的功能，决定是否采用表格。三言两语就能说清楚的，就不必使用表或图，尽量做到表达简洁、明确，减少篇幅和版面。

表格设计的一般原则有：

1. 表格要精选

下列情况一般适宜采用表格：描述的重点是对比事项的隶属关系或对比量数值的准确程度；根据研究和论文的要求，必须给出定量反映事物运动过程和结果的系列数据；消除烦琐的文字重复性叙述。有时候，同样的结果用表格表示还是用图来表示，则要根据论文讨论的重点和要求来决定。一般情况下，在论文中，同一结果不能既用图又用表一起表达；如果试验结果很重要，为了完全明确地阐述清楚，则可以图表并用。

在有些情况下，适宜用图表示，不宜用表来表达。例如，强调物体的形貌，需要形象、直观地表现事物的运动过程和事物之间的关系，这时适宜用图表示。

在初步确定用表格的基础上，进行分析比较，能合并的则合并。

2. 形式要合适

从形式划分，表主要有以下三种类型：

（1）无线表。整个表无一根线，常应用于内容简单的场合。例如：

表×　异步电动机的 $\cos\varphi$ 与负载的关系

负载状况	空载	1/2 标负载	满载
$\cos\varphi$	0.20	0.85	0.89

（2）系统表。只用横线、竖线或括号、线条把文字连起来。例如：

表×　实数的组成

- 实数
  - 有理数
    - 零
    - 整数
      - 正整数
      - 负整数
    - 分数
      - 正分数
      - 负分数
  - 无理数
    - 正无理数
    - 负无理数

（3）三线表。科技论文中表格的形式一般采用三线表。三线表和卡线表都是常用的表格。但是，卡线表的缺点是横线、竖线多，栏头有斜线，显得不简练。所以，目前都推荐使用三线表。三线表按照用途分，有数据表、对比表、计算用表等。

3. 设计要科学

表格设计应当科学合理、层次清楚、简单明了、直观易懂；同时，表格设计应当格式合理、符合规定。其具体要求为：表中的数据可以是原始数据，也可以是经过整理的数据；表格本身要易被理解，各行、列的安排顺序要合理，符合逻辑规则；表中的栏目、内容应使人容易读懂，并且能使人容易得到有关的结论；表中的数据精度不能高于实际所能得到的精度；表格的长、宽要符合页面尺寸与排版格式的要求；表格中尽量减少空格；表的层次要与内容及其分类相适应；对于表示有因素变化关系的研究结果时，列和行中的参数必须分别对应于因变量（纵坐标）和变量（横坐标）。

表是试验、测量和统计结果的有效表示形式之一。表的主要作用有：

（1）能把研究数据、数值等结果精确地表达出来，并作为论文的论据。

（2）能很好地与其他同类研究结果进行比较。

（3）能很好地反映各因素之间的相互关系，有利于读者验证论文的结论。

（4）能起到组织材料、压缩材料等作用，减少文字叙述，节约论文篇幅。

（5）丰富论文的表达形式，吸引读者，增强阅读记忆。

7.2.2　三线表的规范表达

7.2.2.1　三线表的形式

传统的卡线表形式如下所示：

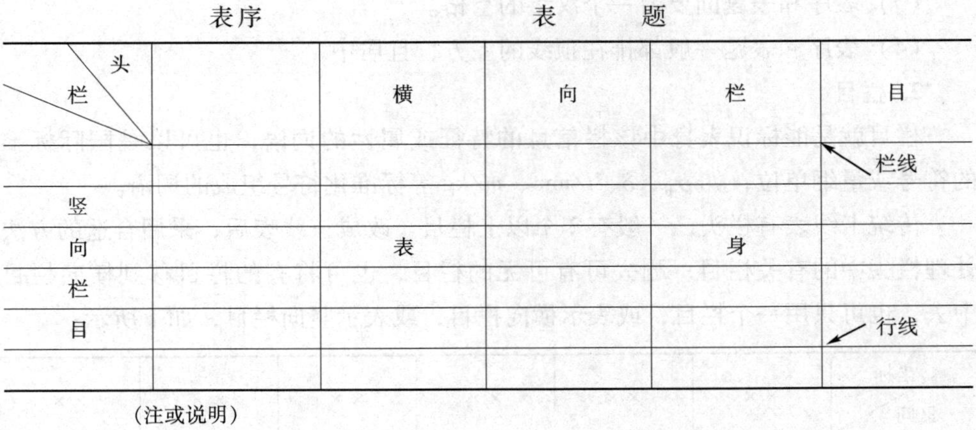

三线表的形式如下所示：

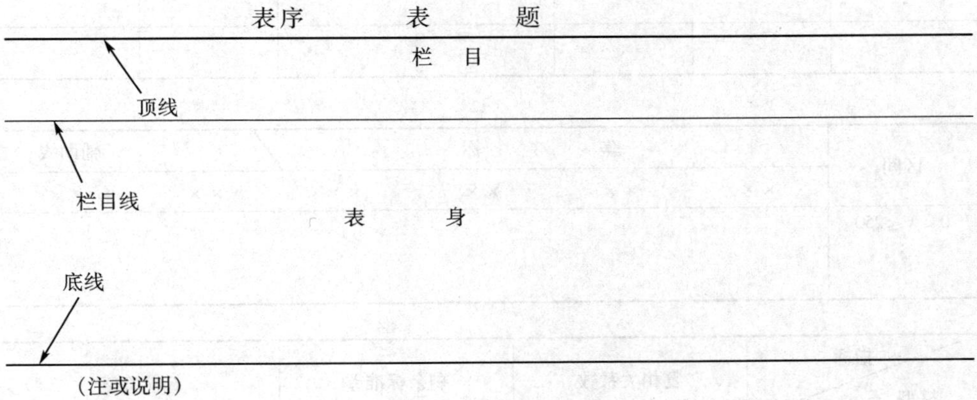

三线表是根据表中主要的三根线条而得名，在必要时，还可以加上辅助线。三线表是简化和改进了的卡线表，所以既有卡线表的全部功能，又克服了传统卡线表的缺点，增强了表格的简洁性，减少了排版制表的困难。

7.2.2.2　三线表的构成

1. 表序和表题

（1）按照论文中出现的先后编排表序，如表 1、表 2……表 1.1、表 2.3……如果论文中仅有一个表，也要编“表 1”序号。

（2）表题是表格的名称。表题和图题一样，要求准确得体、简短精练，避免泛指性的词，如“数据表”“对比表”等。也没有必要在表题名称中都以“表”字结尾。

（3）表序和表题间要留一个汉字的空格。

（4）表序和表题一般都排在顶线的上方，且居中。

2. 栏目

栏目就是能标识表身中该栏信息的特征或属性的词语，也可以是国际标准的符号或量纲单位，如σ_b、δ、l/mm、m/kg 等标准化符号组成的词语。

传统卡线表有栏头，一般有 2 个以上栏目。改成三线表后，采用合适的方法处理栏头中的有关栏目，删去可有可无的栏目，也可将有的栏目移到横向栏目中去，也可只用一个栏目，或表示横向栏目，或表示竖向栏目，如下所示：

坐标 区间	××	××	××	××	××	××
$0 < X \leqslant 250$						
⋮						

区间	坐标					辅助线
	××	××	××	××	××	××
$0 < X \leqslant 250$ ⋮						

指标 模型	复相关系数	剩余标准差	F 检验值
统计模型			
⋮			

模型（或指标）	复相关系数	剩余标准差	F 检验值
统计模型			
⋮			

栏目有单层次的，也有多层次的。栏目取名和信息归类要正确。如果实在不好归类，则可采用增加辅助线或另起确切的名称等办法来解决。例如，涉及美国、日本、中国台湾等，起“国家或地区”的栏目名称则比较合适。如果表

格中有P/MPa、σ_s/MPa、n等各种数据结果的话，以“指标”作为栏目名称则不合适，应该用“参量”。栏目名称的要素为“名称（符号），单位量纲”。如果栏目内容有标准符号，则名称和符号取其一。

3. 表身

表身容纳了大部分或绝大部分的信息，是表的主体。要注意以下几点：

（1）表身内的数字一般不带单位，单位符号和百分号等都归并在栏目中表示。

（2）如果表格内全部栏目中的单位均相同，则可把共同的单位量纲提出来标注在表格顶线上方右端。如多数栏目的单位相同，也可把多数栏目共同的单位量纲标注在表格顶线上方右端，其余少数不同的单位仍然留在栏目内。

（3）表身中同一栏各行的数值一般都处在共同的栏目之下，应以“个位数”等符号为基准上下对齐；如果处于不同栏目下，则不必要求上下对齐。所有数据的有效位数应相等。

（4）上下左右相邻栏内的文字或数字相同时，应该重复写出，不可使用“同上”“同下”“〃”等词语或符号来代替，但可用共用栏的方式处理。举例如表7-1所示。

表7-1 DT合金制造垫圈冲裁模的使用寿命

模具材料	使用条件		使用寿命			失效形式
	设备吨位/（9.8kN）	凸模允许磨损量/mm	刃磨寿命/万次	刃磨次数/次	总寿命/万次	
Cr12	100	5	2.3	12	27.6	磨损
GW50钢结硬质合金			13.5			崩刃碎裂
DT合金			30	25	750	磨损

（5）表身中无数字的栏内，不可轻易或随便以“0”“—”“/”等方式填空。标准规定：“0”代表实测结果为0；“—”表示无此项，客观上不存在；空白代表未测。

4. 表注

表格中某些内容需要注释、补充或说明的，可用最简练的文字横排于表题下面，也可附注于表的底线下。两者相比，以后者居多。

7.2.3 三线表设计的其他要求

1. 表格的横竖转换

横表分段：横向项目过多而竖向项目过少时，可从宽度方向切断，段与段之间用双细线分隔开，每段竖向栏目重复排出。举例如表 7-2 所示。

表 7-2 ××地区年降雨量和预报值 单位：亿 m^3

年份	1985	1986	…
降雨量	103.7	94.6	…
年份	1992	1993	…
降雨量	89	130	…

说明：从 1991 年起为预报值。

竖表转位和横表分段的处理方法相似。

2. 表格的位置

表格在论文中的安排应先见正文的文字叙述，后见表格。若正文中出现“如表×所示”等语句后，则应及时安排相应的表。排版时，表格尽可能地保持成整表，不要轻易地拆开转页。

3. 表格的幅面尺寸

$$\text{幅面尺寸} = \text{最大长度} \times \text{最大宽度}$$

表格内容比较多，宽度比较大时，一般有以下几种方法处理：

（1）删除可有可无的项目。

（2）栏目或栏内文字转行排。

（3）横竖表转换（上面已讨论）。

（4）采用侧排表。这样，表宽限制可扩大到 16 开本的高度，可以容纳更多的栏目。侧排表的正确方法是顶左底右。

（5）采用对页表，即整表安排在相邻的两页上。

（6）采用插页。

7.3 科技论文中的其他技术问题

科技论文的写作与其他文体的作品不同，科技论文仅用语言文字表达是不够的，还需要有科学的专业术语和规范的符号来辅以表示。例如，数学、物理、化学、力学、材料学等学科中的符号、分子式、结构式、表达式和方程式等，以及科学技术问题中的示意图、流程图、表格等。它们所表达的科学内涵往往难以用语言文字来简单而准确地描述。这也就是科技论文中的科学“语言”。一般情况下，科技语言的表达已有规范的表达方式。关于图和表的设计在前面已有讨论，这里介绍其他有关科技论文写作的技术问题。

1. 外文字母的运用

在科技论文的写作表达中，不可避免地要用到外文字母。其运用要符合以下规范：

（1）下列情况应用外文正体：①所有计量单位、词头和量纲符号。计量单位如 m（米）、s（秒）、℃（摄氏度）、mol（摩尔）等；词头如 k（千）、μ（微）等。②数学式中的运算符号、缩写号和常用符号等。运算符号如 Π（连乘）、d（微分）等；缩写号如 min（最小）、lim（极限）等；其值不变的常数符号如 π（圆周率）、e（自然对数底）等。③三角函数符号、双曲线函数符号等。④化学元素符号，如 O（氧）、Fe（铁）、Cu（铜）等。⑤计算机程序指令。⑥产品的型号或代号，如国际标准代号 ISO、国家标准代号 GB 等。⑦表示序号的拉丁字母，如附录 A。⑧技术术语符号。硬度符号如 HBW、HRC 等；公差配合符号如 JS6、N7 等；强度符号如 σ_{b}、σ_{-1} 等。

（2）应用外文斜体的情况：①表示的几何量，如坐标 *x*、*y*、*z*，线段 *AB*，边长 *a*、*b*、*c*，弧长 *CD*，点 *O*，∠*β*，Δ*ABC* 等；②表示的物理量，如 *m*（质量）、*F*（力）、*W*（功）、*Q*（热量）等；③数学中的一般标量，如 *a*、*b*、*p*、*q* 等，函数 *f*（*x*）等。

（3）外文大写字母的应用：①来源于人名的单位符号首字母，如Pa（帕）、A（安）等；②化学元素符号的首字母，如 Si（硅）、Ti（钛）等；③量纲符号，共有 *L*（长度）、*T*（时间）、*I*（电流）、*Θ*（热力学温度）、*N*（物质的量）、*J*（发光强度）七个；④人的名字、父名和姓的首字母；⑤表示 10^6 以上因数的词头符号，如 M（10^6）、G（10^9）、T（10^{12}）、P（10^{15}）、E（10^{18}）、Z（10^{21}）等；⑥国家、国际组织、国际会议、文件、机关、团体、学校等名称中，其实词的首字母应大写；⑦参考文献中的篇名的首词首字母要大写。

（4）外文小写字母的应用：一般情况下，外文常用小写表示。① 来源于人名以外的一般单位符号，如 m（米）、kg（千克）、mol（摩）、s（秒）、t（吨）等。不准将以上符号分别写作 M、Kg、Mol、S、T 等；② 表示 10^3 及以下因数的词头符号，如 k（10^3）、f（10^{-15}）、z（10^{-21}）等。

2. 专业符号

自然科学的各专业、学科都有自己的专业符号。例如，机械专业有机械传动系统图形符号，电气专业有电气传动系统图形符号与电子技术系统图形符号等。运用不同的符号可画出有关专业方面的系统图。在论文的正文叙述、图和表的表达中，都可应用标准化或规范化的专业术语符号。

3. 公式

科技论文中的公式主要有数理公式和化学式。在表达时要注意以下几方面的问题：

（1）除简单的叙述性公式可以串文排以外，其他公式一律居中排。

（2）有编号的公式要略靠左排，编号在右边，并加圆括号。如果公式较长，在公式后边排不下公式编码时，可将公式编码排在下行的右顶格处。

（3）有些公式比较复杂，公式中的字体除了区别大小写外，还要区别白体和黑体以及正体和斜体，以避免表示不清而引起混淆。

（4）数学乘式中，字母代号之间、字母代号与前面的数字之间，可不用乘号分开。但数字与数字之间、字母代号与后面的数字之间一般用乘号分开，如$\sqrt{3}UI\cos\phi \times 10^{-3}$。

（5）当数理公式很长，在一行排不下时，就要转行。应该首先在“=”“<”“≥”等处转行，其次考虑在“+”“-”或“×”“÷”处转行，再次才考虑在“∑”“∏”等处转行。

（6）化学键的符号不要与数字符号相混淆。例如，单键“—”与减号“-”，双键“═”与等号“=”等。

（7）化学反应式转行时，尽可能在反应方向符号“→”“⇔”“+”“=”等处转行。化学结构式尽可能在“→”“⇔”“—”“≡”“═”“:”等处转行。

（8）在数理公式和有关专业术语的符号中，经常会有一些上下角标的符号，写作时必须将符号及其位置写准确。

4. 计量单位

因为国际单位制具有通用、简明、实用、准确等特点，所以受到了世界各国的普遍重视和支持，得到了广泛的推广和应用。为适应国际经济、文化、科技进步和交流的需要，我国决定在采用先进的国际单位制的基础上，进一步统一我国的计量单位，逐步全面实行国际单位制。

（1）基本量及基本单位

1）基本量。“在量制中，约定地认为是彼此独立的量”称为基本量。力学中的长度、质量和时间，电磁学中的电流，热学中的温度，以及在整个科学领域中的物质的量和发光强度，这七个量为基本量。

2）基本单位。“在给定量制中基本量的单位”称为基本单位。基本单位是构成单位制中全体单位的基础。国际单位制的基本单位共有七个，可适用于各个科学技术领域的需要。国际单位制的基本单位如表7-3所示。

表7-3 国际单位制的基本单位

量的名称	单位名称	单位符号
长度	米	m
质量	千克［公斤］	kg
时间	秒	s
电流	安［培］	A
热力学温度	开［尔文］	K
物质的量	摩［尔］	mol
发光强度	坎［德拉］	cd

（2）导出量、导出单位及辅助单位

1）导出量。“在量制中，为该量制基本量的函数所定义的量”称为导出量。导出量是由基本量推导出来的，所以导出量要比基本量多。

2）导出单位。“在给定量制中导出量的基本单位”称为导出单位。例如，国际单位制中，速度的单位“米/秒”就是由基本单位米除以基本单位秒构成的。

3）辅助单位。国际上把既可作为基本单位又可作为导出单位的单位单独作为一类，即辅助单位。例如，平面用的单位弧度和立体角的单位球面度就是辅助单位。

国际单位制的辅助单位如表7-4所示，国际单位制中具有专门名称的导出单位如表7-5所示，我国选用的非国际单位制的单位如表7-6所示。

表7-4 国际单位制的辅助单位

量的名称	单位名称	单位符号
平面角	弧度	rad
立体角	球面度	sr

表 7-5　国际单位制中具有专门名称的导出单位

量的名称	单位名称	单位符号	其他表示示例
频率	赫［兹］	Hz	s^{-1}
力；重力	牛［顿］	N	$kg \cdot m/s^2$
压力；压强；应力	帕［斯卡］	Pa	N/m^2
能量；功；热	焦［耳］	J	$N \cdot m$
功率；辐射通量	瓦［特］	W	J/s
电荷量	库［仑］	C	$A \cdot s$
电位；电压；电动势	伏［特］	V	W/A
电容	法［拉］	F	C/V
电阻	欧［姆］	Ω	V/A
电导	西［门子］	S	A/V
磁通量	韦［伯］	Wb	$V \cdot s$
磁通量密度，磁感应强度	特［斯拉］	T	Wb/m^2
电感	亨［利］	H	Wb/A
摄氏温度	摄氏度	℃	
光通量	流［明］	lm	$cd \cdot sr$
光照度	勒［克斯］	lx	lm/m^2
放射性活度	贝可［勒尔］	Bq	s^{-1}
吸收剂量	戈［瑞］	Gy	J/kg
剂量当量	希［沃特］	Sv	J/kg

表 7-6　我国选用的非国际单位制的单位

量的名称	单位名称	单位符号	换算关系和说明
时间	分 ［小］时 天（日）	min h d	1min = 60s 1h = 60min = 3 600s 1d = 24h = 86 400s
平面角	［角］秒 ［角］分 度	(″) (′) (°)	1″ = （π/648 000）rad（π 为圆周率） 1′ = 60″ = （π/10 800）rad 1° = 60′ = （π/180）rad
旋转速度	转每分	r/min	1r/min = （1/60）s^{-1}
长度	海里	n mile	1 n mile = 1 852m（只用于航程）
速度	节	kn	1kn = 1 n mile/h（只用于航行）
质量	吨 原子质量单位	t u	1t = 10^3kg 1u = $1.660\ 565\ 5 \times 10^{-27}$kg
体积	升	L（l）	1L = 1dm^3 = $10^{-3}m^3$
能	电子伏	eV	1Ev = $1.602\ 189\ 2 \times 10^{-19}$J
级差	分贝	dB	
线密度	特［克斯］	tex	1tex = 1g/km

5. 计量单位应用时的注意事项

（1）组合计量单位要正确表述。组合单位除号对应的名称为“每”字，无论分母中有几个单位，“每”字只出现一次。例如，质量热容的单位符号为J/（kg·K），其名称为“焦耳每千克开尔文”；而不是“每千克开尔文焦耳”，也不是“焦耳每千克每开尔文”；广泛用作旋转速度的单位符号为r/min，其名称为“转每分”，而不是“每分转”。

（2）计量单位符号按规定表达。单位符号多为外文符号，不论是拉丁字母还是希腊字母，规定一律用正体，而且大小写都有规定，所以表达时不要写错。例如，m是长度米的单位符号，而不是M，M是词头兆的符号，所表示的因数为10^6；k是词头符号千，而不是K，K是热力学单位符号开［尔文］；h是小时的单位符号，而不是H，H是电感的单位符号；t是吨的单位符号，而不是T；压力的单位符号为Pa，不能写成pa；质量的单位符号为kg，不能写成Kg或KG；功率的单位符号为kW，不能写成KW；频率的单位符号为Hz，不能表示成HZ，等等。

（3）论文中的单位表达方式要统一。例如，前面用“千克”，后面在叙述时用“kg”，虽然没有错，但是体例不一致。同一篇论文中最好统一。

（4）计量单位相同的参数范围，只需写出后一个参数的计量单位。例如，“15～20℃”。但是“5°～12°10′”不能写成“5～12°10′”。在一组同一计量单位的数字后，一次标明计量单位符号。例如，3、6、10kg 。

（5）计量单位的外文符号不能拆开移行。例如，“kg/m^3”，不能把kg放在上行末，而把“$/m^3$”放在下行首。

（6）在阿拉伯数字后有计量单位时，要用法定计量单位或许用单位的符号。例如，4cm、8mg等，不应写成4厘米、8毫克等。

（7）在论文的正文中，叙述到计量单位时，一般用汉字。例如，“每米”“每升”，不应该写成“每m”“每L”；摄氏温度单位“摄氏度”表示的量值应写成并读成“××摄氏度”，不能写成并读成“摄氏××度”；“30km/h”应该读成“三十千米每小时”。

第8章

英文科技论文的写作

世界上相当数量的科技论文、书籍等都是用英文写作的。特别是近现代以来，英语是被公认为在科技领域使用人数最多、使用地区最广泛的语言。作为理工科学生，还有科技工作者，不仅应该具备阅读英文科技论文的能力，而且也应该掌握英文科技论文的写作技巧，从而将研究成果发表到英文科技期刊上。通过这样的方式，可以参与到某个研究领域的同行讨论中，还可以引起关注，从而获得资助以推动研究工作的进展。而且，即使是中文科技论文，现在绝大多数的中文科技期刊也需要用英文翻译出题目、摘要和关键词部分。总而言之，掌握英文科技论文的写作非常重要。

8.1 英文科技论文的主要组成部分

英文科技论文的正文根据论文的类型不同而略有差异，主要分为以下几种：试验报道论文、综述论文、学位论文、评论等。各种类别的英文科技论文的主要内容与对应类别的中文科技论文类似。这里以试验报道论文为例，详细介绍其主要内容及写作方法。下文中述及的英文科技论文如果没有特别说明，就指的是试验报道类论文。

英文科技论文主要包括题目（Title）、摘要和关键词（Abstract and Key words）以及正文部分，而正文又包括引言（Introduction）、试验（Experiments）、结构与讨论（Results and Discussion）、结论（Conclusions）、参考文献（References）等。

8.2 英文科技论文的题目

论文的题目要简练明确、高度概括，具体而不笼统，要点明论文最重要的内容。英文题目要达到以上要求，应该注意以下问题：

（1）英文题名的字数不应过长，国内外期刊一般都有字数的要求。例如，英国数学学会要求不超过12个实词；《美国医学会杂志》规定题名不超过2行，每行不超过42个印刷符号和空格；我国期刊一般要求不超过10个实词。

（2）题名的结构已约定俗成，一般要求以名词短语为主要形式。题名中一般只有名词、形容词、介词、连词等，如果出现动词，也只是现在分词和过去分词的形式。例如：

Optimal Design of Tractor Three Link Hitch（拖拉机悬挂机构的优化设计）

Slag Foaming in the Process of Reduction and Refining（还原精炼条件下炉渣的泡沫化）

（3）题名通常不用陈述句，在少数情况下也可以用疑问句。题名中尽可能少用或不用冠词。题名中的大小写字母有三种格式：①所有字母全部大写；②每个词的首写字母大写，一般的冠词、连词等都小写；③题名第一个词的首写字母大写，其余均小写。其中，用得比较多的是第二种格式。

8.3　英文科技论文的摘要及关键词

除了英文科技论文自己的要求之外，现在中文科技论文要求附带翻译成英文的摘要。联合国教科文组织规定，全世界发表的科技论文必须附一短小精悍的英文摘要。1982年，我国大部分理工农医类高等院校的学报参加了中国高等院校学报论文文摘（Chinese University Journal Abstracts，CUJA）英文磁带版系统，目的在于建立文献数据库，以方便进入国际联机检索网络，使我国的科技信息能在世界范围内迅速传播和被利用。

8.3.1　英文摘要的结构形式

英文摘要的内容主要有目的（Goal）、方法（Methods）、结果（Results）和结论（Conclusions）等。英文摘要的长度一般要求在250个实词之内；对动词的语态、谓语动词语态要求简练、表达有力。讲解目的、方法时，常用过去时态，讲解结果、结论时，多用一般现在时。不宜采用如I、We、You这类的第一、第二人称代词，常用第三人称被动语态，以表示科技工作的客观性。

在结构上，许多英文摘要采用下面的结构形式：

analyze / compare / review / study … present / introduce / prove/ establish …

solve / result in / obtain / show …（分析/比较/回顾/讨论/研究……提出/介绍/论证/建立……解决/实现/获得/表明……）

这样的叙述方式层次分明，形式简练。

结尾时，常以研究结果或 finally / in conclusion，and，also，accordingly（最后，并且，而且，因此）等词导出的句子结束。例如：

The proposed system has been successfully applied to…（该系统已成功地应用于……）

It proves / turns out that…（研究证明……）

8.3.2 英文摘要的精简方法

论文摘要写作的基本要求是简洁明确，高度概括论文的重点、创新点和研究的新成果。对于英文摘要的要求也是如此。在文字的简练方面，还要注意以下一些问题：

（1）不用开场白。以前习惯用"This is a report on …"、"In this paper，the author presents … ""The purpose of this article is to …"等套话，现早已简化成"The paper / author suggests / presents…"等格式。开头常见的一些主动态句式有：

（This paper 本文）

——presents an algorithm …（提出一种……算法）

——presents an analysis of…（提出一种……分析方法）

——introduces some methods associated with …（介绍一些……的方法）

——examines the properties of …（研究……性质）

——explains theories of…（说明……的理论）

——emphasizes the behavior of …（重点分析……的性质、行为）

也可以写成被动态句式 。例如：

A new algorithm for… is proposed，based on …（基于……提出的新算法）。

有时更简单，索性省去了"The paper / author"，直接用动词"Present…"或"Discuss…"起头。现在的趋势是甚至连这些动词也不用，开门见山，如【例 8.1】所示。

【例 8.1】

Abstract Deformation microstructure in Fe-Mn-Cr-N austenitic steel shows strict crystallographic features. The transgranular facets were identified as $\{111\}_\gamma$, on which the intersecting angle between bands is 60°. The slip bands on two intersecting $\{111\}_\gamma$

(109°28′) display regular symmetry. Brittle fracture plane along the deformation twin is {110}. The angle between intersecting deformation twin is 70°. The slip bands were kinked at fcc twin boundaries with the kink angle 35°-40°. The angle between different slip bands on the metallographs is 60°-80°.

(陈康敏，戴起勋．钢铁研究学报1998，10 (1)：38.)

(2) 不用标题语。摘要的开头不要把标题再重复一遍。从信息存储方便的角度，摘要中尽量不要用图、表、方程和结构式等非文字性的内容。但确实是论文中的重要成果，也可以在摘要中反映，见【例8.2】。

【例8.2】

Stacking fault energy of austenitic steels

Stacking fault energy and stacking fault nucleation energy are defined in terms of the physics nature of stacking faults and stacking fault energy, and the measuring basis for stacking fault energy. Large quantities of experimental results are processed with the aid of computer and an expression for calculating stacking fault energy has been obtained as

$$
\begin{aligned}
\gamma_{SF}^{300}\ (mJ/m)^2 = {} & \gamma_{SF}^{0} + 1.59Ni - 1.34Mn + 0.06Mn^2 - 1.75Cr + 0.01Cr^2 \\
& + 15.21Mo - 5.59Si - 60.69\ (C + 1.2N)^{1/2} \\
& + 26.27\ (C + 1.2N)\ (Cr + Mn + Mo)^{1/2} \\
& + 0.61\ [Ni \cdot (Cr + Mn)]^{1/2}
\end{aligned}
$$

(QiXun Dai et al. Chinese Physics. 2002, 11 (6): 596 ~ 600.)

(3) 尽量不用重复词。按照修辞学要求，英语最忌重复，能省略的就省略。例如，淀粉食品的重要来源，在温带国家是土豆，在热带地区是香蕉。英文为：Potatoes are an important source of starchy food in temperate countries and bananas (省略“are an important source of starchy food”) in tropics. 在这里，英、汉语省略的部分一致，但句型结构不同。括号中的谓语“are”和表语“an important source of starchy food”同前面并列句中的重复，所以可删除，节约篇幅；又用“tropics”代替“tropics countries”，以免“countries”一词重复出现。

(4) 少用定冠词。现代英语有减少使用定冠词“the”的趋势，语言中的冠词未必不可少。一般情况下，在汉语中无冠词表达意思并没有什么影响。在科技论文的摘要中，尤其要求简练，可尽量少用冠词。例如，美国农业部1980年年度报告，长达177页，但其摘要非常简洁，见【例8.3】。

【例 8.3】

This publication contains short reports on investigations aimed at reducing salt damage of soils, crops, and water; improving irrigation and drainage of agricultural lands; … preventing pollution of, and improving **the** quality of soil, water, and air; controlling water erosion, wind erosion, and sedimentation; and conserving and managing agricultural water resources.

（张叔方．科技论文的英语标题和摘要．）

这篇摘要中冠词 "**the**" 只出现一次。在 "aimed at" 前面省去了 "Which are"，这是用过去分词短语取代从句的常用精简方法。

（5）少用形式主语。在英文科技论文中，形式主语多用于结论和建议等方面。例如：

It is concluded that a new method has to be devised.

It will be seen that further research is needed.

It is advisable that a change be made in the plan.

许多作者不主张多用形式主语。因为形式主语占据了句首醒目的强调位置，增加了一个 "that" 的主语从句，使重要概念和事实不能及早被看到；主句用平淡无力的存在动词 "be"，而有表现力的行为动词却在后面的从句中，这样在形式上重要的意思表达不力；形式主语易使人感觉所提出的看法并非出自作者强烈的本意，使人怀疑作者有论据不足、不敢十分肯定之嫌。所以，不如直接简化为：

(Conclusion:) A new method has to be devised.

Further research is needed.

A change should be made in the plan.

Evidently, the result is acceptable.

（6）以短代长、减少冗语。为了节约文字，在同样能正确表达意思时，应该尽量使用短的词语代替长的词语。主要有以下几个方面：

1）多用复合名词。用复合名词表达信息最为简洁。例如：① "Transmission unit of dieselengine which is new and of low cost" 用了 11 个单词，改成复合名词 "The new low cost diesel engine transmission unit"，则只用了 8 个单词；② "A station for observing weather both by day and by night" 用了 11 个单词，改成复合名词 "A day - and - night weather - observation station"，则只用了 7 个单词。上面两例都做到了用词节省而又无损于原意。将关系密切的单词用连字符号组成词组，

更能收到结构严谨、含义清晰的效果，所以复合名词在科技论文的写作表达中被广泛使用，词汇排列的顺序基本上与汉语相同，可以顺译。

2）以短词代长词。长的词组应该用含义相近的短词（组）代替。在科技论文中常用的一些词组，如：用“by”（意思为“根据”）可代替“according to”“on the basis of”；用“for”（意思为“由于”）可代替“due to”“as a result of”“due to the fact that”；用“now”（意思为“现在”）可代替“nowadays”“at present”“at the present time”；用“often”（意思为“经常”）可代替“frequently”“in many cases”；用“for”（意思为“因为”）可代替“because”“on account of”“owing to the fact that”；用“actually”（意思为“事实上”）可代替“in fact”“as a matter of fact”。当然，这些词组的意义是相近的，但它们之间还是有一些差别的。如果对句子表达的意思无损，都可尽量用比较短的词来代替长的词组。

3）以短语代替从句。从句用词比较多，不如改为短语，使表达更为简洁，如：Those machines **in operation**（which are now operating）are put into mass production. 意思是：这些运转中的机器都投入了大批量生产。用介词短语“**in operation**”代替从句“which are now operating”，表达意思相同，却节省了用词。有时可以改成分词短语，如：This energy is transferred in turn to the object（which is）**being lifted**. 意思是：这种能量转化过来，又传送给正在提升的物体。这里用分词“**being lifted**”代替从句“which is being lifted”，不改变原意。例如，“which is”之类的冗语结构并不传递任何信息，在一般情况下，尽可能删去。

（7）不用通用内容。在摘要中，主要是反映论文最重要的创新成果和研究结果，所以通用性的内容可整句甚至整段地删去。这在写作时也应该注意。

在【例8.4】的摘要中介绍了许多常识性基本概念，不符合摘要简练的要求。英国INSPEC（国际物理与工程情报服务部）在收录这篇文章的摘要时，进行了比较大的修改，写成了【例8.5】：

【例8.4】

Wind power is a kind of inexhaustible and harmless energy source in the nature. Its application for providing electric power becomes more and more widespread nowadays. However, the wind power is not easy to control, because the change of the wind velocity will change the rotating speed of the **wind turbine**[1]. Consequently, the output frequency and voltage of the alternator driven by it will also be varied. This is unacceptable either to the consumers or to the parallel operation with an existing power system[2].

For solving this problem, **this paper**[3] **presents**[4] a variable speed and constant frequency and magnitude when the wind turbine speed varies within certain limits. This is[9] realized by using an eddy-current coupling between the wind turbine and **the**[7] alternator and the **existing current**[11] **of**[13] the coupling can be automatically regulated by means of electric devices so as to keep the speed of the alternator practically constant. The features of **this**[16] system are its compactness, reliability, fine regulation and ease of control. The experimental characteristics **will be**[17] given and some exploratory viewpoints on the application of system to wind power generation **will be**[18] presented.

【例 8.5】

Proposes[5] a variable **speed**, constant **frequency** and **magnitude wind turbine**[6] **realized**[10] by using an eddy-current coupling between the wind turbine and its[8] alternator. The **current**[12] **to**[14] the coupling can be automatically regulated by means of electric devices so as to keep the speed of the alternator practically constant. The features of **the**[15] system are its compactness, reliability, fine regulation and ease of control. The experimental characteristics **are**[19] given and some exploratory viewpoints on the application of this system to wind power generation **are**[20] presented.

（张叔方．科技论文的英语标题和摘要．）

修改后，摘要的写作质量有了很大提高。原摘要的前 5 句共用单词 84 个，占全篇 184 个单词的 45%，而说的是大家都知道的风力发电所具有的优点和利用的困难，是一般性的通识概念，根本没有必要在摘要中提及，所以把整段删掉了。其余的经过修改，只剩下了 85 个单词，为原摘要的 45%。

将原摘要第 6 句的开场套话“For solving this problem, this paper[3]”删去，并把谓语动词“presents[4]”换成“Proposes[5]”，取消了由“when”引出的状语从句，全句重新改写，使意思更加明确。

将原摘要第 7 句中的“This is[9]”去掉，简化成由“realized[10]”引出的过去分词短语，并入上句，使文字更紧凑。

原摘要中将主题词“wind turbine[1]”放在从句中，表达不力。改进后，把它移到篇首比较显眼的主句宾语位置[6]，又将“speed, frequency, wind”和“turbine”连用，组成复合名词，使得结构严谨、文字简洁。

原摘要中“the wind turbine and the alternator”的提法不妥，因为两个名词处于并列地位，是互不相关的事物。修改后，将后一个“the[7]”改为“its[8]”，这样就点明了二者之间是从属关系。正确的理解，准确的表达是非常重要的。

在后面的并列句中，原摘要的主语“the existing current[11] of [13] the coupling”被删掉“existing”，而且将介词“of [13]”改为“to[14]”，非常好。因为“existing”这个单词在文意上没有必要，可以省略。介词用“of”时，主语的含义是“联轴器的电流”，这种说法在逻辑上是不严谨的。改为“to”后，词意就变成“通到联轴器上的电流”，这才符合逻辑。起到了画龙点睛的作用。英语介词是最难掌握和正确使用的。如果在将中文翻译成英文时，不符合英文的逻辑表达方式，有时就会改变原来中文的意思，让审稿人和读者误解，起了相反的作用。这是十分值得注意的。

在第二次提到前面说过的事物时，要用“the[15]”，而不用“this[16]”。原摘要中最后两个谓语“will be[17] given”和“will be[18] presented”都用将来时，意思可能是表示“下面将说到”。可这里并不是论文的引言，而是摘要，没有“下面”部分了，所以用将来时说不通。修改后，改成现在时“are[19]”和“are[20]”是准确、达意的。

8.3.3 英文摘要中的动词

1. 动词的时态

自然科学论文的英文摘要的时态尽量取最简单的形式，因此，英文摘要中的动词一般都用现在时，有时也用过去时态。全篇所用时态，前后应该一致。如果没有必要，不用完成时、进行时或其他复合时态。

（1）现在时。现在时主要用于下列情况：反复发生、非一次性的动作，如：这部机器运转良好（The machine works well.）；叙述一般真理，如：光速大于声速（Light travels faster than sound.）；研究过程的实验过程和观察结果、图表及说明，如：结果表明…（Results show …），图1描述…（Fig.1 represents …），表2表示……（Table 2 shows …）；没有必要用其他时态。现在时用得最多，因为摘要（包括论文正文）反映的是现阶段的试验、成果和应用。另外，用现在时可以使读者感觉身在现场，历历在目，这也是英语文学上的一种生动传神的写作手法。

（2）过去时。过去时主要用于追述科技的发展历史，描述过去发生或早已结束的动作，有时也用于记录试验及结果。

（3）现在完成时。现在完成时用于以下几种情况：① 明显完成在主句动作之前，并且持续了一段时间的从句中的动作，如：数控机床是由存储在穿孔带上的数字数据来控制的（Numerical-control machine tools are controlled by numerical data which has been stored on punch tape or cards)。“存储”发生在“控制”之前，而且不是一次性动作。② 刚完成的动作，常常与 just，recently 等词连用，如：半导体的性能直到最近才完全弄清楚（The properties of semi-conductors have only recently been fully understood）。③ 过去完成而时间未指明的动作，如：通用零件已发展成为标准化结构（Machine parts commonly used have been developed into standardized design）。④ 经历了一段时间的动作，如：这东西作废已有一年（This has been out of use for a year），往往与“for”或“since”联用。现在完成时用得也不多，凡是能由现在时代替而不损原意之处，仍以用现在时为好。

（4）过去完成时。过去完成时很少用，仅用于论文研究工作以前的动作。

（5）将来时。科技论文中的将来时用于计划中的工作和预期的结果。

以上所述各种情况，不仅适用于论文摘要，也适用于论文正文的写作。

2. 主动态与被动态

传统上，科技英语论文摘要中至少有 1/3 用被动句，并且大部分用现在时，或与“will”“can”“may”“should”等情态动词联用，目的是客观地把读者最关心的动作对象或成就，摆在醒目而有强调效果的句首主语位置，即主语强位，加以突出。动作发出者是谁，并非读者的兴趣所在，所以没有强调或提及的必要。

例如，Scientists will analyze the results … 这一句把“Scientists”着重提出来，但没有给读者带来一点有用的信息，不如改成被动句：results will be analyzed… 这样不仅简洁，而且突出主题。

又如，People make filaments of tungsten wire . 用“People”做“make”的主语，概念上不一定恰当。因为做灯丝的究竟是人，是机器，还是人和机器相结合，难以定论。在科技论文中，类似这种情况用主动句容易引起混乱，改用被动句简单明了，效果更好。

但是，如果施动者为物时，却应该提出来。例如，Expansion is caused by heat，Cars may be driven by diesels. 这多数与现在时或情态动词联用。

在自然科学论文的英文摘要中，主动态和被动态往往是交互使用的。究竟是用主动态还是用被动态，应该根据所陈述的内容和性质，表达得简洁明了，在主动句和被动句之间进行选择。例如，Silver is known to be the best conductor. 如果勉强改成主动句“We（或 people）know that silver is the best conductor.”这样就把没有必要将动作的发出者放在句中强位，所以还是用原来的被动态比较好。又如，It will be seen from the table that …用被动态，显得文字太烦琐，用主动态“The table shows…”直截了当，叙述有力，效果更好。

由于英文摘要习惯上用无人称句，所以被动句比较多。有时为了避免行文语句结构呆板，也可以同时使用主动态和被动态句式，使行文形式有所变化，如【例8.6】。

【例8.6】

Effect of Transformation Structural Parameter on Cryogenic Martensite Morphology

Abstract The effects of stacking-fault energy and strength on phase transformations in cryogenic austenitic steels are considered. An expression, which relates the transformation critical resolved shear stress, the stacking-fault energy and the strength of austenite, which is deduced to be $\tau_C^2 = Ai \cdot (\gamma_{SF}/b) + Bi \cdot \sigma_{0.2}^{\gamma}$, The structural parameter, S, for the phase transformation of austenite, $\gamma_{SF}/(\sigma_{0.2}^{\gamma} \cdot b)$, has a great effect on characteristics of phase transformation. By testing and verifying, when $S > 0.65$, $\gamma \to \alpha$, and when $S < 0.4$, $\gamma \to \varepsilon$, and when $S = 0.35 \sim 0.65$ and $\gamma \to \alpha + \varepsilon$, respectively. Only if $(C+N) < 0.1\%$, does γ_{SF} become a chief factor affecting the phase transformation.

(Q. X. Dai et al. Mater. Charact., 2003, 49: 367.)

3. 少用存在动词和少重复行为动词

动词“be”单独使用，只能表明存在，缺乏力量。应该多用行为动词，或构成复合动词，如“is subjected to, are featured by…”

例如，The rare-earth-Mg-Ca alloy is compacted agent more suitable for high base gray iron in cupola. 意思是：稀土镁钙合金是一种更适合冲天炉内高碱灰铁的蠕化剂。句中动词用“is”只起联系后随表语的作用，平淡无力，可考虑改用行为动词“offers suggests”。

英语写作要尽量避免遣词重复，也包括使用动词。如英国《Irrigation Economics in Poor Countries》一书的摘要，见【例8.7】。

【例8.7】

The book examines issues in irrigation from the viewpoint of an economist, …. Chapter 1 defines the concept of irrigation potential and describes how it can be calculated. Chapter 2 shows how simple linear programming methods can be applied … Chapter 3 is concerned with the problem of defining the supply of water; Chapter 4 considers the rationale and effects of water storage. Chapter 5 analyzes the specific economic structure of the Usangu Plains; Chapter 6 shows how to calculate the irrigable potential of ··· Chapter 7 touches on the issue of economics of scale in irrigation; Chapter 8 examines some of the interdependencies ··· Chapter 9 offers some observations on ···

（张叔方．科技论文的英语标题和摘要．）

全文13个行为动词，没有存在动词，除“show”和“examine”各重复一次但是相隔比较远，出现频繁的印象就冲淡了。其余的虽然含义比较相近，但有意使用不同的单词，以达到行文不呆板的修辞效果。

8.3.4 国内外论文摘要实例分析

英文写作的一个常用的方法是将写好的汉语翻译成英文。将汉语摘要翻译成英语时，难度要比英译汉大。这并无捷径可走，只有不断提高自己汉、英两种语言及专业知识的水平，多翻译实践，不断总结汉、英两种语言表达方式上的异同，融会贯通，自然就熟能生巧。要想做好汉译英，必须先熟练英译汉。如【例8.8】。

【例8.8】

Electricity is such a part of our everyday lives and so much taken for granted nowadays that we rarely think twice when switch on the light or turn on the radio.

英语句子不是一群单词的随意排列，而是一些词组的有机组合。如果逐词直译，就可能会违反原意。凡是遇到直译有问题时，一定要想到其中是否有词组，而不是一些孤立的单词。文中的“so much taken for granted”，如果不顾语法，逐字翻译成“为了许可拿那么多”，就很不通顺，应该马上想到这是否是一个词组。经过查阅，“taken ··· for granted”是几个词结合在一起的词组，意思是“认为理所当然的事”。又如“think twice”直译成“想两次”，在句中不通。这也是词组，意思为“仔细考虑”，翻译时改为“三思而行”或“反复思考”，就比较通顺。经过这样的消化整理，全句可翻译成“今天，电是每天生活的一部分，已成习惯，人们开灯或开收音机时，用不着三思而行。”

下面通过一些汉英对照的科技论文标题和摘要，加以评析，共同探讨。

【例8.9】

企业经营学初探

本文就建立经营学问题作了几点探讨。分别从世界发达国家的经营学建立和发展的历史、经营的概念和建立经营学的可能性与必要性等方面，阐述了社会政治经济的发展，要求在我国建立经营学，以及在我国建立经营学不仅是可能的而且是必要的等基本观点。并从企业的角度出发，明确了"经营是决策型的，管理是执行型的"基本思想。最后，结合有关基础理论学科，对经营学体系作出了以"经营预测""经营方式""经营体系""经营决策"和"经营分析"等为主要内容的初步设想。

Preliminary Approach to Management Theory System

Several approaches are suggested to set up management theory system in China. From development histories of some advanced countries, the[1] concept of management, possibility and necessity to develop the theory system, the author sets forth that the[1] establishment of management theory system in China is required by development of social politics and economy, and not only possible but also necessary. From[2] enterprises' point of view, it is "Decision-making" and controlling that of "Carrying-out". Finally, in connection with[3] fundamental theoretical subject, the author suggests that the[1] management theory system be divided into five parts: "Operation forms", "Decision-making", "Management system", "Theory of forecast" and "Management analysis".

（张叔方．科技论文的英语标题和摘要．）

这篇摘要的问题是：汉英对照不太严谨；企业经营学可考虑译为"enterprise management science"；三个"the[1]"可以省略；第三句按汉语原文的意思应翻译成"From[2] enterprises' point of view, made clear are the basic idea that management is of 'decision-making' style, and control of 'carrying-out'"；"with[3] fundamental theoretical subjects"应为"relevant fundamental theoretical subjects"。

【例8.10】

永磁发电机电抗式调节器理论探讨

采用永磁交流发电机作为汽车发电机是当今汽车专用发电机的发展方向。能否用简单有效的方式自动调节永磁发电机的输出，以满足与蓄电池并联运行的需要，成为它能否推广使用的关键。本文针对永磁交流发电机的特点，提出了采用串入铁芯电抗器的方式来调节发电输出的一种途径，并对此作了理论分析和实验测试。结果表明，理论分析和实验测量的数据基本一致。

Theoretical Approach to Reactance Modulator for Magneto[1]

The adoption of AC magneto[1] now turns into a development trend[2] in designing automobile generators. Automatic regulation of the output of magneto[1] to meet the needs of parallel operation with storage batteries is becoming a key to the extensive application of magneto[1] to the automobile. To counter[3] the characteristics of magneto[1], this paper develops a new way in which the output of magneto is automatically regulated by inserting in an iron core reactor. Theoretical analysis is given and experiments are made. It is proved that theoretical results are in good agreement with measured ones.

（张叔方．科技论文的英语标题和摘要．）

这篇摘要的翻译应该有如下几点修改：标题和摘要中“magneto[1]”的后面都要加上“generator”一词；“trend[2]”已经有“发展方向”的意思，所以它前面的词“development”可以省略；“用简单有效的方法”漏译，可在第2个“magneto”之后补入“in a simple and effective way”；“To counter[3]”的含义是“对抗、抵消”而不是“针对”，用在这里不合汉语原意，可改为“according to”；后随的主从句共用22个单词，可只用14个单词，改为“developed is inserting an iron core reactor to auto-regulate output of magneto generator”；并列句中，后一分句和前一分句用的谓语相同（数不同无妨）时，可略去后者，因此“are[4]”一词可删去；最后一句可简写成“Both result are in good agreement”。

【例8.11】

机床主轴部件支承刚度的确定

本文分析了二支承主轴支承刚度对主轴部件刚度的影响。在此基础上用非线性回归法导出了前支承刚度的计算公式，以及二支承主轴部件最佳悬伸比λ_0的计算公式，用以确定后支承刚度。最后对三支承主轴部件的第三支承刚度以及跨距进行了讨论。

Determination of Bearing Static Stiffness for Machine Tool Spindles

In this paper the[1] influence of bearing static stiffness with two supports on the[2] spindle nose stiffness is analyzed. On this basis[3], by nonlinear regression analysis the author derives[4] a formula for calculating stiffness of overhung ratio λ_0 with two supports, with which stiffness of rear bearing is determined. Finally[5] stiffness of the third bearing and distances[6] between bearing for three-bearing spindle are discussed.

（张叔方．科技论文的英语标题和摘要．）

该摘要可作如下修改：“In this paper the[1]”可以省略；两个“the[2]”可省略；“On this basis[3]”可以简化成“whereby”；“the author derives[4]”可换成“derived are”；“Finally[5]”后应该加上逗号；“distances[6]”（距离）应该改成“space”（跨距）。

【例8.12】

在松软土壤上轮式拖拉机的土壤变形阻力

减少滚动阻力是提高拖拉机牵引性能的重要途径。土壤变形阻力是滚动阻力的主要部分。而下陷量Z又与土壤变形阻力大小有密切的关系。下陷量越深，土壤变形阻力越大。

目前已有多种压强—下陷关系式（*P-Z*关系式）。同时，也有多种从*P-Z*关系式导出的土壤变形阻力公式。

*P-Z*关系式多半是用平板试验得到的，它有一定的用处，但不很正确，今后有提高它的精度。此外，科学工作者正在努力工作，建立精确的应力—应变关系式用来代替平板试验法。

最后，本文还讨论了今后的研究方法和研究途径。

Soil Deformation Resistance of Wheeled Tractor on Soft soil

Decrease in rolling resistance is an important approach to improving traction performances. soil deformation resistance is the main constituent of rolling resistance and closely related to sinkage. The deeper the sinkage, the larger **the soil deformation resistance**[1].

Various formulas for soil deformation resistance based on *P-Z* relationship **were**[2] recommended by investigations.

The *P-Z* relationship derived mostly from plate tests are not very accurate, **Thus much effort is needed for** improving accuracy of formulas **for predicating soil deformation resistance. At the same time, scientific workers are endeavouring** to instead of plate tests.

Finally, discussed are some possible approaches **in this field of research.**

这篇摘要录入时可作如下整理：

（1）“**the soil deformation resistance**[1]”前文已提到过，再提及时应简化成“the resistance”，这是英语常用手法。

（2）不要分段，摘要一般是不分段的。

（3）“**were**[2]”宜写作“has been”。

（4）最后两段可简写成：

P-Z relationship derived mostly from plate tests are **something useful** but not very accurate. Measures are to be taken **hereafter** to improve its accuracy, and furthermore, to establish precise stress-strain relationship instead of plate tests. Finally, discussed are research approaches **in days to come**.

改写后，用词由57个精简成45个，去掉的都是不传递信息的词语（摘要中黑体字部分），同时还补上了漏译的内容（简写后段中黑体字部分），使与汉语所表达的意思对照得较好。

【例 8.13】

《工程索引年刊》（The Engineering Index Annual）在1984年收录了题目为“Technical Highlights of the 1985 Automobiles”的论文。摘要为：

Corporate average fuel economy requirements, vehicle aerodynamics, engine performance, and electronics applications are discussed. A company-by-company look at 1985 American cars is given.

可以看出，这篇摘要只用了25个词就概括了12页论文的中心内容，没有开场白，不用冠词“the”，没有一个单词是多余的，谓语用现在时和被动语态。

【例 8.14】

美国汽车工程师学会（Society of Automotive Engineers）的一本论文集上有一篇论文“Reasonable Choice of Speed Parameters of Tractor and Rotary Tiller”。摘要为：

In this paper discussed[1] is **the**[2] relationship of forward speeds of Tractor and rotor **rotational velocity**[3] of rotary tiller with **the**[2] working performance and power requirement of rotary tiller. Their correlation curves and empirical formulae are obtained **on the basis of**[4] direct perceiving **analysis**[5], Variance **analysis**[5] and regression **analysis**[5] of **the**[2] data obtained **through**[6] field tests. Thus **the method of**[7] reasonable choice of speed parameters for tractor and rotary tiller is suggested for designers and users.

这篇摘要的特点是：比较简短，共用了76个单词；没有单纯的存在动词；

冠词“the”用得比较少；谓语用现在时和被动语态。但如果作为收录摘要，还可作进一步的精简：①开头的四个单词“**In this paper discussed**[1]”可以简化成“**discussed**[8]”；②删除三个“**the**[2]”；③将“**rotational velocity**[3]”简化成“**speed**[9]”（转速）；④将词组“**on the basis of**[4]”改成单词“**through**[10]”（经由）；⑤将出现三次的单词“**analysis**[5]”三归一，只留最后一个，改用复数“**analyses**[11]”；⑥将“**through**”改为“**from**[12]”，以免同前面重复；⑦删除“**the method of**[7]”，因为“reasonable choice”（合理选择）中已含有“其方法、措施、途径”的意思。这样处理后，原摘要可简化成61个单词。其精简修改后的摘要如下：

Discussed[8] is relationship of forward speeds of tractor and rotor **speed**[9] of rotary tiller with working performance and power requirement of rotary tiller. Their correlation curves and empirical formulae are obtained **through**[10] direct perceiving, variance and regression **analyses**[11] of data obtained **from**[12] field tests. Thus **reasonable choice**[13] of speed parameters for tractor and rotary tiller is suggested for designers and users.

8.3.5 英文科技论文的关键词

和中文科技论文类似，绝大多数英文科技论文需要关键词，数量一般为3～5个，要求既有涵盖大领域的关键词，又有体现本篇论文所从事的某个小研究领域的关键词。可以参考阅读的相近研究领域的英文科技论文的关键词。特别需要注意的是，有些英文科技期刊要求作者从它的网上投稿系统自带的关键词词库中选择，而不能由读者自行撰写关键词。

8.4 英文科技论文的正文

英文科技论文的正文一般包括：Introduction（引言、背景介绍）、Experimental details（试验细节）、Results and discussion（试验结果与讨论）、Conclusions（试验结果）、References（参考文献）等。

在Introduction中，特别要写清楚论文所撰写的研究的总体情况及背景，近期的研究进展，存在哪些问题，以及简要提及这篇论文将要进行哪些研究和怎样研究。在讲解“要进行哪些研究和怎样研究”时，要着重讲清楚本研究要解决什么问题，有何重要意义，不要涉及具体试验结果。Introduction是英文科技论文的大纲，要求叙述逻辑清晰。另外，Introduction部分能够特别清楚地反映作者对其研究领域的熟悉程度。该部分的篇幅（双倍行距情况下）不应该少于1页。

在 Experimental details 中，首先写样品的情况，包括成分、形状等，然后写试验设备，包括设备型号、如何搭建等，必要的话要画出试验设备的示意图，最后写测试方法，交代测试参数。这部分也不要谈及试验结果。

在 Results and discussion 中，可以先写已经得到的试验结果，然后再集中讨论；也可以写完一个结果，进行一次讨论。如果这部分内容比较多，则可以分成几个小部分。这部分是英文论文的主要部分，要力求描述完整、清楚，讨论充分。论文中的图、表以及引用的参考文献等主要出现在这一部分中。

在 Conclusions 中，简洁地列出论文中得出的主要结论，可以简单说明下一步的试验计划。不要重复谈及试验方法和试验过程。

在 References 当中，依次列出论文中引用的参考文献。

在 Conclusions 和 References 之间，可以加上 Acknowledgements（致谢），写出要感谢的人或基金项目。

有的论文篇幅很长，为了控制篇幅，符合期刊的发表要求，可将一些数据等排除在文章之外。但是，为了比较充分地说明试验研究的结果，作者可以添加一个辅助材料文档，与论文一同发表。

8.5 英文科技论文的总体写作方法

一般而言，写作英文的科技论文，首先要写好草稿（Manuscript），然后投寄给期刊、杂志社。草稿写作的大体要求，在科技界基本上是约定俗成的。虽然很多出版集团都有详尽的草稿撰写规范，但是，只要掌握写作的大体要求，就可以得到绝大多数科技工作者的认可，从而顺利地将论文送去评审。这些大体的写作要求包括以下几个方面：

（1）从题目开始，一直到参考文献、图的说明、表的说明等，全文采用双倍行距。

（2）字体推荐使用“Times New Roman”，特殊国家语言符号请使用该国符号。例如，德语中有些特有的符号等。一些常用的符号，如α、β、γ等，要采用“Symbol”字体。

（3）正文部分的字号推荐使用“10”或“12”字号。

（4）在草稿的第一页，只写题目、作者、单位、摘要、关键词等内容。特别要标明哪位作者是通讯作者，写上该作者的联系方式。从草稿的第二页开始写 Introduction（引言）部分。

（5）草稿的正文中不包含图、表以及图例、表头，只在文中留出空白，然后居中排版标出图号、表号。可以选择在图号、表号后面用括号把第一个作者的名字标出。例如：

【例 8.15】

××. The result is shown in Fig. 1. ××××××××××××.

Fig. 1.（×××（第一个作者的名字），×××，et al.）

×××.

（6）References（参考文献）只需要依次列出，写明必要信息即可。必要信息包括作者（推荐列出全部）、参考文献题目、出版物信息、期（卷）、出版年份、起始页码等。在草稿撰写阶段，不必按照将要投寄期刊的参考文献样式进行编辑。

（7）在 References 之后，要另起一页（前后都要分页，不要与其他文档混合编排在一起），写 Figures Captions（图的说明）。要将全文中所有图的说明依次列出，注意每个图的说明都应该有自明性，即读者可以从图的说明中得到完整的信息。例如：

【例 8.16】

Figure Captions

Fig. 1. The (a) planar and (b) cross-sectional FESEM images of the SnO_2 film prepared by annealing of EBE deposited Sn film at 1000℃ for 1 h; (c) XRD spectra of the Sn films annealed at 600℃ and 1000℃ for 1 h, respectively.

Fig. 2. UV-vis absorption spectrum of the Sn film annealed at 1000℃ for 1 h.

Fig. 3. (a) Room-temperature PL spectra of the Sn films deposited by EBE and followed by annealing at 600℃ and 1000℃, respectively; (b) PLE spectrum of the SnO_2 film; (c) PL intensities of the SnO_2 films versus annealing time at 1000℃.

Fig. 4. (a) Schematic diagram of the SnO_2/*p*-Si heterojunction device; (b) the

I-V spectrum of the SnO_2/p-Si heterojunction; (c) the *I-V* diagram of the SnO_2/ITO contact.

Fig. 5. Room-temperature EL spectra of the SnO_2/p-Si heterojunction under different forward biases. Inset is the CCD image of the light emission when the device is under 10.0V forward bias.

Fig. 6. Energy band diagram for SnO_2/p-Si heterojunction at (a) thermal equilibrium and (b) forward biased. The mechanism of the light emission is indicated in the diagram.

(8) 如果有表格，则需要另起一页，把表格写下来。包括表的说明和表格，如果有多个表格，建议每个表格单独列在一页。

(9) 草稿的篇幅也是一个重要的考虑因素。对于 letter（快报）、rapid communication（快讯）这类的论文，一般都限制在 3 页，评论文章一般限定在 1 页，而一般的 technical article（科技论文）可以不限制篇幅。这里的页数，是指按照出版格式排版后的页数，并非双倍行距、不含图表的草稿投稿格式。

以上，对英文科技论文草稿的写作要求作了简要介绍。虽然各种科技期刊的格式可能不一样，但是按照上文介绍的方法进行写作，一般都可以得到认可和接受。英文科技论文草稿被录用之后，大多数期刊编辑会完成格式的统一工作，仅需要作者做一些辅助、确认工作。

8.6 英文科技论文的其他附属文件

提及英文科技论文的写作，必然会涉及投稿问题。因为现在几乎所有的英文期刊都可以也主推通过网络投稿，所以，在网上投稿阶段，除了英文科技论文的正文文档（即 Manuscript）之外，还需要准备其他附属英文文本。在 8.5 节中，详细介绍了 Manuscript 的写法，在这一节中，将详细讲解投稿过程中还需要准备哪些文件。这同样是英文科技论文写作的重要组成部分。

8.6.1 Cover Letter

这个文本主要是给杂志编辑的信，篇幅大多为一页，主要包括两部分内容：首先，阐明这篇论文的主要工作和结论；其次，将通讯作者的详细信息告诉编辑。一般而言，在这封信中，还应该标明这篇文章的科学伦理道德的遵守情况，是否有抄袭或一稿多投情况，等等。下面举一个实例来说明：

【例8.17】

Date：June 14，2013

Dear Editors，

On behalf of my co-authors，I am submitting the enclosed article ××××（论文的题目）×××for possible publication in××××（要投稿的期刊名称）××××.

In this article，××××××××××（本篇论文的主要工作，可以将正文摘要部分进行精简，提及文章的重要性，字数与摘要部分大致相同）××××××××.

We certify that we have participated sufficiently in the work to take public responsibility for the appropriateness of the experimental design and method，and the collection，analysis，and interpretation of the data.（阐明作者认真查验过试验数据和试验方法，保证准确、合理）

We have reviewed the final version of the manuscript and approve it for publication. To the best of our knowledge and belief，this manuscript has not been published in whole or in part nor is it being considered for publication elsewhere.（说明该篇论文是否违反了学术规范）

Correspondence and phone calls about thearticle should be directed to ×××× ××（通讯作者的名字）at the following address，phone and fax number，and e-mail address：

Associated Prof. ××× ×××

Institute：×××××××××××××××××

Address：××××××××××××××

Tel：+86-××××××××××

Fax：+86-×××-××××××××××

E-mail：××××××××××@×××. ×××

Thanks very much for your attention to our paper.

Sincerely yours，

××× ×××（写信人的名字）

8.6.2 Prime Novelty Statement

这是“主要创新性声明”文件，需要作者在文件中说明本论文最主要的创新点。相比于摘要的中规中矩的写法，创新性声明要求作者直截了当地对主要创新点进行说明。该文件写一两段话即可。需要说明的是，这个文件并不是所有的期刊都要求的。下面举一个例子：

【例 8.18】

Prime Novelty Statement

In this paper, we investigated the optical properties of SnO_2: Tb film prepared by reactive magnetron sputtering and ion-implantation. The ion-implantation method is firstly adopted for the preparation of SnO_2: Tb film. And the effects of annealing temperature and atmosphere on the photoluminescence of the SnO_2: Tb film were investigated in detail. Moreover, the enhanced light emission from Tb^{3+} ions by the phosphorus diffusion process was preliminarily explained. This work will provide experimental data for the application of SnO_2: RE system in the future.

8.6.3 图片

凡是论文中的图，每幅图都要单独保留成图片文件，常见的是 jpg 或 jpeg 文件格式，其次是 tif 等格式。具体的图片格式要根据具体期刊的要求来进行修改。错误的做法是仅把图嵌在 Word 文档中，然后保存成 doc 或 docx 文件。如果图 1 里有 a、b、c 等几个分图，建议将每幅图单独保存成图片文件。如果是作者自己制作的包含嵌入图的图片，则应该整体制作成一幅图片，如【例 8.19】所示。

【例 8.19】

含有嵌入图的图片，应该制作成一个图片文件，如图 8-1 所示。

考虑到出版物的图片质量，出版社常会要求图片具有一定的分辨率。一般而言，图片的分辨率应该不低于 300 dpi。有些期刊不但要求分辨率，还要求图片的实际尺寸。例如，图片的宽度不能超过 8cm。请根据实际情况，采用 Photoshop 等软件对图片进行调整。

这里需要注意的是，原始数据图片绝对不允许进行挪移、抹除、图层移位复制等操作。对原始数据的像素、尺寸的修改以及标注等操作是允许的。如【例 8.20】所示，是对图的合理标注。

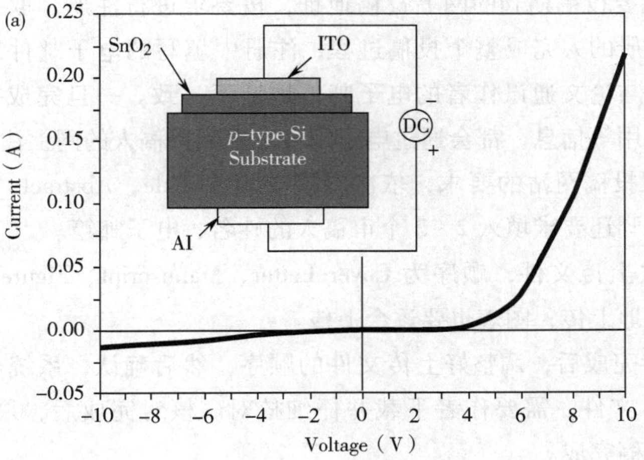

图 8-1 FIG. 4. （a）the *I-V* spectrum of the SnO_2/p-Si Heterojunction; the inset is the schematic diagram of the SnO_2/p-Si Heterojunction

【例 8.20】

对图进行合理标注，如图 8-2 所示。

如果不是原始数据的图，仅是作者自己画出的示意图，那么在图的说明中以及文中，都应该明示“示意图”。常用的写法如【例 8.21】所示。

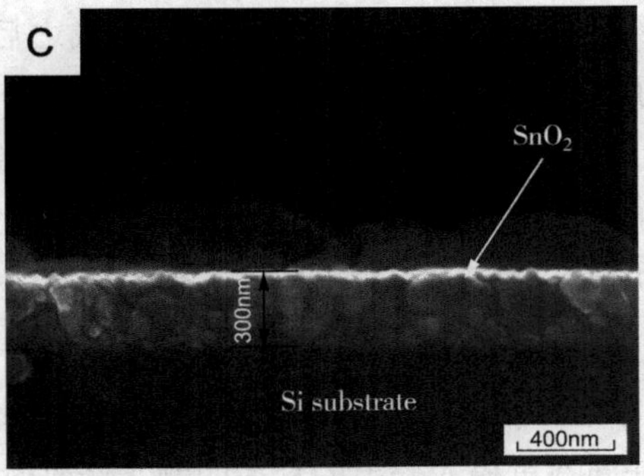

图 8-2 图（C）Cross-sectional micrograph of SnO_2 film deposited on Si substrate

【例 8.21】

The mechanism of the phase transformation is shown schematically in Fig. 1.

Figure 2 is theschematic illustration of the cold work processes.

每幅图片文件的命名，要以该幅图片在论文中的图片名字命名。例如，“Figure 1”“Figure 3（b）”等。

8.7 英文科技论文的网上在线投稿

前面提到了英文科技论文需要准备的一些文本资料，本节简要介绍一下网上投稿的过程，其中也涉及一些英文写作。

（1）找到要投稿期刊的网上投稿地址，按要求进行注册，取得用户名和密码。注意：注册的人完成整个投稿过程，注册中填写的电子邮件地址应该是投稿人的，可以与论文通讯作者的电子邮件地址不一致。一旦完成投稿，所有的论文评审、录用等信息，都会通过电子邮件发送到投稿人的网上注册电子邮箱。

（2）按照投稿网站的要求，依次在网上填入 Title、Abstract、Key Words 等内容。有的期刊还要求填入 2～3 个审稿人的姓名、电子邮箱。

（3）依次上传文件，顺序为 Cover Letter、Manuscript、Figures、Tables。图片要一幅一幅地上传，图表也要逐个上传。

（4）上传完成后，调整好上传文件的顺序，然后确认，系统会自动生成一个完整的 PDF 文件，需要作者下载并仔细核对。核对完成后，最终确认投稿，系统会提示投稿完成。

（5）在网上注册的电子邮箱中，会收到提示投稿成功的邮件。至此，网上投稿完成。作者要认真阅读编辑发来的每一封电子邮件，以便顺利进行论文的评审、修改、发表等工作。

在这里补充说明一下投稿完成之后可能涉及的英文写作。如果投稿被接受了，一般有两种情况：

（1）接受发表。在收到接受发表的通知邮件后，杂志编辑会发给作者一个确认文档（Proof），要求作者认真核对，确认后发给杂志编辑，之后再签署版权协议，就可以安排出版了。如果是公开的期刊文献，则不需要签署版权协议。

（2）接受，但需要修改。修改一般分为小改（Minor Revision）和大改（Major Revision）。小改一般仅是一些语法等错误，大改则是需要增、减内容，并回答审稿人提出的众多问题。修改时，需要作者在 Manuscript 等文档里，按照杂志编辑的要求和审稿人的提问进行修改。一般而言，修改过的部分要用其他颜色标出，以示区别。然后，还需要准备一个单独的文档“Response Letter”，把论文修改的情况、对编辑提出问题的回答等详细地告诉杂志编辑。举例如【例 8.22】所示。

【例 8.22】

Response Letter

（论文题目，文章编号（注：由投稿系统自动给出）××）

Dear Editor,

We are writing this letter to explain the revisions to our manuscript in detail.

Answers to the questions（回答编辑的提问）.

Q1：××××××××××××（编辑的第一个问题）.

Answer：××××××××××××（给出Q1的答案）.

…

Responds to the comments（回复审稿人的问题）.

Reviewer #1：××××××××××××××××××××××（审稿人的第一个问题）.

Response：××××××××××××××××××××××××（回复审稿人的第一个问题）.

…

注意：要回答编辑和审稿人的全部问题，不可遗漏。准备好该文档（Response Letter）之后，编辑会要求作者在网上投稿系统里上传此文件。

在修改文章被认可通过后，即可进入最后文档确认、签署版权协议等最终出版程序。

8.8 英文科技期刊中其他类型的文章

1. 综述论文（Review Article）

综述论文主要包括 Introduction（正文）、Conclusions（结论）以及 References（参考文献）。

正文部分一般分为几个大的标题，如讲解某种材料的性质、某种材料的应用、某种材料的发展趋势等。其余部分的要求与试验报道论文类似。

2. 海报（Poster）

海报是专门为参加会议而准备的一种大幅、单张、用于展示的科技论文。常用的篇幅为A0，即长1189 mm、宽841 mm，可以通过在Powerpoint软件中设置单张幻灯片的页面尺寸来实现。

海报与一般科技论文不同，其特点是图、表丰富，文字中只涉及要点。下面试举一例，读者可以自行体会。限于篇幅，将整个海报缩成一个图片，如图8-3所示。

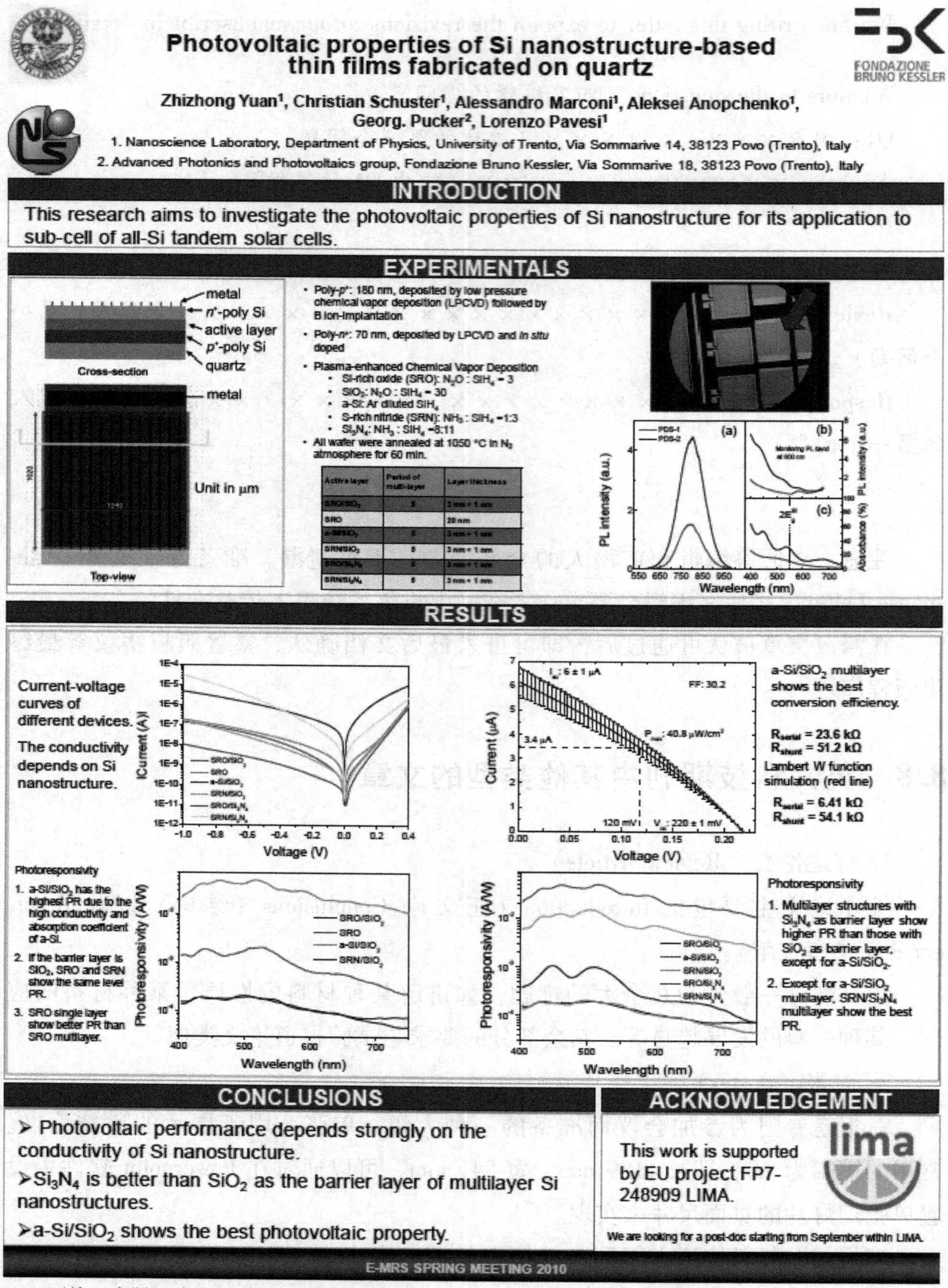

（注：实际尺寸：长 1189mm、宽 841mm）

图 8-3　海报范例

3. 其他

英文科技期刊中还有评论、更正（Erratum）、质疑（Comment）等类型的文章。

评论文章一般篇幅较小，主要是某编辑、教授等对某篇论文进行评述，说明其重要影响、价值、意义等。

更正文章是作者对自己已经发表的论文中的某个数据或者某个观点的错误进行的更正。首先要说明具体是哪篇文章出现了错误，具体的错误是什么，然后说明正确的应该是什么。

质疑文章是作者对别人已经发表的论文提出的质疑，其题目往往是“Comment on ×××××（被质疑的论文题目）”。在这类论文中，作者要详细说明被质疑的文章存在哪些问题。如果作者有正确答案，则需要公布出来；如果作者没有正确的解答，则会在文中要求被质疑文章的作者重新审视其论文，以给出回应。

8.9 英文科技论文的总体要求

上文中已经提到了英文科技论文的主要内容、写作方法及英文科技论文的大致分类等。本节将要讨论一下从期刊主编的角度，对英文科技论文的整体要求，从而指导英文科技论文写作。

以《Journal of Applied Physics》为例，对投稿论文的要求主要有三大方面：首先，Paper Interesting，即文章是否很有趣，是否解决了一个问题、发现了一个现象或者提出了一种机制。其次，Sufficient Physics，即物理解释是否很充分（该期刊是应用物理类期刊，所以要求要有足够的物理方面的内容）。最后，Good Use of Space，即要求论文草稿排版清晰、编辑质量高。简要总结其要求，即有创新、有深度、写作认真。

再以《Journal of Materials Science & Technology》的在线审稿系统为例，其规定了以下的评审要求：

1. Subject Matter

论文涉及的研究领域问题。审稿人只有两个选项：Within the scope of the journal（属于本期刊的范围）和 Not appropriate for the journal（不属于本期刊的范畴）。因此，论文作者在英文科技论文投稿前，要详细了解所投期刊收录论文的研究领域范围。一般而言，论文作者经常阅读的参考文献所在的期刊就应该是主要的投稿期刊。

2. Originality

论文的原创性，也就是论文是否是原创的，是否有类似的文章。这一部分主要考察相关论文的发表情况，分为三个评审标准：Similar papers published by author（s）（作者发表过类似文章）、Similar papers published by others（其他人发表过类似文章）、Unaware of similar papers（不清楚有类似文章）.

3. General Assessment Originality

论文的创新性的总体评价。它分为四个等级：Excellent（非常好）、Good（好）、Fair（一般）、Poor（差）。

4. Technical Quality

专业水准。它分为四个等级：Excellent（非常好）、Good（好）、Fair（一般）、Poor（差）。

5. Clarity of Presentation

表述是否清楚、简洁。它分为四个等级：Excellent（非常好）、Good（好）、Fair（一般）、Poor（差）。

6. Important in Field

该篇论文在研究领域的重要性。它分为四个等级：Excellent（非常好）、Good（好）、Fair（一般）、Poor（差）。

7. Language

论文中英文语言的使用、掌握情况。它分为三个等级：Grammatically Correct（语法正确）、Needs revision（需要修改）、Poor（差）。

8. Presentation

表述是否连贯、逻辑清楚。它分为三个等级：Good（好）、Containing irrelevant materials（包含与主题不相关的内容）、Should be rearranged（需要重新编排内容顺序）。

9. Illustrations

图片的相关情况。它分为四个等级：Good（好）、Extra figures required（需要额外补充图片）、Quality Inadequate（图片质量不佳、分辨率不够）、The following figures may be omitted（后面跟一个填写框，让审稿人填上需要去掉的图片的编号）。

10. Table

表格。它分三个等级：Good（好）、Should be rearranged（需要重新排序）、

The following tables my be omitted（后面跟一个填写框，让审稿人填上需要去掉的表格的编号）。

11. Abbreviations，Formulae，Units

缩写、公式、单位。它分四个等级：Conform to acceptable standards（符合可以接受的标准，合乎科技论文的撰写规范）、Need revision（需要修改）、Should be explained（表述不清，需要作者补充解释）、A notation list is necessary（需要作者补充一个文中使用的符号的说明列表）。

12. References

参考文献。它分为四个等级：Appropriate（合理、合适）、Incorrect（不正确，引用了不该引用的文献）、Insufficient（参考文献数量不够或没有引用到应该引用的文献）、Too extensive（文献太多，很多都是关联度不大的文献）。

13. Grading of Paper

对论文的评级。它分为四个等级：Excellent（非常好）、Good（好）、Weak（较差）、Mark Awarded（后面有空格，填写一个数字，采取百分制，作为投稿论文的得分）。

从以上的例子可以看出，英文科技论文的要求与中文科技论文的要求是一致的，这里不再赘述。唯一需要特别指出的是，对英文语言的使用，是英文科技论文的重要评价标准。如何写出地道的、符合科技规范的英语，已经超出了本书的范围。在本章8.3节中，已经谈到了一些科技英语写作的方法，在这里再简要提两个建议：

第一，英文写作要符合英文的语法、英文表述的习惯。例如，中文常说的“研究工作”，如果直接翻译成“Research work”，则不妥，正确的翻译应该是“Research”或者“Work”即可，词义的重复不符合英文表述的习惯。

第二，英语写作能力的培养没有捷径，只有下一番功夫才能逐步得到提高。一个比较好的方法是多阅读英文的科技期刊和书籍，把一些专业领域的词汇和比较精彩的语句摘录下来，用于指导自己的英文科技论文写作。

第9章

其他科技作品的写作与表达

9.1 科技小论文的写作

9.1.1 科技小论文的特点与意义

科技小论文是短篇的科技论文。它一般是指理工科大学生在科技实践中对某个理论或技术问题进行理论分析或实验研究，有新认识、新收获，而写成的短篇论说文章。科技小论文与一般的科技论文比较，既有共同的要求，如具有科学性、创新性等，也有自己的一些特点。这些特点主要有：

（1）选题范围比较广。科技小论文写作的内容一般是学生在课外科技活动中需要解决的实际问题，或是参加社会和学校举办的征文、征集科技作品活动的作品，或是完成老师布置的科技作业等。论文写作一般是由学生自己选择研究对象、确定文章内容的。

（2）论文内容集中单一。科技小论文的研究对象往往是某个理论问题的一个方面、某项产品的一个部件、某种材料的一种性能、某项技术的一种方法等。其研究范围比较窄小，讨论的问题也比较专一，实验量比较少，方法也比较简单，所以文章论述的内容比较集中和单一。科技小论文并不像学术论文和毕业论文那样，要求说理力求全面深入、实验工作尽可能完整，而是集中于一点说清楚就行，不作很多的展开。

（3）论文写作形式多样化。科技小论文多数是学生自己选择的研究小课题，是对初次科技实践的总结。由于研究的内容和实践方式不同，所以写作的论文也呈现多样化，有的以文献资料研究为主，有的是试验观察现象，有的是进行计算机编程，有的是设计制作。这样，在表达研究成果时，形式必然是多样的。

（4）论文篇幅一般不长。由于科技小论文论述的内容比较单一，其篇幅自然就比较短，多数文章在二三千字，短的论文仅有1 000字左右。

在大学里，无论是自然科学还是人文学科，都讲究理论性和系统性，学术论文则充分体现了这种理论性和系统性。所以，论文的写作过程就是科学研究的规范和起步。在大学里，要培养学生的创新能力。创新能力是一个人综合素质的体现，需要通过一定的外在形式表现出来。许多有识之士认为，发表论文是创造才能的一种表现指标。也就是说，在大学里，论文写作是培养与体现创新能力的重要途径和方法。

理工科大学生利用课余时间开展科技活动，参加老师的一些科技研究工作，并将初次科技实践的成果加以总结，写成小论文，是具有重要意义的。

学生参加课外科技活动和进行科技小论文的写作有利于学用结合，将理论知识和实际问题结合起来，克服旧教育体制理论脱离实际的影响。学生在科技实践中自己提出问题、发现问题，进而分析和解决问题。这一过程激发了学生学习和讨论的积极性，充分发挥了学生的主动性、创造性，培养了学生开拓、创新的精神。在写作小论文的过程中，学生的科研能力和选择能力都得到了锻炼与提高，这对于他们在日后写好学年论文、毕业论文，乃至参加正式的科研工作，都有很大的帮助。

美国加州大学伯克利分校提出，本科生科研是一流大学教育的重要部分。我国许多高校也都提出要办成研究型大学。而要办成研究型大学，加强本科生的论文写作是一个不可忽视的环节。

9.1.2　科技小论文的种类

由于理工类各学科专业之间有比较大的差别，所以在科技论文的表现方式上也有较大的不同。根据论文内容和表达方式，科技小论文基本上可分为理论研究、设计计算、试验论证和综合评述四大类。

1. 理论研究类小论文

理论研究类论文又可分为理论分析和理论推导两种。理论分析是指对科技领域内某个理论问题，如原理、模型、机构等进行理论逻辑分析和论证讨论，完善、补充或修正原有理论。理论推导是指提出新的假设，或通过数学推导、推理，从而得到新的理论、定理、定律、法则等。当然，推导过程应该是科学的、逻辑的，概念应该是正确的。这类论文以说理为主，往往在数学、物理等理科类专业学生中写作比较多。

2. 设计计算类小论文

这类论文主要是为解决工程、技术问题而进行的设计计算，包括计算机程序设计、计算机辅助设计、优化设计、产品或材料的设计等。它一般是以某项单一的产品为研究对象，探讨其技术方案、工作原理和工艺流程，在有关理论指导的基础上，通过计算设计来说明与论证其合理性和可行性。这类论文往往以计算设计过程与结果为主要内容，设计计算的结果要合理、准确，最好能在实际生产中应用。

3. 试验论证类小论文

许多工科类学科专业的培养都离不开试验研究，其学科专业的发展也和试验研究紧密地联系在一起，所以，试验论证类论文在整个科技论文中占有很大的比重。这类论文的特点是以某种材料、零件、设备或技术工艺为研究对象，通过试验取得数据或结果，进行分析讨论，以证明其具有某种性质和功能，或得到某种现象规律。这类论文的要求是可靠的理论依据、先进的试验方案和测试手段、合理而准确的数据处理、科学严密的分析论证。

4. 综合评述类小论文

综合评述类论文可分为专题论述和综合论述。专题论述主要是对某一学科领域中某项工作发表议论，提出新的见解。综合论述是在博览群书的基础上，综合地介绍、分析、评述某学科专业领域里的某研究方向或问题，包括国内外研究现状、研究成果、发展趋势等。这些文章往往对科研方向的确定、选题和了解学科发展前沿起着较大的指导作用。写作这类论文，要求占有的信息资料新而全，思路清晰，立足点高，分析合理，意见或建议比较中肯。当然，对于大学生来说，写作这类论文不必要求太高；而对于研究生来说，就必须写好。

9.1.3 科技小论文的写作要求

选题要体现学用结合的原则。小论文的选题有很大的随机性，但要注意学用结合，最好在自己所学的专业或学科的范围内。这样既有利于完成研究任务，又能从中提高对专业学科的认识和业务水平。

论文的格式要规范。科技小论文的种类很多，如学术性论文、研究报告、试验总结、设计过程、综合论述等。虽然科技小论文仅仅是大学生的一种习作，但是也不能随意写作，应该遵循各自的文体和格式要求。因为是科技论文的习作，所以在此过程中应锻炼自己的写作能力，受到基本的规范化写作训练，也有助于今后写好正规的科技论文。

要善于运用不同的表达方式写好论文。不同种类的科技小论文，采用的表达方式是不同的。例如，论证说理类论文以议论为主；设计说明类论文以说明和论证为主；综合类论文以记叙评论为主。应该根据不同类型的论文主题，选择相应的表达方式。同时，不管什么内容、性质的论文，都要注意图表的设计一定要规范。这是科技论文保证科学性和可读性所必需的，也是科技论文写作的一个基本要求。

在科技论文的写作过程中，既要提倡充分发挥学生的主动性和创造性，又要争取导师的直接帮助。如研究内容的选择、试验方案的确定、试验数据的处理和分析、论文的具体写作和修改意见等关键的地方，应该征求导师的意见。

论文表达的对象是专业性的，表达的方式是理性的和辩证的，所以它的思维方式与一般文章的写作方法不同，要求也更高。学生的科研活动和论文写作过程要有利于科学思维的培养与提高。

在内容深度方面，科技小论文不宜涉及太多高深的专业理论，而要了解和阐明研究领域的大致背景，如开创者、目前存在的问题及发展趋势等；在文献资料的及时性方面，建议多采用经典文献，辅以最新的文献资料。

9.2 科技研究报告的写作

9.2.1 科技研究报告的特点与作用

科技研究报告分为广义和狭义两类。广义的科技报告泛指一切以科学技术为内容的报告，如科技建议报告、科技研究可行性报告、科技政策报告等；狭义的科技研究报告是指研究者对某项科技研究工作的进展情况或总结。这里主要介绍狭义的科技研究报告。

科技研究报告和科技论文，就它们的性质、内容和作用来说，都是科技研究工作的总结，但是两者的写作目的有所区别。一般来说，研究报告主要是为了向上级或他人报告自己（或课题组）研究工作的经过、进展和成果，以及为保存在单位作为研究工作档案之用而撰写的学术资料。它可以是一项研究工作的最终总结报告，也可以是研究工作进展到某个阶段的阶段报告。科技论文主要用来在学术期刊或会议上发表交流，学术性、理论性强，而科技研究报告的技术性、告知性强。

一般来说，研究报告要比科技论文叙述得更为详细。例如，课题的来源、背景意义，研究工作的经过，详细的试验过程，数据的处理、分析与论证，以及研究工作中的经验教训和失败的过程及原因等。研究报告中不仅要写研究工作者创造性的成果和成绩，还可以比较详细地叙述和讨论别人的工作成果。当然，在写作上重点是叙述自己的劳动成果和创新点，主要包括：别人没有做过的工作或者没有取得的结果；别人没有提出的理论、概念、设计方法和技术；别人没有得到的现象和理论解释；别人没有得到的试验数据或没有达到的精度、准确性等。总之，都是创新的研究成果。研究报告虽然不发表，但是也要让看到研究报告的领导、有关部门或他人全面地了解课题的进展或研究所取得的各种成果，从而能认识到该课题研究的意义、价值，认识到研究成果对科学发展及技术进步的贡献和作用。学术论文则要求集中反映研究工作的创新性成果与结论及其分析论证，并且在内容上比较单一，一般是一篇论文一个中心主题，而科技报告的内容比较广泛、全面。

研究报告可分为专题研究报告和综合研究报告。专题研究报告是对某问题或技术进行研究后所写的；综合研究报告是大型的涉及许多学科领域的研究报告。现在涉及交叉学科领域的大课题研究越来越多，所以综合研究报告也日益增多。并且，研究人员往往是由几个单位的人员组成的，所以在组织、协调和写作上也增加了一定的难度。

科技报告是一种独特的科技文体，具有形式灵活、反应迅速、资料详细、具体实用等特点，在推动科技进步中也起着重要的作用。它除了具有科技论文的一些功能外，还有以下作用：

（1）科技研究报告能及时检查和总结研究工作中的经验、问题，得到领导与有关技术人员的支持和帮助，使研究工作沿着正确的方向取得成功。

（2）科技研究报告能系统而全面地保存研究资料，如研究内容、研究思路、研究方法、研究过程、新发现、新问题，以及成功的体会和失败的原因等。这些真实而详细的研究资料，可以为自己和他人今后继续开展研究工作提供很好的依据与借鉴。

（3）科技研究报告可以使阶段性成果和最终研究成果及时交流，即使是在单位或一定范围内传播的内部资料，也能起到很好的交流效果，获得反馈信息或为他人的研究工作提供参考。

9.2.2 科技研究报告的写作要求

虽然科技研究报告的写作与正式发表的科技论文的要求有所不同，但是写成一篇质量好的研究报告也是一种创造性劳动。

1. 写作之前要拟定研究报告提纲

一般来说，撰写研究报告更要列出写作提纲，拟好报告计划。编写研究报告的提纲或计划是写好科技作品的必要条件。提纲是整个报告的骨架，需要粗线条地确定各章节的逻辑关系，理清论证的思路和研究成果的中心内容。编写提纲本身就是一个综合思考的过程，是对研究课题和成果重新认识和思考的过程，也是学术水平不断提高和升华的过程，所以是不可缺少的重要环节。

2. 要有确定的主题思想

对于任何一种研究报告或科技作品，有明确的目的性十分重要，即要有主题。具体来说包括：报告的中心内容、所要表达的基本学术思想和主题，特别要阐明研究成果中创新的亮点等。在关键的科学技术问题上，不能有含糊不清的叙述。报告的各部分要说明什么问题，在整个报告中的作用和地位，在上下文之间所处的逻辑关系等，都应该考虑清楚。文章的整个叙述过程，都必须服从于它的中心内容和基本的主题思想。最忌讳的是言之无物的论证和连篇累牍的抄袭。

3. 结构要严谨，条理需分明，论证需科学

不管什么形式的科技作品，都要求结构严谨、层次分明、论述科学合理。报告中的插图和表格应该表达规范；每一部分的主题或论点和论据都要清楚、相符；在论证中尽可能地引用自己的试验结果，充分表达自己的研究成果；分析讨论要有说服力。另外，如果研究成果可能在生产实践中有应用和推广价值，也应该在报告中加以明确论述。在整个写作过程中，必须遵循诚实的科学态度和原则，一定要客观地对待一切，既不要夸大自己的研究成果，也不要随意地贬低他人，要作恰如其分的评价。当然，更不能有任何剽窃的行为，要严格遵守职业道德和科学道德规范。

4. 文题要相符，语言要通顺，格式要规范

和科技论文一样，科技研究报告的题目应该尽量明确、简短。报告题目既要能够确切反映报告所叙述的中心内容，鲜明而突出主题，又不能太长；既要防止文不对题，又要避免把题目定得过大，但又没有相应的实际内容。因此，对题目的确定需要反复考虑、仔细推敲才能确定，有时直到最后完成报告写作时才把题目确定下来。报告的写作文字应该以明白清晰、语言通顺、能正确表达研究内容和创新成果为原则。报告的内容是给人看的，也是一种学术交流和宣传的形式，所以既要让人看明白，能吸引人，又要符合科学规律和逻辑思想。

就科学或学术思想的交流而言，在报告写作上切忌在语言上玩弄辞藻，在表达上华而不实，大小标题像口号标语。在论证分析时不能空而无物、论而无据、引而无力。下结论和表明自己研究成果时应该客观而科学，不能过分地拔高和夸张。

除了以上写作要求外，科技研究报告的写作还应该注意下列问题：

（1）要适应不同阅读对象的需要。学术论文的读者一般是有关的专业技术人员，而研究报告的读者比较复杂，有懂专业的，也有不太懂专业的，甚至外行的。所以，一般来说，研究报告应当写得比学术报告或论文通俗一些。要特别注意摘要、引言、结论等部分的写作，因为认真阅读这些内容的读者比例很高。

（2）要注意写作材料的系统性和完整性。科技研究报告有很强的告知性，重点是交流信息、通报情况。所以，写作时一般不要遗漏对各种重要或有价值材料的说明，对研究过程的重要环节也要有比较详细的介绍。

（3）一般都有今后工作的建议部分。建议要写得简单、中肯和可行。建议可不写理由，即使有必要写，其理由也要尽可能地简练。

（4）要重视和适当处理研究报告的附录或附件。因为研究报告的内容多，往往篇幅比较长，读者阅读比较吃力。读者，特别是领导和不懂专业的读者希望用最少的时间与精力了解和掌握报告的关键核心内容。在写作时，处理的方法是在不影响阅读理解的基础上压缩正文内容，可将大量的试验数据结果、公式推导、图表等内容放在附录或附件中。

9.3 科技演讲和学位论文答辩

现在科研成果的口头表达的机会也很多，如在学术会议上交流，给学生、同行作有关研究报告，在学术思想沙龙会上发言，在学位论文答辩上陈述等。参加学术会议等形式也是一种很好的科学“继续教育”，是推动学术进步、科学发展的方式之一。

1. 科技演讲的特点

学术会议上的交流、学术讲座、论文答辩等形式，实际上都可以称之为科技演讲。科技演讲要给人留下深刻的印象，所用的方法和书面表达完全不同。在一定程度上这是因为表达同样的内容和意思，口头所说的词和书面所用的词是有所不同的。当然，不管是口头表达还是书面表达，学术内容都是有根本共性的。每一个科技演讲，包括学位论文的答辩陈述，无论长短，不管什么内容和什么听众，都应该尽可能地预先设计成一个完美的科技作品。具体来说，主要有以下特点：

（1）应该有一个科学逻辑的结构，层次分明，条理清楚。

（2）报告的主题应该内容丰富，言之有物，论之有据。

（3）演讲的内容不能离题，围绕中心主题组织内容，精选材料。

（4）陈述内容应该掌握规定的时间，有所限制，注意详略得当，突出重点和要点。

（5）科学思想和学术内容的表达必须明白易懂，且准确无误。

（6）章节之间或从一个论点到下一个论点的时候，应该有较好的过渡，自然合理，不能牵强附会、生硬脱节。

（7）因为是口头表达，还要注意表达形式的多样性，语言要生动，以达到好的效果。

2. 科技演讲材料的设计

科技论文、研究报告等书面表达和科技演讲虽然都是科技活动的作品，是科技成果交流的形式，但在表达上还是有比较大的差别的，要求当然也有所不同。对于科技演讲，应该注意以下问题：

（1）演讲者应该精心设计一个开场白，使听众很快就知道将要讲什么方面的问题。

（2）一般情况下，应该在开头时就交代清楚演讲的结构和思路。这种做法可以帮助听众预先推想后面要讲的内容，还可以时刻知道报告进展的程度，了解整个报告内容的脉络。

（3）在精心安排好结构布局后，应该尽可能简洁地说明采用的研究方法和手段。

（4）演讲者应该重点设计好研究的新发现、新成果和新思想的表达，以给人留下深刻而清晰的印象。

（5）应该避免讲述太多试验的具体细节。有时为了论证有据，可以将试验结果以图表的形式展示给听众，但在陈述时可不必细说。只有当报告的主题是一个具体技术问题时，讲解试验或装置的全部过程或细节才是合适的。

（6）在演讲内容中，有大量的研究数据和结果是没有多大意义的，因为听众可能很快就忘记了。当然，精选少量的实例要比罗列所有的细节收到的效果更好。

（7）在演讲时，对关键的要点进行适当的反复强调是必要的，对某些重要的基本新概念也要作出明确的表述和解释。

（8）在科技演讲内容中，最好把结果和讨论两部分放在一起介绍，这样效果更好。听众和读者是不同的，将这两部分从形式上分开的做法，只有当读者可以前后翻看时才适用。

（9）为了达到好的效果和在较短的时间内传达更多的信息，现在的科技演讲都采用多媒体。所以，在组织好演讲内容的同时，设计好多媒体表达方式也是重要的环节。

和论文写作一样，演讲者都有自己组织内容的思路，也有自己独特的表达方法和方式。应该说，不同的科技内容演讲所采用的方式和方法也是有所不同的。

一般情况下，演讲者除了准备好书面材料或多媒体课件外，在正式演讲前还应该作“试讲”或者称为“备课”。“试讲”或“备课”是很有必要的，至少可以帮助演讲者了解这个演讲需要多长时间。如果时间太长，则应该考虑在什么地方可压缩，哪些内容可删除。“试讲”还可以使演讲者知道什么地方容易出麻烦、讲不清楚或存在矛盾，进而想办法修改或仔细斟酌应该怎样表述。

对于研究生，在写作论文的整个过程中有开题报告、小型的阶段汇报和论文答辩的陈述等环节。这些环节对培养一个人的科学思维能力、研究创新能力、组织与表达能力是很重要的。所以，每个研究生都应该重视这些不同场合和要求的科技演讲，一定要精心组织、认真对待。一般情况下，研究生在学位论文答辩前应该进行“试讲”，让自己心里有底，以利于在正式答辩时能够充分发挥。

3. 科技演讲的艺术

演讲实际上就是一次完整内容的讲课，所以还应该注意演讲本身的一些技巧，或者说是演讲艺术。每个人的讲授能力是不同的，但是一定要努力去提高。

演讲者为了达到好的演讲效果，有时需要把重要的句子或数据记在心里，背下来。当然，即使把有关内容背下来了，在演讲时也要注意不让听众意识到自己是在背诵。能打动听众的演讲秘诀之一就是演讲者给人的印象应该是充满信心的，表达是自然的，思路是清晰的。

科学演讲的语言表达应该尽可能地简单明了。从表达效果来说，在科技作品中，短的句子比长的句子和复杂的句子要好得多，对于口头演讲，则更为突出。

演讲者配以适当的动作能吸引听众的注意力，有节制地使用手势可以活跃气氛。语调的变化和偶然作一个短暂的停顿，都有助于强调陈述的重点。

演讲者应该自始至终地通过眼神等方式与听众保持接触和联系。给人的印象应该是，演讲者的话是讲给所有听众听的。要与听众进行目光接触。许多讲得生动并且能吸引人的报告，演讲者几乎都不是照本宣科的。这就像教师上课，如果教师在课堂上从不看学生，而只顾自己对着讲稿讲话，老是背对着学生在黑板上板书，那么其讲课效果肯定不会好。同样，如果一个领导作报告，逐字逐句地念一篇很长的稿子，则气氛是沉闷而单调的，其效果也往往不好。

演讲者在放映有关的图、表和数据时，最好身体要侧过来一点。这种姿势使演讲者一方面能够看着听众，另一方面自己也能注意屏幕上的材料。背对着听众是不应该犯的错误，也是没有礼貌的表现，会破坏演讲者与听众之间动态的、空间的、全方位的接触交流。有时，还有必要使用教鞭或激光笔边指边讲，以便听众看到演讲者所讲的内容。

结束讲话的最恰当的方式是作一个简短而明确的概要，从逻辑上把前面讲过的主要内容进行浓缩。这有点像文中的结论。

通常在演讲结束后，会有一段听众与演讲者之间问答式的交流时间。这在国外是非常普遍的，在国内也在逐步推行。对于研究生的学位论文答辩，问与答的过程是必需的，顾名思义是论文答辩。

4. 研究生学位论文答辩的注意事项

答辩前要作好充分准备。答辩准备是否充分，直接关系到能否通过答辩、取得学位顺利毕业。而且，通过学位论文的答辩，可进一步考核研究生的科研能力、科学思维能力和表达能力。所以，大学生或研究生在答辩之前要作好充分的准备。特别是现在一般都用多媒体进行汇报，所以更要设计好汇报所用的多媒体课件。

答辩者应根据学位论文的全部内容，提炼出一个可供论文答辩的15～30min的陈述报告，做成多媒体课件。其内容主要包括：

（1）研究该课题的科学技术背景、学术意义及其应用。

（2）国内外研究现状，该课题研究的内容与关键。

（3）该课题研究的思路、技术路线和试验方案。

（4）该课题研究的成果与结论，包括新发现、新理论、新技术、新工艺、新见解等。

（5）需要进一步研究的问题。

在进行论文陈述时，不要对屏幕上的内容照本宣科，而要把握好详略，重点应该放在自己的研究成果上，特别是新发现、新理论、新技术、新工艺、新见解等。这就既要求把多媒体课件做成提纲挈领式的，突出重点、条理清楚，又要求答辩者熟悉所有的内容，“备好课”。最好在正式答辩前进行一次试讲，请同学和老师提出意见和建议。另外在答辩时，每个研究生都应该注意以下问题：

（1）要端正答辩态度，树立成功的信心。既不能轻视，也不能害怕，更不能有抵触情绪。

（2）宣读或陈述论文时，要仪容整洁、坦然镇静，一定不要紧张。

（3）在听取答辩小组成员提问时，思想要高度集中，及时记录下所提的问题。

（4）在给定的10～20min的回答问题时间内，要把回答的问题准备好，先回答容易的问题，后回答比较难的问题。

（5）回答问题时要镇静，要谨慎且注意技巧，力求简洁、条理清楚。对于有把握的问题可进一步阐述理由，实事求是地回答；对于拿不准的问题不能信口开河、盲目辩解，要把握分寸、坦率直言，不强辩。

（6）在整个答辩过程中，都应该注意礼貌。

第10章

科技成果的体现与评价

10.1 科技成果的价值与体现形式

10.1.1 科技成果的价值

科技成果的价值主要表现为科技成果的科学性、经济性和社会性三个方面。

科技成果的科学性是所有科技成果应该具备的先决性要素。有了一定的科学性后，还要有科技成果价值的另一重要体现，即学术水平。学术水平的评估指标有国际领先水平、国际先进水平、国内领先水平、国内先进水平等；也有按重大科学发现、较大科学发现、一般科学发现以及局部科学发现等表示的；还有按科技成果的创新程度来划分的，如全新创新性成果、革命性创新成果及局部创新性成果等。

科技成果的经济性是科技成果的第二个特性，尤其对于应用及开发类科技成果更为重要。应用及开发类科技成果应该有比较好的经济价值，即该科技成果直接应用于生产和服务于社会，会带来直接与间接的经济效益。

科技成果的社会性是指科技成果是否会危害全球人类的安全、生活、文明、伦理道德以及世界环境空间等。尽管世界上有许多科技成果的学术水平很高，有的还具有很高的经济性，但却违背了社会性的原则，因此这些成果是要被禁止或被严加控制的。社会性是最基本的价值体现。

一项科技成果的价值既可以表现为科学性特征，也可以表现为经济性与社会性特征，更多的是在三个方面都有表现。价值的三个方面之间既可能表现为相容的关系，也可能表现为相斥的关系。一项科技成果即便是既具有科学性也具有经济性，但是如果它严重地违背了社会性，那么也应该认定为是无价值的成果。一项科技成果价值的认定首先要看它对人类及社会影响的程度，如果被否定，就无价值可言。如果这一层通过，就进入第二层次，即科学性。如无科学性，则也被否定。通过的就进入第三层次，即经济性。但必须明确的是，只要在前两层中未被否定，都应该认为是具有价值的。很多情况下，经济性在当时是难以确定的。图 10-1 表示了科技成果价值认定的过程。

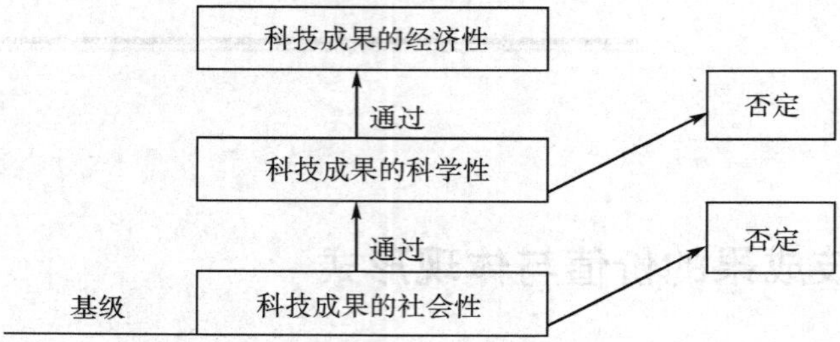

图 10-1 科技成果价值认定的过程

当然，不同属性的科技成果，其价值的体现形式也是不同的。图 10-2 是不同属性科技成果与价值评价特征之间的对应关系。基础性研究成果可以分为纯理论性成果、无应用价值的成果和具有潜在应用价值的成果。对于前者，A 部分只对其科学性进行评价；而对于 B 部分成果，可能是产生极大社会影响的科学成果，所以也就具有了社会性的特征；对于具有潜在应用价值的 C 部分成果，可用科学性和社会性去评价；对于 D 部分，除了用科学性和社会性评价外，因其具有潜在的经济性，所以也要用经济性进行评价；对于应用性成果、开发性成果，可采用经济性、科学性和社会性特征对其进行评价。

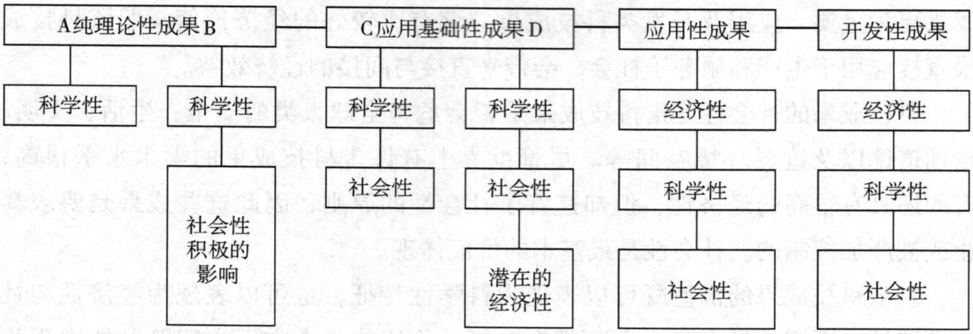

图 10-2 不同属性科技成果与价值评价特征之间的对应关系

科技成果价值被认可主要取决于科学界、产业界人士的认知，相关的与相适应的科技进步准备条件以及产业方面的技术配合条件等。概括地说，从科技成果价值真正发挥作用的时间性来说，有超前、落后和适时性三种情况。超前的可能会暂时搁浅；落后的一般是无价值的；当然，对于适时性的项目，也会有认知上的偏差。此外，科技成果价值的时间特征还表现在该成果的有效生命周期上。任何科技成果都有其自身的有效生命周期。也可以这样讲，科技成果的价值就是在有效生命周期中体现出来的。一般来说，其价值体现可能表现在科学性、经济性和社会性三个方面，但是这三个方面价值的大小是动态地变化着的。这种变化由大到小或由小到大，或是具有一个固定的函数关系，其变化规律如图 10-3 所示。图中描述了三个科技成果的有效生命周期曲线。*A* 曲线的发明点在科技时间轴上的超前区域，因而其生命周期曲线呈鲸鱼状，即前半部分的综合影响一直很低，直到适时点后才呈现扬起之势，这说明在曲线的前半段的价值在三个方面的表现都是比较低的。该曲线是指现实状态的情形，与之对应的还有建立在理想科学判断基础上的理想状态。理想状态与现实状态之间存在一定的差距。图上部的表格是以曲线 *A* 为例所作的对比分析。*B* 曲线的发明点在适时点附近，所以曲线呈倒 U 形。而 *C* 曲线的发明点在落后区域，虽然也产生一定的效益，但是影响明显较前两者小得多。

经济性	理想	高(或一般)	高	高	较高	低
	现实	低(无从判断)	较高	高	高	低
科学性	理想	高	高	高	下降	无
	现实	低	较高	高	较高	有一定影响
社会性	理想	无不良影响	有一定影响	高	高	低
	现实	无不良影响	一般	较高	高	低

表现为一定的滞后性

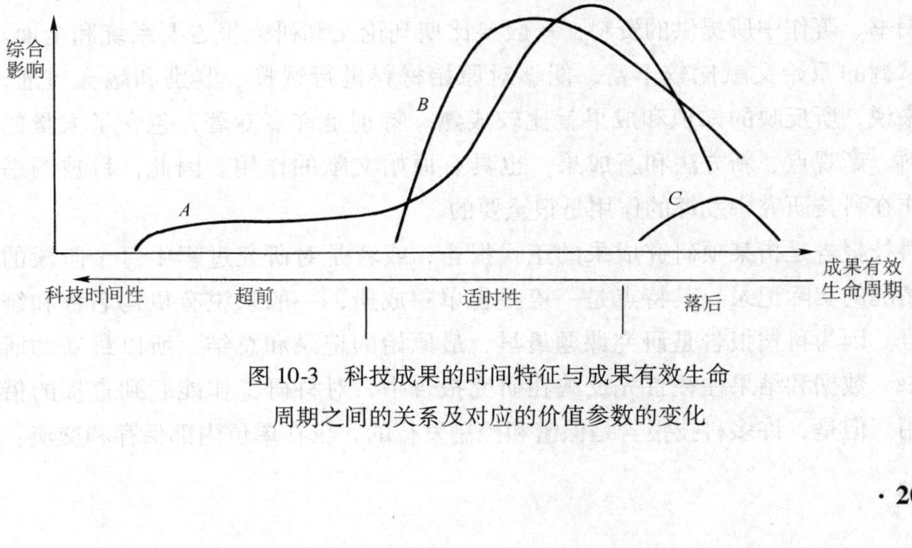

图 10-3　科技成果的时间特征与成果有效生命周期之间的关系及对应的价值参数的变化

科技成果的价值在不同的空间也有不同的表现。不同的地方、不同的人群对相同的科技成果价值的认识是有差别的，这就是价值在空间上的表现。造成这种现象的原因是科技、经济发展的不均衡性以及社会开发、交流的程度不同等。所以，在发达地区已经过时的成果，在落后地区却可能身价百倍。

10.1.2 科技成果的体现形式

科技成果的体现形式主要有：论文、著作、学位论文；专利申请书；课题研究报告；新产品、新技术、新工艺等。这些也都称为科技文献。

论文主要用来在期刊上发表和在学术会议上交流。期刊论文多是未经重新组织的原始文献。从期刊方面得到的科技情报大约占整个情报来源的65%以上。世界各国都有期刊发行，目前全世界科技期刊约有4万种，其中核心期刊大约为6 000种。一般来说，期刊也分等级，国外期刊分为核心刊物和非核心刊物，国内目前分为核心刊物和统计源刊物两类，许多高校还从核心刊物中再分为一类刊物和核心刊物。

国内外的各种科技会议也是学术交流的重要渠道。在学术会议上，作者宣读论文，讨论问题，交流经验与情况。所以，学术会议的报告、记录、论文集及其他形式的文献，也包含了大量的原始文献。在许多情况下，会议上的学术信息是最新、最及时的，比在期刊上发表论文要快。许多重要的科学发现，有很大一部分成果是在科技会议上首次公布的。一系列同样性质的会议论文集，实际上相当于不定期的刊物。

科技著作、图书是对已发表的研究成果、生产技术或经验，或者某一知识领域系统的论述或概括。比较及时的著作通常反映了3～5年以前的研究水平。科技图书、著作中所提供的资料，一般要比期刊论文和研究报告要系统和全面。作者掌握的原始文献比较丰富，能够对原始材料进行选择、鉴别和融会贯通，一般来说，所反映的知识和成果就比较成熟。特别是许多专著，包含了大量的新材料、新观点、新方法和新成果，也具有原始文献的作用。因此，科技图书和著作在科技研究中发挥的作用是很重要的。

科技报告是指某项研究成果的正式报告，或者是对研究过程中每个阶段的进展情况的实际记录。其特点是一篇报告单独成册，一般来说有机构名称和统一编号。因为科技报告是研究课题最早、最原始的记录和总结，所以最新的研究成果、数据和结果往往首先反映在研究报告中，对科研工作能起到直接的借鉴作用。但是，许多科技报告是保密和控制发行的，仅在单位内部保存和交流。

学位论文是作者为取得相应的学位而撰写的研究成果。学位论文一般不出版，也是由各单位收藏。现在国内外的一些学位论文可以通过专门的数据库查到。

专利文献主要是指专利申请的说明书。按规定，专利必须有新颖性、创造性和实用性。所以，专利也是一种重要的科技情报来源。专利文献对于工程技术人员和产品设计人员来说是一种很实用的参考资料。掌握专利文献可以开发思路，提高技术创新能力。但是，专利文献也不是完全可靠的，它没有说明发明的理论依据与经济方面的数据。专利所叙述的方法往往在正式投产前又有许多变化，所以对专利文献的使用应持慎重态度。

产品资料是对定型产品的性能、构造原理、用途、使用方法和操作规程、规格等所作的具体说明。从产品样本中可以获得关于产品结构的详细说明，并且由于它代表已投产的产品，技术上比较成熟，数据上比较可靠，有较多的外观照片和结构图，直观性强，所以产品样本对于新产品的设计和开发都有一定的参考与借鉴作用，从中也可以了解到世界范围内的生产动态和发展趋势。

10.2 科技成果的评价

科技成果评价是科技、经济与社会结合的需要，根据市场经济和科技自身的发展规律，科技成果的评价要求具有科学性、公正性、权威性和时效性，成果应该受到法律的保护。科学性、公正性、权威性直接关系到科技成果转化的效果，时效性和成果的保护直接关系到成果转化的效益。科技成果评价理论、方法和评价体系的确立，对整个科技战线起着关键的导向作用，对整个国家科技事业的发展具有深远的战略意义。

10.2.1 科技成果评价的方式与特点

成果评价是对科技成果进行全面衡量，就其先进性、创新性、实用性、科学性、经济效益和社会效益等多方面进行专家评价，认定其价值。公正合理的评价能促使好的成果迅速转化为生产力，激励先进，使科研工作形成良性循环。科技成果评价是一个多层次、多角度、多因素的问题，应设计一套科学而完备的指标体系，并制定相应的评价标准，以此来度量科技成果所达到的水平。不同性质的研究成果，其评价指标也应有所区别。表10-1是评价体系的一个例子。

每项指标分为五个等级，分别有相应的等级评价标准。参加鉴定的专家根据评分标准分别打分，再由组织或主持鉴定的单位将各专家的打分汇总，按照统计平均的方法计算出量化的综合得分。

表 10-1 各类科技成果评价权重

指标	权重（A）		
	基础研究	应用研究	开发研究
1 科学性（M_1）	0.10	0.10	0.10
2 先进性和创造性（M_2）	0.40	0.30	0.20
3 难度和工作量（M_3）	0.20	0.15	0.10
4 成熟性和适用性（M_4）	0.15	0.25	0.30
5 经济、社会效益（M_5）	0.15	0.20	0.30

目前，国内通用的科技成果评价方式主要有三种：检索与引用评价、鉴定与奖励评价、专利授予与奖励或采用评价。对于转化生产力的新产品、新技术、新工艺等科技成果，还应该有转让与生产或效益的评价。一般来说，对应用性科技成果应进行综合评价，如图 10-4 所示。

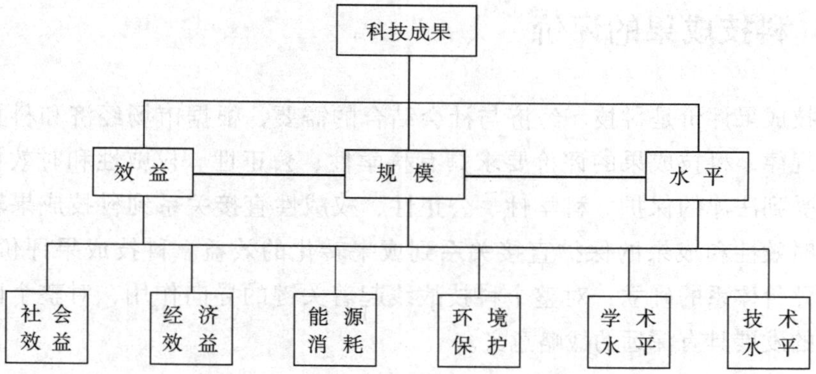

图 10-4 应用性科技成果综合评价体系

检索与引用评价方式主要是指论文、著作发表在学术刊物上或者出版后，被收录和引用的情况。检索是指论文、著作发表后被国际或国家的有关检索机构收录；引用是指论文、著作发表后引起同行专家的重视，并且在自己的工作、论文或著作中加以引用。可以通过检索收录和引用借鉴的情况来评价学术论著的学术水平和科学价值。这种成果评价方式的优点是简单易行，国际通用，评价行为是自发的，一般情况下不带有主观性，评价结果权威性比较强，并且成果受到了《著作权法》的保护。其缺点是目前信息管理系统不太健全，进行检索还不是很方便，检索机构的收录标准还需要不断地进行完善，使之科学化。

鉴定与奖励评价主要是通过会议、函审等形式鉴定研究成果和申请，并获得各级各类的科技奖励。会议鉴定的特点是时间短、见效快。在目前的情况下，鉴定的通过率一般为100%，成果的成熟率比较高，鉴定后一般可以逐步转化为生产力。但是鉴定的办理手续烦琐，成果评价水平往往都被拔高，权威性比较差。有些需要保密的地方，反而由于会议的召开而导致技术被公开，有时申请鉴定的单位会丧失申请专利保护的机会，成果的法律保护意识比较弱。在越来越多的侵权纠纷处理过程中，技术秘密（Know-how）难以确定，有时无法进行侵权判定，吃亏的往往是技术成果的所有方或持有方。所以，1994年我国颁布了新的《科学技术成果鉴定办法》，规定了六类科技成果可以不组织鉴定：①基础理论研究成果；②软科学研究成果；③已申请专利的应用技术成果；④已转让实施的应用技术成果；⑤企事业单位中自行开发的一般应用技术成果；⑥国家法律法规规定，必须经过法定的专门机构审查确认的科技成果。

为了鼓励和表彰科技成果对科学技术和社会经济发展的贡献，国家各级政府和有关部门及各行业、学会等机构设立了一些科技成果的奖项。例如，国家层次上有国家自然科学奖、国家科学技术进步奖、国家技术发明奖等。

专利申请后，经过严格的审查和一定的程序，国家专利局将对通过的专利进行授权，根据授权后的专利被采用的情况，还可以对优秀专利等进行奖励。发明专利的审查时间长，要求也更严格。发明专利的特点是国际通行，成果要符合新颖性、创造性和实用性，所以其权威性比较强，知识产权受到法律的保护。其缺点是通过授权率低，审批时间长，成果成熟度低，授权专利不一定能马上投入生产。但这种评价方式是我国市场经济日趋成熟条件下成果评价的发展趋势，也是与国际接轨的必然途径。

随着时间的推移，鉴定评价的水平失真、通过率高、铺张浪费等弊端越来越突出，各类奖励也都程度不等地存在着许多问题。现在我国逐步引入了世界通行的收录引用评价、专利评价等方式，弥补了鉴定评价的不足，显得比较公正、权威，得到了国际认同、同行专家认可。但专利法在我国还处在待完善发展的阶段，其审批时间过长。从成果转化应用的角度出发，鉴定评价由于速度快，有利于加快技术的转化，所以还有一定的存在价值。对于具体成果而言，采用何种评价方式，应视成果本身的性质、特点及其技术可公开程度等多方面因素来确定。

10.2.2 科技成果评价方式的选择

科技成果评价应根据其与科技活动的各方利益相关者的关系来评价，评价体系的选择也要考虑与其他评价体系之间的相互作用和影响。因此，某一个评价体系不是孤立的。不同系统各有其目标、偏向和作用，所以，评价体系要在一些因素的约束下进行优化选择。

科学技术研究一般可以分为基础研究（又可分为纯理论基础研究和应用基础研究）、应用研究和开发三大类。由于这三大类的研究性质、特点、内涵和外延有比较大的差别，其研究成果的表现形式也有很大的不同，所以应该确定与选择与它们相对应的成果评价方法。

我国科学技术部在2003年9月新颁布实施的《科学技术评价办法》中第四十八条明确指出：成果评价应根据成果的性质和特点确定评价标准，进行分类评价。

（1）基础研究成果应以在基础研究领域阐明自然现象、特征和规律，作出重大发现和重大创新，以及新发现、新理论等的科学水平、科学价值作为评价重点。在国内外有影响的学术期刊上发表的代表性论文及其被引用情况应作为评价的重要参考指标。对其评价要遵循学术影响的效益原则。申请评价时应提交的评价依据主要为：① 理论研究总结报告；② 出版的著作和发表的论文；③ 发表的论文被引用或摘录的证明；④ 同行专家的推荐意见；⑤ 权威机构的查新报告。

（2）应用技术成果应以运用科学技术知识在科学研究、技术开发、后续开发和应用推广中取得的新技术、新产品，获得自主知识产权，促进生产力水平提高，实现经济和社会效益为评价重点。应用技术成果的技术指标、投入产出比和潜在市场经济价值等应作为评价的重要参考指标。

（3）软科学研究成果应以研究成果的科学价值和意义，观点、方法和理论的创新性，以及对决策科学化与管理现代化的作用和影响作为评价重点。软科学研究成果的研究难度和复杂程度、经济和社会效益等应作为评价的重要参考指标。对软科学的评价依据主要为：①软科学项目的研究总结报告；②发表的论文和论著；③研究成果中建议或意见被采纳的证明；④产生社会效益的证明材料等。

基础研究和应用基础研究成果的表现形式多为论文、著作，有时也有专利，以适宜用收录引用的评价方法为主。应用研究成果可以分为创新性成果和改进性成果两类。创新性成果是指新技术、新产品类，明显符合专利的新颖性、创造性和实用性的特征。这类成果应该申请专利保护。但为了很快地进行生产、占领市场、取得效益，在申请专利的同时，可采用会议鉴定的评价方式，以便于尽快地开发生产。应用量大面广的成果，还可进一步申报科技进步的奖励。改进性成果是在前人已有技术的基础上，进行技术改造而产生的成果。评价方式可根据创新性的高低来定，主要看实施后所产生的经济效益是否显著。创新性高的成果，也可以申请专利并同时进行鉴定，一般性的成果则在进行技术鉴定后投入生产就可以了。

基础理论研究成果是指阐明自然现象、特性、规律及其内在联系，学术上具有新见解、新发现、新理论，并且对科学技术发展具有指导意义的研究成果。其成果主要体现在对学术界的影响和对科学理论的发展有积极的作用，所以对其评价要遵循学术影响效益的原则。评价方法应该是研究成果通过国内外学术刊物或学术会议的形式公开发表，引起国内外同行专家的关注与评论，并多次被国内外同行研究引用，或被国际权威文摘检索机构收录，如美国的SCI、EI、ISTP等检索工具。1986年，原国家教育委员会率先将所设的科技进步奖分类，甲类奖励基础研究成果，首次肯定了引用评价方式，规定申报甲类奖励基础研究成果不要求鉴定，但一定要是公开发表的论文、著作，并附送论著发表后被同行引用、摘录和评价资料的情况。成果的水平和影响以引用评价的结果为主要依据，以此决定是否给予奖励及奖励等级。农业部于1996年也将科技成果分类，基础研究为甲类，采用引用评价方式，成果也不要求鉴定。

软科学研究成果是指推动决策科学化和管理现代化，对促进科技、经济和社会协调发展起重大作用的研究成果。这类成果的表现形式为科学研究报告，主要价值体现在对社会进步的影响上，对其评价应遵循社会效益原则。评价方法是研究成果所提出的方案是否有一定的实用性和可行性，是否引起专家及政府部门的重视，对社会的进步和经济的发展是否起到了积极的推动作用，是否取得了较大的社会效益。

经申报授权的发明专利技术成果，具有新颖性、创造性和实用性等特点，实施效果显著，有比较高的经济效益和广阔的推广应用前景。专利成果的特征是成为客观事实的成果，对其评价应该遵循客观事实原则。评价依据应是申报专利材料、专利证书、实施效果效益证明等。

已经转让实施的科技成果，一般由生产实施单位作出评价，不需要有关部门进行科技成果的认定。企事业单位自己组织力量研究开发的应用技术成果，要由社会实践和市场来评价，也不需要有关部门进行成果的认定。当然，这些应用性强的科技成果在完成并取得了较大社会效益和经济效益后，也可以向有关部门申请鉴定并申报奖励。

10.2.3 科技论文的评价

10.2.3.1 定量评价的一般方式

科技论文是科研成果中最常见的产品，是科技产出的重要指标，也是反映科技工作者素质和能力的一面镜子。发表科技论文是对科技进步的一种贡献。为了激励科学技术的发展，许多地方政府和行业或专业学会经常对一定范围内发表的学术论文进行评价，对优秀论文给予奖励。

对科技论文的评价，现在一般采用定量评价的方式。所以，需要建立评价指标体系，制定评价方法。指标体系必须具有明确性、独立性，且容易获得。评价模式或方法应该科学、直观、实用、方便，并且可操作性强。表 10-2 是科技论文评价标准的参考意见。根据表 10-2 可以得到评价标准的参考体系，各指标因子的参考设定如表 10-3 所示。

表 10-2 科技论文评价标准的参考意见

评价内容		水平等级	评价标准
理论价值	学术水平	国际先进水平	前人无类似的新发现、新理论、新思想、新观点，是对国际前沿科学研究问题的论证、完善、补充和发展
		国内先进水平	在所研究的领域内处于国内领先地位
		一般先进水平	在他人研究的基础上提出了一般正确的新认识、新见解等
		无学术水平	在学术上无参考价值
	科学意义	重大意义	对多个或单个学科发展有普遍指导意义
		一般意义	对多个或单个分学科发展有一般指导意义
		无意义	对科学发展无意义
实用价值	经济价值	重大效益	应用提出的设想、方案、方法能给科研或技术带来重大的促进作用，能给生产带来重大的变革且经济效益显著
		一般效益	给生产、科研工作带来有益的变化，有一定的应用和经济效益
		无效益	对科研、生产无积极作用，无经济效果
	技术价值	大	技术上的发明创造，如新材料、新技术、新工艺、新机器等，对生产力提高有重大的促进作用
		一般	对技术进步有一般的良好作用
		无	对技术进步无多大作用
	社会价值	积极影响	对社会、生产、人民生活有积极影响且社会急需
		一般影响	对社会、生产、人民生活有良好影响
		消极影响	对社会、生产、人民生活产生不良后果

（续）

评价内容		水平等级	评价标准
其他价值	参考价值	重要	对科研或其他工作有重要参考价值，论文被 SCI、EI、ISTP 等国际著名检索机构收录，论文被引用的次数较多，特别是 SCI 引文
		一般	对科研或其他工作有一般参考价值，论文被引用的次数较少
	文理结构	好	内容正确，结构合理，论证严谨，层次清楚，文字表达简练
		一般	内容基本正确，写作水平一般
		差	内容存在错误，主题不清，分析论证比较差，文字表达不佳
其他价值	发表情况	重点发表	已在国内外重要刊物上公开发表，特别是影响因子较高的杂志
		一般发表	已在国内一般刊物上公开发表
		未正式发表	在学术会议上交流或作为内部资料

表 10-3　科技论文评价体系的设定

目标 A	指标 B_i	α_i	因子 C_j	β_j	评价等级/分 F_K	
论文评价	理论价值	0.5	学术水平	0.5	国际先进，国内先进	≤100
			科学意义	0.5	重大，一般	≤100
	实用价值	0.3	经济价值	0.3	重大效益，一般效益	≤100
			技术价值	0.4	大，一般，无	≤100
			社会价值	0.3	积极影响，一般影响	≤100
	其他价值	0.2	参考价值	0.3	重要，一般	≤100
			文理结构	0.4	好，一般	≤100
			发表情况	0.3	国际发表，国内发表	≤100

评价体系中，各指标因子的意义分别为：

（1）学术水平。按达到先进水平级别的高低计分，分值范围为 0 ~ 100 分。水平的级别可分为国际、国家、部省和市县级，各级的最高分值可设定，如 100、80、60、40 分等。

（2）科学意义。按论文所具备的科学意义大小计分，分值范围为 0 ~ 100。意义的级别可分为国际、国家、部省和市县级，各级的最高分值可设定，如 100、80、60、40 分等。

（3）经济价值。按照创造的经济价值高低计分，如可设定每创造 10 万元价值计 1 分，最高为 100 分。

（4）技术价值。为简化操作，按照提出的新观点、新创造个数计分，每提出一个新观点计 10 分，最高为 100 分。但是创新点有大小，对技术的影响力也有很大不同，很难准确定量。所以，也可以根据评价专家的意见（预测打分）来确定。

（5）社会价值。按获奖级别高低计分，如国际级为 100 分，国家级为 80 分，部省级为 60 分，市县级为 40 分，未获奖为 20 分。

（6）参考价值。按论文被 SCI、EI、ISTP 等国际检索机构收录来计算其基本分，如被 SCI 收录为 80 分，被 EI 收录为 60 分，被 ISTP 收录为 40 分，未被收录为 20 分。另外，论文如果被他人引用，再计算加分，如被引用 1 次计 5 分，最高为 100 分。

（7）文理结构。可以按符合有关标准的程度来计分。但是，国内外期刊的标准不完全相同，并且内容、结构、层次等方面是难以用有关标准来衡量的。所以，也可以根据评价专家的意见（打分）来确定，最高为 100 分。

（8）发表情况。按照发表刊物的级别高低计分，如外刊为 100 分，国家级刊物为 80 分，国际学术会议交流为 70 分，国内核心刊物为 60 分，全国学术会议交流为 50 分，其他国内刊物为 30 分，未发表的资料为 10 分。

确定权重，一般要把握三个原则：一是要防止或减少人为干扰；二是要合理；三是要与加权因子相适应。同时，还要考虑论文属于“软件”这一特点，即论文的作用或价值主要是在科学理论、技术和潜在意义上的体现，一般不直接产生效益或经济效益。表 10-3 中的 F、α、β 分别为评价参数的分值、指标的权重、因子的权重，每个因子的基本分值最高不得超过 100 分。

评价模型有许多种，按照科学、合理、简单、实用、方便的原则，结合评价对象为单一性质的论文本身，以及评价指标体系所具有的层次性，可选择采用多次加权模型

$$A = \sum_{i=1}^{m} \alpha_i B_i$$

式中，A 为二次加权分值，也就是评价对象的总得分；α_i 为相应于指标 i 的权重，可以通过专家法来确定，$i = 1, 2, 3, \cdots, m$ 。

上式也称为二次加权论文评价模式。式中 B_i 可由下式计算

$$B_i = \sum_{j=1}^{n} \beta_j C_j$$

式中，C_j 是评价因子 j 的实际分值，最高为 100 分；β_j 为评价因子 j 的权重，同样可以通过专家法来确定，$j = 1, 2, \cdots, n$。

上式为一次加权分值式，是指标 i 的加权分值。

按照设定的条件，每一因子的最高分值为100，最终评价的总分值也为100。一般采用的论文评价准则为：

$A<60$　差

$60\leqslant A<80$　一般

$A\geqslant 80$　优秀

10.2.3.2　科技论文的收录、引用与评价

科技文献只有具有了传递性，才能具有社会意义，才能产生促进科学发展的价值。在现代信息社会的条件下，科学上的继承和借鉴、交流和综合主要是通过文献检索来实现的。国际上有许多文献检索的工具为科学技术的发展作出了重大贡献。文献检索工具的文献来源是世界上公开出版的期刊、图书、专利、学术会议等，各种文献检索工具所收录的论文来源刊物有不同的类别、层次和要求，因此就有论文是否被收录和被什么检索工具收录的问题，刊物也有是否被列为来源刊物和被什么检索工具列为来源刊物的问题。

目前，国际上比较公认的最著名的国际权威检索机构有：EI、SCI和ISTP。美国的《工程索引》（The Engineering Index，EI）主要收录工程和应用科学领域的文献，是一个全球性的数据库，其数据来源于世界50多个国家，文献来自3 000余种工程领域的期刊、会议论文及技术报告。这些文献涵盖了所有的工程领域，涉及175个学科。美国的《科学引文索引》（Science Citation Index，SCI）是世界上很有影响的一种大型的综合性检索工具，重点收录生命科学、物理、化学、生物、农业、医学等基础学科和交叉学科的文献。它收录的文献主要是期刊论文，收录范围十分广泛，涉及学科近100个，收录期刊3 200多种，来源于40多个国家，每年报道的文献有50多万篇。SCI所选择的期刊一般被认为是引用频率高而且水平也较高的期刊。美国的《科技会议索引》（Index to Scientific & Proceedings，ISTP）是由美国科学情报研究所编辑出版的，创刊于1978年。该索引收录了生命科学、物理与化学科学、农业、生物和环境科学、工程技术和应用科学等学科的会议文献，包括一般性会议、研讨会、发布会等。

我国科技部中国科技信息研究所统计国际论文数据分别取自SCI、EI、ISTP。

1993年统计：1992年中国在国际上发表科技论文数为15 466篇，居世界第12位。增长比较快的主要原因是ISTP增加了在我国召开的国际会议论文的收录，EI增加了中国刊物为来源刊物。SCI收录论文数比往年下降，由第12位下降到15位。论文被引用率平均为0.2，包括自引（指SCI引文）。

1998 年统计：1997 年中国在国际上发表科技论文数为 35 311 篇（其中国际会议论文 5 790 篇），首次进入前 10 名，排第 9 位。国际论文被引用数 9 952 篇，被引用次数 18 434 次，有所增加。

2000 年，中国科学家首次获得 ISI 颁发的经典引文奖 47 篇，涉及 120 人。

1998 年，南京大学已连续六年获得 SCI 收录论文数的高校之冠，连续四年引文数第一，《Nature》《Science》等杂志给予了很好的评价。这些成绩的取得，主要是由于南京大学形成了良好的学术风气和道德风尚，构建了学科群点和科研梯队；科学研究方向瞄准了学科交叉及前沿领域。研究的主力军是研究生和青年教师，SCI 收录的论文有一半出自研究生和青年教师。

2000 年，以 SCIE（SCI Expanded，即科学引文索引扩展版）为来源，国内高校 SCI 收录论文篇数统计的前十名为：清华大学 773 篇；北京大学 705 篇；南京大学 626 篇；浙江大学 583 篇；复旦大学 379 篇；山东大学 311 篇；上海交通大学 310 篇；南开大学 308 篇；吉林大学 284 篇；武汉大学 240 篇。

2006 年，国内高等学校科技论文被 SCI、EI 收录和论文被引用情况如表 10-4 所示。

表 10-4　2006 年国内高校科技论文被 SCI、EI 收录和论文被引用情况

SCI 收录篇数		EI 收录篇数		发表论文被引用篇数	
学校名称	篇数	学校名称	篇数	学校名称	篇数
浙江大学	3 034	清华大学	3 317	清华大学	3 129
清华大学	2 801	上海交通大学	2 826	北京大学	2 816
上海交通大学	2 243	浙江大学	2 760	浙江大学	2 692
北京大学	1 957	哈尔滨工业大学	2 137	中国科学技术大学	2 333
复旦大学	1 580	天津大学	1 653	南京大学	2 238
中国科学技术大学	1 558	华中科技大学	1 362	复旦大学	1 914
南京大学	1 414	中国科学技术大学	1 264	上海交通大学	1 863
吉林大学	1 126	西安交通大学	1 240	吉林大学	1 244
华中科技大学	1 107	大连理工大学	1 166	武汉大学	1 232
武汉大学	1 107	西北工业大学	999	山东大学	1 181
山东大学	1 058				

以上统计数据尽管在逐步增加，但和国外的差距还很大。以《Acta Mater.》和《Scripta Mater.》为例，平均退稿率约 50%。2009—2013 年的五年间中国科技工作者在《Acta Mater.》发表 384 篇，居第 2 位（美国 985 篇，德国 376 篇，

日本276篇，法国242篇）。但是，我国投稿文章的退稿率依然居高不下。几十位世界知名的材料科学家写了20篇材料科学的前沿性文章，共引用文献2 309篇，其中我国作者的文章仅被引用约10篇，不到0.5%。其主要原因是：论文的学术水平较低，缺乏创新性的实验结果和深入的理论分析及模型的建立；论文写作的英语水平较差；论文结构思路不够清楚，层次、内容比较杂乱。

要评价各类期刊的质量和水平，就需要有对发表论文的各种期刊进行相对评价的方法和指标。《中国科技期刊引证报告》以中国科技论文与引文数据库为基础，选择数学、物理学、力学、生物学、信息与系统科学、农业科学、工业技术等学科的1 300余种中国出版的中、英文科技期刊作为来源期刊。《中国科技期刊引证报告》由期刊引用计量指标、来源期刊计量指标、期刊典藏计量指标以及来源期刊刊名目录等几部分组成。期刊引用计量指标有总被引频次、影响因子、即年指标、自引率和他引率。它主要显示该期刊被读者使用和重视的程度，以及在科学交流中的地位和作用，是评价期刊质量的重要依据和客观标准。来源期刊计量指标有来源文献量、参考文献量、平均引用率、平均作者数、地区分布数等项目。它能全面描述该期刊的学术水平、编辑状况和科学交流程度。期刊典藏计量指标有引用半衰期、老化系数等。它主要提供期刊文献老化状况的信息，有助于科学管理。中国每年都由中国科学技术信息研究所发布《××××年度中国科技论文统计与分析》。

对期刊的评价有许多指标，其中最主要的是影响因子（Impact Factor，IF）和总被引频次。期刊影响因子是美国SCI的创始人加菲尔德（E. Garfield）首先提出并得到国际上广泛应用的一项期刊定量评价的重要指标。一般认为，期刊影响因子与期刊整体学术水平有直接的关系，而与论文质量的关系是通过同行评议来实现正相关关系的。在利用数据库所提供的数据进行论文定量分析时，应该遵循同类相比的基本原则，因为各数据库在选择来源刊物时很难做到学科结构的合理性。美国《期刊引用报告》（Journal Citation Reports，JCR）所报道的近5 000种期刊中，医学期刊就占33.7%。来源期刊多的学科，影响因子必然会高。例如，2012年JCR报道的各学科影响因子中，医学领域最高的影响因子是153.459，而数学领域最高的影响因子仅为3.841。所以，同类相比是定量分析中的基本原则。不同学科的期刊，IF差别较大，互相比较是没有意义的。同一类期刊在同一类学科内进行比较，是相对合理的。

IF是一个相对统计量，所以可以较为公平地评价和处理各类期刊。通常情况下，IF越大，它的学术影响力和促进科技进步的作用也就越大。IF的具体计

算方法为

$$IF=\frac{\text{该期刊前两年发表的论文在统计当年被引用的总次数}}{\text{该期刊前两年发表论文的总数}}$$

总被引用频次是指期刊自创刊以来所发表的全部论文在统计当年被引用的总次数。它也是一个非常客观而实际的评价指标，可以表示该期刊被使用和受到重视的程度，以及在科学交流中的作用和地位。其他还有一些评价指标，如即时性索引、引用半衰期等。

即时性索引（Immediacy Index）是指当年发表的论文被引用数与当年发表的论文数之比，可以反映期刊发表后论文得到引用的快慢。

引用半衰期（Cited Half-Life）是引用数降到年最高引用数一半的时间，可以反映期刊发表论文引用减少的趋势。由于目前 IF 按 2 年期测试窗口统计，因此 IF 的变化比较大。特别对于那些刊登论文比较少的刊物，很可能因为一两篇论文的高引用率而使期刊影响因子大幅度变化。因此，有人建议用 5 年期测试窗口来统计 IF，以使 IF 的变化幅度相对减小。

论文量、时间和被引频次是计算期刊影响因子的三个基本要素。期刊论文引用积累曲线如图 10-5 所示。大多数高影响因子的期刊是载有高质量论文的著名期刊。应该说，期刊影响因子和期刊论文的平均质量水平是互为因果关系的。当然，期刊影响因子作为定量的评价指标并不是万能的，其适用范围是有限的，

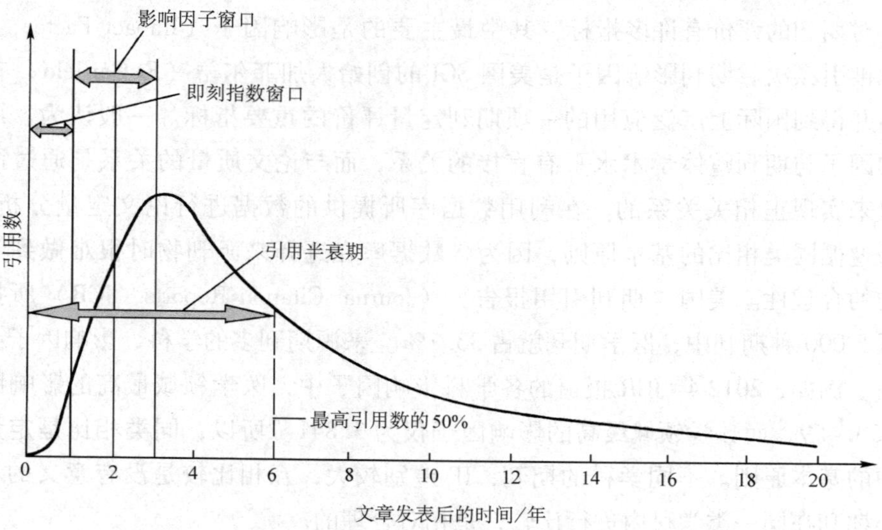

图 10-5　期刊论文引用积累曲线

所以要正确理解。

被 SCI 收录不是目的，也不是唯一标准，却是一种实用的、比较客观的评价工具。应该指出，刊物被 SCI 收录，并不绝对意味刊物的好坏。我们既反对盲目鼓励 SCI 收录刊物的论文数，也反对全盘否定 SCI 的观点。IF 只是在一定程度上可以反映刊物的好坏，但不是绝对地表示某一篇论文的好坏。另外要指出的是，不同类型、性质的期刊所反映出来的影响因子也是有很大差别的，如图 10-6 所示。不同类型的期刊的即时性索引和半衰期不一样。通常，快报类刊物即时性索引比较快，也可能有较高的影响因子，但引用半衰期较短；而综述、评论性刊物不仅即时性索引快，而且影响因子高，引用半衰期也较长；作为研究论文类刊物，即时性引用不如其他两类刊物，影响因子相对较低，而处于热点领域的学术刊物仍有较高的 IF，比如生命科学，引用半衰期相对较短。所以，用 IF 比较不同类型刊物的好坏是不能绝对的。但是不可否认，从各种层次上定量研究和评价科技活动已成为可能，这是科技管理者进行科研评价的工具。

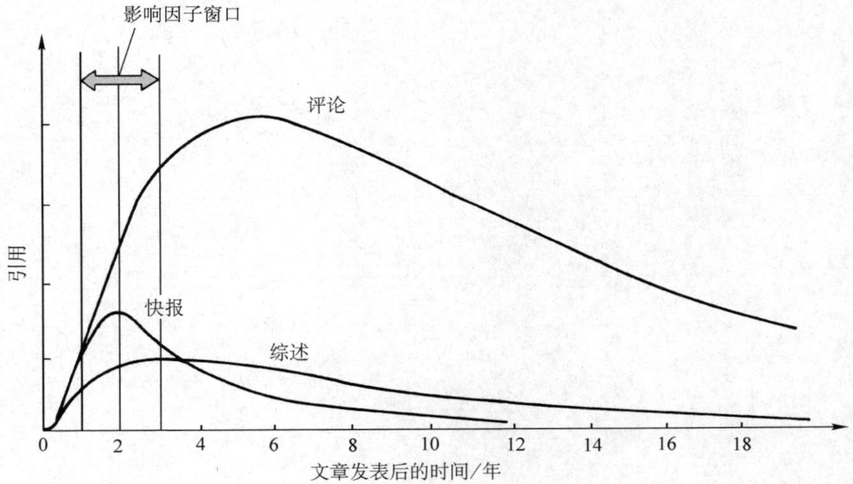

图 10-6　影响因子与期刊类型

对科技论文质量的评价主要有两种方式：同行评议和引文情况。期刊上发表的论文，其同行评议大多数发生在论文发表前的审稿过程中。自然科学学术期刊的审稿制度，通常要经过初审、评审和终审三个阶段。许多期刊选择的评审专家一般为 2 ~ 3 人，审稿人对论文进行评审就是同行评议的过程，是论文质量评估的重要环节。

科技论文是科学研究活动的主要产出形式，也是科技工作者个人的学术思想和学术观点向社会传播，最终转化为社会的科学财富的起始点。论文中对他人学术思想的继承、借鉴或批判通常都以参考文献来表示，这种引证和被引证的关系就是所谓的引文关系。引文关系是科学活动中存在的一种客观关系，它是由科学论文的相互引证而形成的一种任何科学家个人都无法左右的学术关系。所以，影响因子也是建立在这种客观的学术关系基础之上的。如果评价的目的是考察研究人员的学术水平，那么影响因子是一个间接指标，或者说是一个定性指标。比较客观的定量指标应该是论文的被引频次。对于个别情况，或者通过补充其他相应指标，或者通过专家评议来进行调整，以使评价结果更趋于合理。

习题与思考题

1. 科技研究主要有哪些类型？各有什么特点？
2. 选题的基本原则是什么？
3. 科技研究课题的基本来源有哪些？
4. 科学道德行为准则主要有哪些？
5. 科技研究归纳法和演绎法的异同点有哪些？
6. 科技研究系统法的特点是什么？
7. 科学假说法的科学意义是什么？
8. 科技试验的基本特点和要求是什么？
9. 科研机遇的特点是什么？
10. 灵感思维的特点和产生的条件是什么？
11. 什么是异向思维？请列举一个成功应用异向思维的例子。
12. 科学思维主要有哪些？试举例说明。
13. 科技论文主要有哪些特点？论文写作与发表的意义是什么？
14. 为什么说创造性是科技论文与一般科技文体作品的主要区别？
15. 什么是学位论文？学位论文分为几种？各有什么特点和要求？
16. 理论型论文和实验型论文在写作上有什么异同？
17. 科技论文起草和修改的要领是什么？
18. 强调科技论文表达的规范性有什么意义和作用？
19. 按照规范要求，一般情况下学位论文应由哪些部分组成？
20. 什么是综述性论文？综述性论文的作用是什么？
21. 确定论文题目的一般要求是什么？在文字上有什么要求？
22. 科技论文为什么要署名？署名的原则是什么？
23. 什么是关键词？如何确定关键词？
24. 科技论文中的摘要有什么作用？在写作上有什么要求？
25. 英文摘要写作应注意哪些问题？
26. 科技论文的引言起什么作用？写作的基本要求是什么？
27. 在写作科技论文结论时，应注意什么问题？

28. 为什么有时要在科技论文后附致谢？

29. 什么是参考文献？参考文献著录有什么原则和方法？写出参考文献中连续出版期刊和著作的著录格式。

30. 文后参考文献有多少种文献类型？它们的标志代码是什么？

31. 为什么参考文献在一定程度上能反映出作者的治学态度和论文的学术水平？

32. 什么是图注、图题？

33. 学位论文的基本要求是什么？与期刊论文相比，在写作上有什么特点？

34. 用图示法和列表法表示试验结果，各有什么特点和要求？

35. 用图来正确表示试验结果应该注意什么问题？表示的基本原则是什么？

36. 科技论文写作中进行论证时应注意哪些问题？

37. 学位论文答辩应该注意哪些问题？

38. 科技论文写作的修改有什么意义？修改方式有哪些要点？

39. 科技成果的价值主要体现在哪些方面？科技成果价值有哪些特点？

40. 科技成果主要有哪些体现形式？各有什么样的评价方式？

41. 目前国内通用的科技成果评价方式主要有哪几种？各有什么特点？

42. 什么是仿生学？你认为自然界中的什么现象（举一例）人们可以进行仿生研究？请尽可能提出自己的设想。

43. 你认为在社会生活中有哪些问题或现象，需要人们进行研究来解决或提高？写出自己的设想和思路。

附录　历届诺贝尔物理学奖和化学奖的获奖名录

1901—2013 年

附表 1　历届诺贝尔物理学奖获奖名录

年份	获奖者	国籍	获奖原因
1901	W. C. 伦琴	德国	发现 X 射线
1902	H. A. 洛伦兹	荷兰	研究磁场对辐射现象的影响
	P. 塞曼	荷兰	
1903	H. A. 贝克勒尔	法国	发现天然铀元素的放射性
	P. 居里	法国	研究贝克勒尔发现的放射性现象，发现放射性元素钋、镭和钍也有放射性
	M. S. 居里（女）	法国	
1904	Lord. 瑞利	英国	研究气体的密度和发现氩
1905	P. E. A. 莱纳德	德国	阴极射线的研究
1906	J. J. 汤姆逊	英国	通过气体电传导性的研究测出电子的电荷与质量的比值
1907	A. A. 迈克尔逊	美国	创制精密的光学仪器和用以进行光谱学和度量学的研究，并精确测出光速
1908	G. 李普曼	法国	发明应用于干涉现象的天然彩色照相法
1909	G. 马可尼	意大利	发明无线电报及其对无线电通信的贡献
	C. F. 布劳恩	德国	
1910	J. D. 范德瓦耳斯	荷兰	有关气态和液态方程的研究
1911	W. 维恩	德国	发现有关热辐射的定律
1912	N. G. 达伦	瑞典	发明灯塔与浮标照明用的瓦斯自动调节器
1913	H. K. 昂内斯	荷兰	在低温下研究物质的性质并制成液态氦
1914	M. 劳厄	德国	发现晶体的 X 射线衍射，既用于决定 X 射线的波长，又证明了晶体的原子点阵结构
1915	W. H. 布拉格	英国	利用 X 射线研究晶体结构
	W. L. 布拉格	英国	
1917	G. G. 巴克拉	英国	发现标识元素的次级伦琴辐射
1918	M. V. 普朗克	德国	发现基本量子，提出能量量子化的假设，解释了电磁辐射的经验定律
1919	J. 斯塔克	德国	发现阴极射线中多普勒效应和原子光谱线在电场中的分裂
1920	C. E. 纪光姆	瑞士	发现镍钢合金的反常性以及在精密仪器中的应用

（续）

年份	获奖者	国籍	获奖原因
1921	A. 爱因斯坦	美国/瑞士	对理论物理的贡献，特别是阐明光电效应的定律
1922	N. 玻尔	丹麦	研究原子结构和原子辐射，提出原子结构模型
1923	R. A. 密立根	美国	研究基本电荷和光电效应，特别通过著名的油滴实验证明了电荷有最小单位
1924	K. M. G. 西格巴恩	瑞典	X 射线光谱学方面的发现和研究
1925	J. 弗兰克	德国	发现电子与原子之间碰撞的定律
	G. L. 赫兹	德国	
1926	J. B. 佩兰	法国	有关物质不连续结构的研究
1927	A. H. 康普顿	美国	发现 X 射线的波长经散射后有所增长的“康普顿效应”
	C. T. R. 威耳逊	英国	发明威尔逊云雾室，用蒸汽凝结法使带电粒子轨迹变为可见
1928	O. W. 理查森	英国	在热离子现象方面的贡献，特别是发现了理查森定律（金属加热后发射出的电子数和温度的关系）
1929	L. V. 德布罗意	法国	发现电子的波动性
1930	C. V. 拉曼	印度	研究光的散射并发现拉曼效应
1932	W. 海森堡	德国	创立量子力学并导致氢的同素异形的发现
1933	P. A. M. 狄拉克	英国	发现有效而新型的原子理论并预言正电子的存在
	E. 薛定谔	奥地利	发现了有效而新型的原子理论
1935	J. 查德威克	英国	发现中子
1936	C. D. 安德森	美国	发现正电子
	V. F. 赫斯	奥地利	发现宇宙射线
1937	C. J. 戴维逊	美国	实验上发现晶体对电子的衍射作用
	G. P. 汤姆逊	英国	实验上发现受电子照射的晶体中的干涉现象
1938	E. 费米	意大利	用中子轰击产生的新放射性元素的发现，以及发现原子核吸收慢中子所引起的有关核反应
1939	E. O. 劳伦斯	美国	发明与发展回旋加速器以及利用它所取得的成果，特别是有关人工放射性元素的研究
1943	O. 斯特恩	美国	发展分子束的方法，发现质子磁矩
1944	I. I. 拉比	美国	以共振方法测量原子核的磁性
1945	W. 泡利	奥地利	发现泡利不相容原理
1946	P. W. 布里奇曼	美国	发明高压装置以及利用这装置在高压物理学领域中所作出的许多发现

（续）

年份	获奖者	国籍	获奖原因
1947	E. V. 阿普尔顿	英国	研究大气高层的物理性质，特别发现阿普尔顿层
1948	P. M. S. 布拉开	英国	改进威尔逊云雾室方法，在核物理和宇宙射线领域的发现
1949	汤川秀树	日本	在核力理论研究的基础上预言介子的存在
1950	C. F. 鲍威尔	英国	研究核过程的照直乳胶记录法以及发现介子
1951	J. D. 科克罗夫	英国	用人工加速粒子使原子核衰变
	E. T. S. 沃尔顿	英国	
1952	F. 布洛赫	美国	核磁精密测量新方法的发展及有关的发现
	E. M. 珀塞尔	美国	
1953	F. 泽尔尼克	荷兰	论证相衬法，特别是发明位相差显微镜
1954	M. 玻恩	英国	量子力学基础研究，特别是量子力学中波函数的统计解释
	W. W. G. 博特	德国	用符合电路法分析宇宙辐射
1955	W. E. 兰姆	美国	有关氢光谱精细结构的发现
	P. 库施	美国	精密测定电子磁矩
1956	W. 肖克利	美国	在半导体方面的研究，并且发现电晶体可代替真空管作为放大器
	J. 巴丁	美国	
	W. H. 布拉顿	美国	
1957	杨振宁	美国	提出弱相互作用下宇称不守恒，从而使基本粒子研究获得重大发现
	李政道	美国	
1958	P. A. 切伦科夫	前苏联	发现和解释切伦科夫效应（高速带电粒子在透明物质中传递时放出蓝光的现象）
	I. M. 弗兰克	前苏联	
	I. Y. 塔姆	前苏联	
1959	E. G. 塞格雷	美国	发现反质子
	O. 张伯伦	美国	
1960	D. A. 格拉泽	美国	发明气泡室
1961	R. 霍夫施塔特	美国	由高能电子散射研究原子核的结构
	R. L. 穆斯堡尔	德国	研究伽马射线的无反冲共振吸收和发现穆斯堡尔效应
1962	L. D. 朗道	前苏联	对于物质凝聚态理论的研究，特别是液氦的研究
1963	E. P. 维格纳	美国	原子核基本粒子的理论贡献，特别是发现和应用对称性基本原理方面的贡献
	M. G. 梅耶（女）	美国	发展原子核结构的壳层模型理论，成功地解释了原子
	J. H. D. 延森	德国	

（续）

年份	获奖者	国籍	获奖原因
1964	C. H. 汤斯	美国	在量子电子学领域中的基础研究导致了根据微波激射器和激光器的原理制成振荡器和放大器
	N. G. 巴索夫	前苏联	用于产生激光束的振荡器和放大器的研究工作
	A. M. 普罗霍罗夫	前苏联	在量子电子学领域中的研究工作导致微波激射器和激光器的制作
1965	R. P. 费曼	美国	量子电动力学方面的基础工作，包括对基本粒子物理学的意义深远的结果
	J. S. 施温格	美国	
	朝永振一郎	日本	
1966	A. 卡斯特勒	法国	发现并发展光学方法以及研究原子中的赫兹共振
1967	H. A. 贝特	美国	核反应理论的贡献，特别是发现关于恒星能量产生方面的理论
1968	L. W. 阿尔瓦雷茨	美国	对基本粒子物理学的决定性贡献，特别是通过发展氢气泡室和数据分析技术而发现许多共振态
1969	M. 盖尔曼	美国	关于基本粒子的分类和相互作用方面的发现，提出“夸克”粒子理论
1970	H. 阿尔文	瑞典	磁流体动力学方面的基础理论研究和发现，并在等离子体物理学中找到广泛的应用
	L. E. F. 奈耳	法国	反铁磁性和铁氧体磁性的基本研究和发现，在固体物理中具有重要的应用
1971	D. 加博尔	英国	全息照相技术的发明和发展
1972	J. 巴丁	美国	提出 BCS 理论的超导性理论
	L. N. 库珀	美国	
	J. R. 施里弗	美国	
1973	B. D. 约瑟夫森	英国	关于固体中隧道现象的发现，从理论上预言了超导电流能够通过隧道阻挡层（即约瑟夫森效应）
	J. 贾埃佛	挪威	从实验上发现超导体中的隧道效应
	江崎玲于奈	日本	从实验上发现半导体中的隧道效应
1974	M. 赖尔	英国	射电天文学方面的先驱性研究，特别在孔径综合技术方面的创造与发展
	A. 休伊什	英国	射电天文学方面的先驱性研究，在发现脉冲星方面充当决定性角色

（续）

年份	获奖者	国籍	获奖原因
1975	A. N. 玻尔	丹麦	发现原子核中集体运动与粒子运动之间的联系，并在此基础上发展了原子核结构理论
	B. R. 莫特尔逊	丹麦	原子核内部结构的研究工作
	L. J. 雷恩瓦特	美国	
1976	丁肇中	美国	分别独立地发现了新粒子 J/Ψ，其质量约为质子质量的三倍，寿命比共振态的寿命长上万倍
	B. 里克特	美国	
1977	P. W. 安德森	美国	对晶态与非晶态固体的电子结构作了基本的理论研究，提出固体物理理论
	N. F. 莫特	英国	对磁性与不规则系统的电子结构作了基本研究
	J. H. 范弗莱克	美国	对磁性与不规则系统的电子结构作了基本研究
1978	A. A. 彭齐亚斯	美国	宇宙微波背景辐射的发现
	R. W. 威尔逊	美国	宇宙微波背景辐射的发现
	P. L. 卡皮查	前苏联	在低温物理学领域的基础发明与发现
1979	S. L. 格拉肖	美国	对基本粒子之间弱相互作用与电磁相互作用的“统一”的理论贡献，特别是预言弱中流的存在
	S. 温伯格	美国	
	A. 萨拉姆	巴基斯坦	
1980	V. L. 菲奇	美国	发现 CP 不对称性
	J. W. 克罗宁	美国	
1981	N. 布洛姆伯根	美国	研究非线性光学及激光光谱学
	A. L. 肖格	美国	为发展激光光谱学和高分辨率电子光谱学的贡献
	K. 西格巴恩	瑞典	发展高分辨率测量仪器，对光电子和轻元素定量分析作出贡献
1982	K. G. 威尔逊	美国	建立了相变的临界现象理论
1983	A. W. 福勒	美国	在核天体物理实验和理论研究方面，对建立化学元素起源的核生成理论作出了贡献
	S. 钱德拉塞卡	美国	研究恒星结构及演化过程，精确预言白矮星的结构和变化
1984	C. 鲁比亚	意大利	发现 $W_{\pm}$ 和 Zo 粒子及其各种性质最终确定了弱电统一理论的正确性，再一次肯定了规范不变原则是相互作用理论中的一条基本原则
	S. 范德梅尔	荷兰	
1985	K. 克里津	德国	发现了量子霍尔效应

（续）

年份	获奖者	国籍	获奖原因
1986	E. 鲁斯卡	德国	对电子光学和电子显微学作出贡献
	H. 罗雷尔	瑞士	设计了第一台扫描式隧道显微镜
	G. 宾宁	德国	
1987	K. A. 米勒	瑞士	在超导研究中作出重大贡献
	J. G. 贝德诺尔茨	德国	在超导研究中作出重大贡献
1988	J. 施泰因贝格尔	美国	在研究高能物理中作出重大贡献
	M. 施瓦茨	美国	在研究μ子型中微子实验中作出重大贡献
	L. M. 莱德曼	美国	
1989	N. F. 拉姆齐	美国	创造出世界上最准确的时间计测法
	W. 保罗	德国	
	H. 德默尔特	美国	
1990	J. I. 弗里德曼	美国	首次用实验证明了夸克的存在
	R. E. 泰勒	加拿大	
	H. W. 肯德尔	美国	
1991	P. G. 德热纳	法国	在研究液晶及反应高分子物理中作出贡献
1992	G. 夏帕克	法国	对高能物理学粒子探测器方面尤其是多丝正比室的发明及发展作出重大贡献
1993	R. A. 赫尔斯	美国	发现脉冲双星，由此间接证实了爱因斯坦所预言的引力波的存在
	小约瑟夫·泰勒	美国	
1994	B. N. 布罗克豪斯	加拿大	率先从事中子散射技术开发，发展中子光谱学
	C. G. 沙尔	美国	率先从事中子散射技术开发，发展中子衍射技术
1995	M. L. 佩尔	美国	发现比质子重2倍、比电子重3 500粒的轻子
	F. 莱因斯	美国	探测到中级子的存在，开辟中级子物理学新领域
1996	D. M. 李	美国	发现了可以在无摩擦的低温度状态下流动的氦
	D. D. 奥谢罗夫	美国	
	R. C. 理查森	美国	
1997	朱棣文	美国	探讨了应用激光束冷却和控制原子的方法
	克劳德·科恩-塔诺季	法国	
	威廉·菲利普斯	美国	
1998	罗伯特·劳克林	美国	用部分控制激活的方法发现了一种新型的量子液体
	霍斯特·施特默	德国	
	丹尼·崔（崔琦）	美国	

（续）

年份	获奖者	国籍	获奖原因
1999	赫拉尔杜斯·霍夫特	荷兰	提出了关于亚原子粒子之间电磁作用和弱相互作用的量子结构
	马丁纽斯·韦尔特曼	荷兰	
2000	若尔斯·阿尔费罗夫	俄罗斯	信息技术方面的基础研究工作：发明快速晶体管和激光二极管
	赫伯特·克勒默	美国	
	杰克·基尔比	美国	信息技术方面的基础研究工作：发明集成电路
2001	埃里克·康奈尔	美国	证实了爱因斯坦70年前提出的理论，即碱金属原子稀薄气体的玻色-爱因斯坦凝聚理论
	沃尔夫冈·克特勒	德国	
	卡尔·维曼	美国	
2002	小柴昌俊	日本	探测宇宙中微子，中微子天体学诞生
	雷蒙德·戴维斯	美国	
	里卡尔多·贾科尼	美国	发现宇宙X射线源，X射线天文学诞生
2003	阿列克谢·阿布里科索夫	俄罗斯/美国	在超导、超流体领域作出开创性贡献
	维塔利·金茨堡	俄罗斯	
	安东尼·莱格特	英国/美国	
2004	戴维·格罗斯	美国	发现了粒子物理强相互作用理论中的渐近自由现象
	戴维·波利策	美国	
	弗兰克·维尔切克	美国	
2005	罗伊·格劳伯	美国	对光学相干的量子理论的贡献和对基于激光的精密光谱学发展作出了贡献
	约翰·霍尔	美国	
	特奥多尔·亨施	德国	
2006	约翰·马瑟	美国	发现了宇宙微波背景辐射的黑体形式和各向异性
	乔治·斯穆特	美国	
2007	艾尔伯·费尔	法国	先后独立发现了“巨磁电阻”效应，促进了相关的新型磁电阻材料和新型自旋电子学器件的研制和广泛应用
	彼得·格林贝格尔	德国	
2008	南部阳一郎	美国	发现次原子物理的对称性自发破缺机制
	小林诚	日本	发现次原子物理对称性破缺的来源
	益川敏英	日本	
2009	高锟	英国/美国	有关光在纤维中的传输以用于光学通信方面
	威拉德·博伊尔	美国	发明了半导体成像器件——电荷耦合器件（CCD）图像传感器
	乔治·史密斯	美国	

（续）

年份	获奖者	国籍	获奖原因
2010	安德烈·海姆	荷兰	2004年制成石墨烯材料
	康斯坦丁·诺沃肖洛夫	英国/俄罗斯	
2011	索尔·佩尔马特	美国	对超新星的观测证明，宇宙在加速膨胀、变冷，这一发现“震动了宇宙学的基础”
	布莱恩·施密特	美国/澳大利亚	
	亚当·里斯	美国	
2012	塞尔日·阿罗什	法国	突破性的试验方法使得测量和操纵单个量子系统成为可能
	大卫·维因兰德	美国	
2013	弗朗索瓦·恩格勒特	比利时	描述了粒子物理学的标准模型，其预测的基本粒子——希格斯玻色子，被欧洲核子研究中心运行的大型强子对撞机通过实验发现
	彼得·希格斯	英国	

附表2　历届诺贝尔化学奖获奖名录

年份	获奖者	国籍	获奖原因
1901	J. H. 范托夫	荷兰	发现化学动力学和渗压的规律
1902	E. H. 费歇尔	德国	合成糖、嘌呤衍生物、肽
1903	S. A. 阿伦尼乌斯	瑞典	研究稀溶液中好像电解分离问题，首次提出一个新学说——电离理论
1904	W. 拉姆齐	英国	发现氦、氖、氪、氙、氡并确定了它们在元素周期表中的位置
1905	A. 贝耶尔	德国	研究染料和有机化合物，合成靛蓝和含砷物
1906	H. 莫瓦桑	法国	制成纯氟和发明电炉
1907	E. 比希纳	德国	研究生物化学和发现无胞发酵
1908	E. 卢瑟福	英国	发现α射线击破原子和研究放射性物质
1909	W. 奥斯特瓦尔德	德国	在研究催化剂、化学平衡和化学反应率方面有重大贡献
1910	O. 瓦拉赫	德国	研究脂环族物质
1911	M. S. 居里（女）	法国	发现镭和钋，提炼出镭和研究镭的化合物
1912	F. A. V. 格林尼亚	法国	发现用于合成有机化合物的格利雅试剂——有机镁试剂
	P. 萨巴捷	法国	发明用金属作为催化剂在有机化合物中加进氢气的方法
1913	A. 维尔纳	瑞士	建立了络合物的配位理论
1914	T. W. 理查兹	美国	精确测定了多种元素的原子量
1915	R. M. 维尔斯泰特	德国	研究植物的叶绿素和其他色素

（续）

年份	获奖者	国籍	获奖原因
1918	F. 哈伯	德国	发明由氮气和氢气合成氨的哈贝尔-勃赤法
1920	W. H. 能斯特	德国	发现化学反应过程中的热交换
1921	F. 索迪	英国	研究放射性物质，是同位素理论创建人
1922	F. W. 阿斯顿	英国	用质谱仪发现多种同位素，发现原子结构以及原子量的整数规则
1923	F. 普雷格尔	奥地利	发明一种对有机物进行微量分析的方法
1925	R. A. 席格蒙迪	德国/奥地利	以其研究胶体的方法得奖
1926	T. 斯韦德贝里	瑞典	研究悬浮液和胶体化学并发明超速离心机
1927	H. O. 威兰	德国	研究鞣酸和有关物质并发现了巴比-维兰德反应
1928	A. O. R. 温道斯	德国	研究固醇及其与维生素的关系，发现了维生素 D_3
1929	A. 哈登	英国	发现了发酵的生化机理和引起发酵的酶
	H. 奥伊勒-切尔平	德国	
1930	H. 费歇尔	德国	研究血液和叶子的色素和合成氯化血红素
1931	K. 博施	德国	发明生产氨和液化煤的高压法
	F. 贝吉乌斯	德国	
1932	I. 朗缪尔	美国	发现表面吸附的分子薄膜层
1934	H. C. 尤里	美国	发现氘（重氢）
1935	F. 约里奥-居里	法国	共同发明了人工合成新的放射性元素
	I. 约里奥-居里（女）	法国	
1936	P. J. W. 德拜	荷兰	研究分子偶极矩，电子衍射和气体中的 X 射线
1937	W. N. 霍沃思	英国	研究碳水化合物和合成了维生素 C
	P. 卡勒	瑞士	研究类胡萝卜素、核黄素、维生素 A 和 B
1938	R. 库恩	德国	研究类胡萝卜素和维生素
1939	A. 布特南特	德国	研究性激素的化学
	L. 鲁日奇卡	瑞士	研究聚甲烯有开创性成果
1943	G. 赫维西	匈牙利	第一个使用同位素作为化学上的指示剂
1944	O. 哈恩	德国	发现了原子裂变
1945	A. I. 维尔塔宁	芬兰	发明研究农业生物化学的新方法
1946	J. B. 萨姆纳	美国	发现酵素可以晶化
	W. M. 斯坦利	美国	第一个制成纯酵素和纯病毒蛋白
	J. H. 诺思罗普	美国	

（续）

年份	获奖者	国籍	获奖原因
1947	R. 鲁宾逊	英国	研究对生物学具有重大意义的植物物质
1948	A. W. K. 蒂塞利乌斯	瑞典	发现了血清蛋白的性质
1949	W. F. 吉奥克	美国	研究对极冷的反应
1950	O. P. H. 迪尔斯	德国	发明一种合成二烯族有机化合物的方法（双烯合成法）
	K. 阿尔德	德国	
1951	E. M. 麦克米伦	美国	发现钚及其他元素
	G. T. 西博格	美国	
1952	A. J. P. 马丁	英国	发明分溶层析法（一种分离化合物的方法）
	R. L. M. 辛格	英国	
1953	H. 施陶丁格	德国	高分子化学方面的发现
1954	L. C. 鲍林	美国	研究物质的聚合力
1955	V. 迪维尼奥	美国	发现一种合成多肽激素的方法
1956	C. N. 欣谢尔伍德	英国	对化学反应动力学有重大贡献
	N. N. 谢苗诺夫	前苏联	对研究化学连锁反应机理有贡献
1957	A. R. 托德	英国	深入研究了细胞的蛋白成分
1958	F. 桑格	英国	发现胰岛素分子的结构
1959	J. 海罗夫斯基	捷克	发明极谱分析法
1960	W. F. 利比	美国	发明放射性碳年代测定法
1961	M. 卡尔文	美国	研究光合作用成绩突出
1962	J. C. 肯德鲁	英国	研究球形蛋白成绩显著
	M. F. 佩鲁茨	英国	
1963	G. 纳塔	意大利	对理解高分子作出贡献
	K. 齐格勒	德国	以制成有机金属化合物得奖，与塔诺的研究成果导致塑料制品的改进
1964	D. M. C. 霍奇金（女）	英国	用X射线对维生素 B_{12} 和青霉素等化合物进行研究而取得重大贡献
1965	R. B. 伍德沃德	美国	对有机合成作出贡献
1966	R. S. 马利肯	美国	创立化学结构分子轨道学说
1967	M. 艾根	德国	发明测定快速化学反应的技术
	R. G. W. 诺里什	英国	
	G. 波特	英国	
1968	L. 昂萨格	美国	创立多种热动作用之间的相互关系的理论

（续）

年份	获奖者	国籍	获奖原因
1969	D. H. R. 巴顿	英国	研究关于分子的三维空间形态的化学反应
	O. 哈塞尔	挪威	
1970	L. F. 莱洛伊尔	阿根廷	发现影响生物的化学能储存的化学化合物
1971	G. 赫茨伯格	加拿大	研究分子结构特别是游离原子团的分子碎片
1972	C. B. 安芬森	美国	对酶（生物的基本物质）的化学作出重大贡献
	S. 摩尔	美国	
	W. H. 斯坦	英国	
1973	G. 威尔金森	英国	研究由有机化合物和金属原子组成的有机金属化合物
	E. O. 菲舍尔	德国	
1974	P. J. 弗洛里	美国	研究高分子化学
1975	J. W. 康福思	澳大利亚	对以酶催化的反应进行立体化学研究
	V. 普雷洛格	瑞士	研究有机分子和反应的立体化学
1976	W. N. 利普斯科姆	美国	研究氢化硼及其衍生物的结构和组合
1977	I. 普里高金	比利时	研究非平衡态不可逆过程热力学，提出“耗散结构”理论
1978	P. 米切尔	英国	创立了“化学渗透理论”
1979	C. H. 布朗	美国	在有机合成中引入硼和磷
	G. 维蒂希	德国	发现重排反应，即“维蒂希反应”
1980	P. 伯格	美国	第一个建立重组脱氧核糖核酸分子，开创了现代基因工程学
	W. 吉尔伯特	美国	提出了测定核苷酸顺序的化学降解法
	F. 桑格	英国	发现胰岛素分子的结构。在决定接脱氧核糖核酸（DNA）R的顺序方面作出重大贡献
1981	福井谦一	日本	建立了边缘轨道理论
	R. 霍夫曼	美国	发现分子轨道对称守恒理论，提出著名的“伍德沃德-霍夫曼规则”
1982	A. 克卢格	英国	将 X 射线衍射技术应用到电子显微镜中
1983	H. 陶布	美国	在金属配合化合物电子转移反应机理研究方面成绩突出
1984	R. B. 梅里菲尔德	美国	对生物化学及相关学科作出了重要贡献
1985	H. A. 豪普特曼	美国	首创开发了应用 X 射线衍射确定物质晶体结构的直接计算法
	J. 卡尔	美国	

（续）

年份	获奖者	国籍	获奖原因
1986	李远哲	美国	在分子反应动力学研究领域贡献突出
	D. R. 赫施巴赫	美国	将交叉分子束法应用于分子反应动力学研究的缔造者
	J. C. 波拉尼	加拿大	创立了红外线化学发光技术，在分子反应动力学研究领域有杰出贡献
1987	D. J. 克拉姆	美国	首先提出“主宾化学”概念，开辟了新领域
	J. M. 莱恩	法国	创立了“超分子化学”新的科学领域
	C. J. 佩德森	美国	在发现“冠醚”的结构和特性中作出重大贡献
1988	H. 米歇尔	德国	在确定光合作用反应中心的立体结构中作出了重要贡献
	R. 胡贝尔	德国	
	J. 戴森霍费尔	德国	
1989	S. 奥尔特曼	美国	发现细胞中核糖核酸（RNA）的生物催化作用
	T. 切赫	美国	
1990	E. J. 科里	美国	创建一种独特的有机合成理论——逆合成分析理论
1991	R. R. 恩斯特	瑞士	发明傅立叶变换核磁共振分光法和二维核磁共振技术
1992	R. 马库斯	美国	电子转移过程理论的奠基人
1993	K. B. 穆利斯	美国	发明“聚合酶链式反应”法，可使 DNA 片段复制几百万次
	M. 史密斯	加拿大	开创“寡聚核苷酸定点诱法”
1994	G. A. 欧拉	美国	发现碳正离子的新性质
1995	P. 克鲁岑	荷兰	证明了人造化学物质对地球上空起保护作用的臭氧层构成破坏作用
	M. 莫利纳	美国	
	F. S. 罗兰	美国	
1996	R. F. 柯尔	美国	发现了碳原子结合成富勒氏球状 C_{60}
	R. E. 斯莫利	英国	
	H. W. 克罗托	英国	
1997	P. D. 博耶	美国	阐明了合成三磷酸腺苷（ATP）的酶机制
	J. E. 沃克	英国	
	J. C. 斯科	丹麦	首次发现了离子运输酶（Na^+、K^+、ATPase）
1998	W. 科恩	美国	创立并发展了关于密度功能的理论
	J. A. 波普	英国	研究发展了量子化学计算方法
1999	A. H. 齐威尔	美国	应用快速激光技术（10^{-15}s 光谱仪）来观察分子中原子进行化学反应时运动的情况

（续）

年份	获奖者	国籍	获奖原因
2000	艾伦 G. 麦克德尔米德	美国/新西兰	导电聚合物的发现和发展
	艾伦 J. 黑格	美国	
	白川英树	日本	
2001	巴里·夏普莱斯	美国	手性催化氧化物反应
	威廉·诺尔斯	美国	手性催化氢化物反应
	野依良治	日本	
2002	约翰·芬恩	美国	发明对生物大分子的质谱鉴定方法
	田中耕一	日本	
	库尔特·维特里希	瑞士	发明利用核磁共振测定蛋白质分子溶液三维结构的方法
2003	彼得·阿格雷	美国	发现了细胞中的水通道和离子通道，并阐明了盐和水是如何在人体细胞内进行出入交换的机理
	罗德里克·麦金农	美国	
2004	阿龙·切哈诺沃	以色列	发现了泛素调节的蛋白质降解
	阿夫拉姆·赫什科	以色列	
	欧文·罗斯	美国	
2005	罗伯特·格拉布	美国	在有机化学的烯烃复分解反应研究方面作出了贡献
	理查德·施罗克	美国	
	伊夫·肖万	法国	
2006	罗杰·科恩伯格	美国	在真核转录的分子基础研究领域作出了贡献
2007	格哈德·埃特尔	德国	固体表面化学过程研究，为表面化学开创了一种新的研究方法
2008	下村修	日本	发现和研究绿色荧光蛋白（GFP）
	马丁·查尔菲	美国	
	钱永健	美国	
2009	文卡特拉曼·拉马克里希南	美国	对核糖体结构和功能的研究。三人通过独立的研究工作，分别采用X射线蛋白质晶体学方法绘制出3D模型来体现合成核糖体的成千上万个原子的位置
	托马斯·施泰茨	美国	
	阿达·约纳特	以色列	
2010	理查德·赫克	美国	钯催化交叉偶联反应研究成果使人类能有效合成复杂有机物
	根岸英一	日本	
	铃木章	日本	

（续）

年份	获奖者	国籍	获奖原因
2011	达尼埃尔·谢赫特曼	以色列	发现了准晶体，即不具备晶格周期律，却显现长程有序的固体材料。这发现从根本上改变了化学家们对固态物质的构想
2012	罗伯特·莱夫科维茨	美国	对G蛋白偶联受体的研究
	布莱恩·克比尔卡		
2013	马丁·卡普拉斯	美国/奥地利	在开发多尺度复杂化学系统模型方面作出贡献
	迈克尔·莱维特	美国/英国	
	阿里耶·瓦谢勒	美国/以色列	

参考文献

[1] 栾玉广，等．科技创新的艺术［M］．北京：科学出版社，2000.
[2] 李建军．创造发明学导论［M］．北京：中国人民大学出版社，2002.
[3] 周道生，陶晓春．实用创造学［M］．南京：南京师范大学出版社，2001.
[4] 涂铭旌．材料创造发明学［M］．北京：化学工业出版社，2000.
[5] 肖纪美．材料学的方法论［M］．北京：冶金工业出版社，1994.
[6] 戴起勋，赵玉涛，等．材料科学研究方法［M］．2 版．北京：国防工业出版社，2008.
[7] 朱希详，王一力．大学生论文写作［M］．上海：汉语大词典出版社，2003.
[8] 梁红军，周世详．略论哲学素养对科技工作者的重要性［J］．科技导报，2003，11：22-24.
[9] 崔秋锁．科学研究人员所需要的现代哲学素养［J］．科技导报，2003，11：18-21.
[10] 马春，陈文龙．2003 年世界新材料研究领域进展［J］．新材料产业，2004，2：25-31.
[11] 易杰雄．论创新思维的几个重要特征［J］．北京社会科学，2001，4：48-60.
[12] 陈湘纯，傅晓华．论创新思维的哲学内涵［J］．科学管理，2003，24（1）：10-14.
[13] 国家教委社科司．自然辩证法概论［M］．北京：高等教育出版社，1991.
[14] 潘家祯．科技文献检索手册［M］．北京：化学工业出版社，2001.
[15] 吴春煌，万肇忠．科技论文写作［M］．广州：中山大学出版社，2002.
[16] 高小和．学术论文写作［M］．南京：南京大学出版社，2002.
[17] 马维绪，马玉英．科技论文写作［M］．北京：煤炭工业出版社，2000.
[18] 张孙玮，黄有兴，张迅．科技论文写作入门［M］．北京：化学工业出版社，2001.
[19] 谢希德．科学思想和科学方法［M］．上海：上海科学普及出版社，2000.
[20] 叶云岳．科技发明与新产品开发［M］．北京：机械工业出版社，2000.
[21] 高培德．诺贝尔奖百年回顾［J］．科技导报，2003，3：34-37.
[22] 司有和．现代科技写作学［M］．北京：冶金工业出版社，1991.
[23] 肖显静．科学经验方法［M］．北京：科学出版社，2002.
[24] 胡志强，肖显静．科学理性方法［M］．北京：科学出版社，2002.
[25] 杨树锋．谈博士生学术格局的构建［J］．学位与研究生教育，2003，12：6-7.
[26] 机械工程手册，电机工程手册编辑部．科技手册编写指南［M］．北京：机械工业出版社，1992.
[27] 金碧辉，汪寿阳，任胜利，等．论期刊影响因子与论文学术质量的关系［J］．中国科技期刊研究，2000，11（4）：202-205.
[28] 田也壮，周军，石春生，等．科技成果价值的分析及对评估的影响［J］．科研管理，2000，21（2）：62-67.
[29] 钱宝英，张英．试论高校科技成果评价方式的选择［J］．江苏高教，1998，1：83-85.

[30] 王兆松，孔宪厚．试谈科技成果鉴定的量化评价模型及方法［J］．新疆农垦科技，1997，3：30-32.
[31] 王光中．我国的文章缺乏创新性和理论分析［J］．材料导报，2000，14（9）：70.
[32] 王磊，蔡志勤，王殿龙，等．学位论文的评价系统［J］．大连理工大学学报：社会科学版，2003，24（2）：15-20.
[33] 埃利泽·盖斯勒．科学技术测度体系［M］．周萍，等译．北京：科学技术文献出版社，2004.
[34] 邹承鲁，沈善炯，吴旻，等．再论科学道德问题［J］．四川动物，2003，22（3）：131-132.
[35] 周志高，刘志平．大学毕业设计（论文）写作指南［M］．北京：化学工业出版社，2007.
[36] 叶继元，等．学术规范通论［M］．上海：华东师范大学出版社，2005.
[37] 林德宏．科技哲学十五讲［M］．北京：北京大学出版社，2004.
[38] 栾玉广．自然科学技术研究方法［M］．合肥：中国科学技术大学出版社，2003.
[39] 陈燕，陈冠华．研究生学术论文写作方法与规范［M］．北京：社会科学文献出版社，2004.
[40] 国家标准局．GB/T 7713—1987．科学技术报告、学位论文和学术论文的编写格式［S］．北京：中国标准出版社，1987.
[41] 中华人民共和国国家质量检验检疫总局，中国国家标准化管理委员会．GB/T 7714—2005．文后参考文献著录规则［S］．北京：中国标准出版社，2005.
[42] 杨怀中．科技伦理学［M］．武汉：武汉工业大学出版社，1991.
[43] 徐少锦，胡东原，许广明．西方科技伦理思想［M］．南京：江苏教育出版社，1995.
[44] 邬焜，等．自然辩证法新编［M］．西安：西安交通大学出版社，2000.
[45] 袁江洋，王克迪．科学道德与科学规范的重建问题［EB/OL］．［2008-01-16］．http：//www. ihns. ac. cn/members/yjy/yjy15. htm.
[46] 冯坚．科学研究的道德与规范［M］．上海：上海交通大学出版社，2007.
[47] 中国科学技术协会．科技工作者科学道德规范（试行）［EB/OL］．中国新闻网．http://tech. tom. com.（2007-03-24）［2008-01-16］．http：//tech. tom. com/2007-03-24/04BI/06704421. html.
[48] 陈艳．科学道德失范的原因分析［EB/OL］．中国论文下载中心．（2007-01-25）［2008-01-18］．http：//www. studa. net/kuaiji/070125/13324512. Html.
[49] 张之沧．论科学的道德属性［N/OL］．光明日报．2004-6-22（B4）［2008-01-18］．http：//www. gmw. cn/01gmrb/2004-06/22/content 46366. Htm.
[50] 李宝进．科学道德体系直面重构之痛［N/OL］．工人日报天讯在线．（2005-12-06）．［2008-01-18］．http：//tech. sina. com. cn/d/2005-12-06/1626784223. shtml.
[51] 德国马克斯·普朗克学会．科学研究中的道德规范［M/OL］．［2008-01-18］．http：//www. cas. ac. cn/html/Books/O611d/d1/2002/ckwx017. Htm.

[52] 中华人民共和国教育部．关于加强学术道德建设的若干意见［EB/OL］．中国教育和科研计算机网．http：//www. edu. cn（2007-03-24）［2008-01-30］．http：//www. edu. cn/shi _de _ 812/20060323/t20060323 _ 110778. Shtml.

[53] 中华人民共和国科学技术部，教育部，中国科学院，等．关于改进科学技术评价工作的决定［EB/OL］．科技部门户网站．http：//www. most. gov. cn.（2003-06-05）［2008-01-30］．http：//www. most. gov. cn/tjcw/tczcwj/200708/t20070813 _ 52375. Htm.

[54] 中国科学技术信息研究所．2006 年度高等学校科技论文［EB/OL］．新华网．www. NEWS. CN.（2007-11-16）［2008-02-22］．http：//www. xinhuanet. com/graphics/bsym. htm.